全国高职高专规划教材

企业清洁生产审核实用教程

主　编　齐水冰　黄建平
副主编　易颂辉　陈楚容　徐建国　姜　涛

中国环境出版集团 · 北京

图书在版编目（CIP）数据

企业清洁生产审核实用教程／齐水冰，黄建平主编．
—北京：中国环境出版集团，2018.6（2023.8 重印）
全国高职高专规划教材
ISBN 978-7-5111-3684-8

Ⅰ.①企… Ⅱ.①齐…②黄… Ⅲ.①企业－无污染
工艺－检查－高等职业教育－教材 Ⅳ.①X383

中国版本图书馆 CIP 数据核字（2018）第 110196 号

出 版 人 武德凯
责任编辑 邵 葵
责任校对 任 丽
封面设计 宋 瑞

出版发行 中国环境出版集团
（100062 北京市东城区广渠门内大街 16 号）
网 址：http://www.cesp.com.cn
电子邮箱：bjgl@cesp.com.cn
联系电话：010-67112765（总编室）
010-67112739（第 1 分社）
发行热线：010-67125803，010-67113405（传真）
印 刷 北京中献拓方科技发展有限公司
经 销 各地新华书店
版 次 2018 年 6 月第 1 版
印 次 2023 年 8 月第 4 次印刷
开 本 787×1092 1/16
印 张 19.5
字 数 520 千字
定 价 54.00 元

前 言

自从2003年《中华人民共和国清洁生产促进法》正式颁布以来，清洁生产理念在全国各地逐渐普及，企业清洁生产审核作为推行清洁生产重要手段在全国各地得到了广泛推行。

据不完全统计，“十三五”期间全国各省开展清洁生产审核的企业数量不少于万家。目前，市面上有关清洁生产的书籍主要以概念、理论、思路介绍为主，尚无完整系统介绍企业如何逐步推行清洁生产审核的实训教程。

本书是针对高职高专清洁生产与减排技术专业以及其他环保类相关专业清洁生产相关课程教材。本书结合大量真实案例，按照企业开展清洁生产审核的实际流程，逐步指导开展审核准备、预审核、审核、方案的产生和筛选、方案的可行性分析、方案的实施、持续清洁生产等清洁生产审核的7个阶段，并且总结了清洁生产审核报告编写方法和清洁生产审核验收流程等内容，具有很强的实操指导性。同时，本书也可作为从事清洁生产审核咨询及环保从业人员的培训教材及实际工作参考用书。

本书编写组由从事企业清洁生产审核咨询服务且有丰富经验的行业专家组成。本书走进清洁生产及清洁生产审核、审核准备等章节由广东省清洁生产协会陈慧聪编写，清洁生产有关法律法规及清洁生产水平评估等章节由工业和信息化部电子第五研究所姜涛、蔡宇凌和荣爽编写，方案的产生和筛选、持续清洁生产和总结等章节由广东省清洁生产协会谢韵妍编写，预审核中的企业概况和生产经营管理、原辅料和能源资源消耗、设备设施分析等章节由广州市循环经济清洁生产协会陈楚容、廖聪、梁海云、方晓波、程丹、李希达编写，生产工艺分析等章节由广州市循环经济清洁生产协会唐悦恒与工业和信息化部电子第五研究所姜涛、蔡宇凌、周丽共同编写，审核、方案的确定和方案的实施等章节由广东省环境保护产业协会易颂辉副秘书长和王勤锋工程师编写，清洁生产审核方法及技巧等章节由佛山市弘禹环保科技有限公司徐建国副总经理编写，预审核以及清洁生产审核实践等章节由广东环境保护工程职业学院齐水冰主任编写，整个书稿的统稿工作由齐水冰主任和广东省清洁生产协会黄建平会长负责。

本书由广东环境保护工程职业学院牵头组织编写，广东省清洁生产协会、广州市循环经济清洁生产协会、广东省环境保护产业协会、工业和信息化部电子第五研究所、佛山弘禹环保科技有限公司在编写过程中给予了大力支持。

由于时间有限，疏漏之处在所难免，请各位同行批评指正。

编者

2018 年 6 月 30 日

目　录

模块一　走进清洁生产及清洁生产审核

- **知识目标**

了解清洁生产和清洁生产审核产生的背景及国内外进展情况。

- **能力目标**

掌握清洁生产审核的思路和流程并能初步指导实际清洁生产审核工作。

- **素质目标**

树立清洁生产和清洁生产审核的有关理念，掌握清洁生产审核的思路和流程。

1.1　清洁生产产生的背景

自工业革命以来，环境问题随着人类经济社会发展逐步显现，尤其是 20 世纪 70 年代以来，全球经济迅猛发展，生产力水平不断提高，人类改造自然的能力不断增强，致使环境污染问题日益严重，在多个国家出现了一系列举世震惊的环境公害事件。20 世纪 80 年代后期，环境问题已由局部性、区域性演变为全球性的生态危机，如温室效应、酸雨、臭氧层破坏、生物多样性锐减、森林破坏等，成为危及人类生存的最大隐患。各国政府开始关注环境问题，并采取了相应的环保措施来改善环境问题，最终取得了一定的成绩。然而这种采用废物处理措施控制污染物达标排放的末端治理方法，虽然在一定时期内或在局部区域发挥一定的作用，但并未从根本上解决环境污染问题。由此，人们开始对过去的经济发展模式进行反思，并探索环境和经济可持续发展的新思路，于是清洁生产应运而生。

清洁生产是人们思想和观念的一种转变，是环境保护战略由被动反应向主动行动的一种转变。联合国环境规划署工业与环境规划活动中心（UNEP IE/PAC）在总结了各国开展的污染预防活动，并加以分析提高后，提出了清洁生产的定义，并得到了国际社会的普遍认可和接受，其定义为：

清洁生产是一种新的创造性思想，该思想将整体预防的环境战略持续应用于生产过程、产品和服务中，以提高生态效率、减少人类及环境的风险。

——对生产过程，要求节约原材料和能源，淘汰有毒原材料，削减所有废物的数量和毒性。

——对产品，要求减少从原材料提炼到产品最终处置的全生命周期的不利影响。

——对服务，要求将环境因素纳入设计和所提供的服务中。

早在1983年，我国颁发的《关于结合技术改造防治工业污染的几项规定》（国发〔1983〕20号文）中，首次体现了清洁生产的思想。直到2002年，我国颁布了《中华人民共和国清洁生产促进法》（以下简称《促进法》），才对清洁生产做出明确的定义。《促进法》所称清洁生产，是指不断采取改进设计、使用清洁的能源和原料、采用先进的工艺技术与设备、改善管理、综合利用等措施，从源头削减污染，提高资源利用效率，减少或者避免生产、服务和产品使用过程中污染物产品和排放，以减少或者消除对人类健康和环境的危害。

以上两个定义，虽然语言表达不同，但其内涵一致，最终目的是为了实现节能降耗减污增效。清洁生产（Cleaner Production，CP）的英文本意为“更清洁的生产”。清洁生产的实质是贯彻污染预防原则，从生产设计、能源与原材料选用、工艺技术与设备维护管理等社会生产和服务的各个环节实行全过程控制；从生产和服务源头减少资源的浪费、促进资源的循环利用、控制污染的产生、实现经济效益和环境效益的统一。此外，它是一个相对的概念，所谓清洁生产技术和工艺、清洁产品、清洁能源和原料都是与现有常规技术、工艺、产品、能源和原料相对比较而言的。

1.2 我国清洁生产审核的发展

1993年，我国启动实施了首个清洁生产国际合作项目“推进中国的清洁生产”，清洁生产审核作为重要的清洁生产工具正式引入我国。20多年来，我国清洁生产审核工作得到长足发展。

（1）建立了较为完善的清洁生产审核推进的政策法规体系

经过近30年的发展，我国建立了以《中华人民共和国清洁生产促进法》《清洁生产审核办法》为核心的清洁生产政策法规体系。环保部围绕需实施强制性清洁生产审核的重点企业的清洁生产审核推进工作，相继颁布实施了《重点企业清洁生产审核程序的规定》（环发〔2005〕151号）、《关于进一步加强重点企业清洁生产审核工作的通知》（环发〔2008〕60号）、《关于深入推进重点企业清洁生产的通知》（环发〔2010〕54号）和《关于印发〈清洁生产审核评估与验收指南〉的通知》（环办科技〔2018〕5号）等文件。工业和信息化部相应配套了政策、规范和管理办法等，陆续颁布了《关于加强工业和通信业清洁生产促进工作的通知》（工信部节〔2009〕461 号）、《工业清洁生产推进"十二五"规划》（工信部联规〔2012〕29 号）和《关于印发〈工业清洁生产审核规范〉和〈工业清洁生产实施效果评估规范〉的通知》（工信部节〔2015〕154 号）等文件。除了国家层面的政策法规外，各省市根据本地实际情况出台了《清洁生产审核实施细则》《清洁生产审核评估验收管理规定》《清洁生产审核咨询机构管理规定》以及相关管理文件，形成了较为完善的清洁生产审核政策法规体系，有效推动了清洁生产审核工作。

（2）建立并完善重点企业强制性清洁生产审核推进机制

目前，我国已建立了重点企业清洁生产推进机制，从公布重点企业名单、开展强制性清洁生产审核、实施评估验收，到重点企业清洁生产审核情况的通报，已形成一套有效的重点企业清洁生产推进机制。《中华人民共和国清洁生产促进法》《清洁生产审核办法》明确了强制性清洁生产审核企业的范围及企业开展强制性清洁生产审核的法律责任。重点企业清洁生产审核工作与大气污染防治、水污染防治、重金属污染防治、化学品污染防治、促进产能过剩行业结构调整等国家重点任务紧密结合在一起，起到了有效的促进作用。

（3）建立了清洁生产审核推进的技术支撑体系

①引进消化国际清洁生产审核经验，结合我国国情完善了清洁生产审核方法学，在实践中指导了数万家企业的清洁生产审核，涉及化工、冶金、石油、建材、医药、纺织印染、食品加工、电力、造纸、电镀、制革、电子、采矿、服务业等众多行业。

②早期国家发展改革委发布了 45 个行业清洁生产评价指标体系，环保部颁布实施了 58 项行业清洁生产标准（其中 56 项为行业清洁生产标准，2 项为导则）、两批需重点审核的有毒有害物质名录和《重点企业清洁生产行业分类管理名录》，指导企业开展清洁生产审核。从 2015 年开始，国家发展改革委、环保部、工业和信息化部委陆续联合颁发 24 个行业清洁生产评价指标体系，整合原有清洁生产标准和清洁生产评价指标体系。

③组织开展了行业清洁生产审核指南的编写工作，规范和指导不同行业的企业清洁生产审核。

④建立了从国家到地方各个层面的清洁生产推进技术支撑单位（清洁生产中心）体系，目前全国已经建立了近 20 个省级清洁生产中心（促进中心、技术服务中心、清洁生产委员会等），全国共有 800 多个清洁生产技术咨询服务机构为企业提供清洁生产审核、技术服务。

⑤从国家到地方，建立了多层次清洁生产管理与技术培训体系，为清洁生产推进提供技术服务支撑。

⑥国家发展改革委和环保部共同组建了国家清洁生产专家库，为清洁生产推进提供清洁生产审核方法学、行业清洁生产工艺的技术支撑。

1.3 我国推进清洁生产典型模式

（1）广东省

广东省在国内赢得六个“率先”：一是率先建立清洁生产联席会议工作制度二是率先建立省级清洁生产网站并开展网络远程培训；三是率先建立清洁生产表彰奖励制度；四是率先与香港特区环保署合作开展“粤港清洁生产伙伴计划”；五是率先编写清洁生产案例；六是率先颁发清洁生产企业验收管理办法。这一系列工作使广东在清洁生产领域走在全国前列。

为推动广东省清洁生产工作再上新台阶，“十三五”期间，广东省明确提出了“十三五”万企清洁生产行动的目标任务。创新清洁生产推进模式，包括建立清洁生产工作统一协调机制，实现全省自愿性和强制性清洁生产审核工作的统一管理，各地市经信部门和环保部门联合制定本地区清洁生产推进工作方案，并于每年 1 月底前联合确定并发布本年度清洁生产审核企业名单。同时，实施差别化清洁生产审核制度，率先推行简易清洁生产审核，对于生产工艺简单、环境影响较少的企业，可以简化审核流程，加快推进清洁生产工作的步伐。

（2）江苏省

江苏省通过强化政策激励、调整产业结构、推动技术进步、加强监督管理等举措，打造出了具有江苏省特色的清洁生产工作模式。一是完善配套政策，通过出台规范性文件，从项目建设源头提出了实施清洁生产的具体要求，并通过资金扶持等优惠政策，鼓励企业开展清洁生产；二是推动产业升级，将提高清洁生产整体水平作为推进产业结构优化升级的重要抓手；三是推广先进技术，结合江苏省产业特点，发布《重点推广节能技术目录》和《循环经济案例》；四是建立重点企业清洁生产三级管理体系，结合江苏省实际情况，发挥省、市、县（市）各级环保部门的优势和作用；五是首创开展了清洁生产督察级绩效后评估，选择已完成审核的有代表性的重点企业进行清洁生产审核绩效情况后评估，并对后评估结果进行通报，使清洁生产工作水平和工作质量得到提高。

（3）北京市

北京市率先实现一、二、三产业“全覆盖”。北京市不仅在工业领域全面推广清洁生产，还结合本地以服务业为主导的产业结构特点，大力推广服务业重点领域开展清洁生产。随后，在农业领域针对农业种植、畜禽养殖等领域试点推行清洁生产。

同时还推动“三个加强”。加强全程闭环管理，强化清洁生产项目的前期引导和过程跟踪，强化项目实施绩效验收，形成“审核评估—项目实施—绩效验收—持续清洁生产”的闭环管理体系，鼓励推行持续清洁生产，确保节能减排效果持续显现。加强“绿色金融”支持，为实施清洁生产的单位和金融机构搭建沟通桥梁，推进绿色金融产品和服务在清洁生产项目上的有效配置，降低审核单位实施改造项目资金投入成本。加强典型案例经验推广，分行业、分领域筛选出具有代表性的优秀清洁生产案例，将其典型无/低费方案、中/高费方案主要内容及环境、经济效益广泛宣传，形成重点行业关键共性问题清洁生产技术解决方案，带动更多单位借助清洁生产先进机制，深度推进节能减排工作，为北京市改善空气质量做出更大贡献。

（4）重庆市

重庆市系统、整体推进重点行业开展清洁生产审核工作。一是建立一套政策规章体系，对审核工作的开展程序、评估验收流程和审核机构的管理等提出了具体要求。二是强化两方面的工作结合，一方面强化清洁生产审核与环保各项工作的结合；另一方面强化发展改革委、经信委和环保局等市级部门工作的结合，建立联动工作机制。三是建立督促考核机制，将审核工作开展情况作为区县环保部门考核指标，由区县环保部门负责日常监管和具体指导、督促工作。四是增强审核结果应用的支撑，如将《清洁生产审核报告》提出的清洁生产目标作为企业污染减排、排污申报、排污许可证核发的重要依据。五是推动清洁化诊断专项行动。安排专项资金补助企业开展清洁化诊断工作，通过第三方清洁生产审核机构、清洁生产专家进入企业服务，帮助企业开展清洁生产审核，查找生态环境问题，研究制定清洁生产改造方案。

（5）湖南省长沙市

湖南省长沙市清洁生产实行“两审终审制”。即市级主管部门收到下一级主管部门关于清洁生产审核报告的初审意见后，委托相关行业协会随机抽取专家进行独立评审并提交书面审查意见。专家评审不合格的，企业和服务机构应根据专家评审意见在规定时间内完成整改。初审合格，则由相关行业协会主持召开专家评审会进行复审，形成最终评审结论意见。未通过专家复审的，实行“两审终审制”，本年度不得再申请评审。企业可以申请结转、列入下一年度审核计划，重新开展清洁生产审核工作，提交审核报告，申请初审。

1.4　清洁生产与清洁生产审核的异同及清洁生产思路

（1）清洁生产与清洁生产审核的异同

清洁生产审核是清洁生产的一种方法学工具。根据联合国环境规划署给出的定义，清洁生产审核是一种从对环境以及工业生产过程的影响角度出发，分析识别出资源利用效率低、废弃物管理水平差的环节的方法。这一方法是围绕对企业及其生产过程进行全面评估，从而找出可以降低资源消耗、有毒有害物质使用以及废弃物产生的环节和部位。

《清洁生产审核办法》对清洁生产审核给出了如下定义：清洁生产审核是指按照一定程序，对生产和服务过程进行调查和诊断，找出能耗高、物耗高、污染重的原因，提出减少有毒有害物料的使用、产生，降低能耗、物耗以及废弃物产生的方案，进而选定技术经济及环境可行的清洁生产方案的过程。

（2）清洁生产思路

开展清洁生产审核，是为了找出能耗高、物耗高、污染重等问题，并分析问题产生的原因，从而提出切实可行的方案，并对这些问题予以解决。

清洁生产审核的总体思路是：找出问题发生的部位，分析问题的产生原因，提出方案解决问题（如图 1-1 所示）。

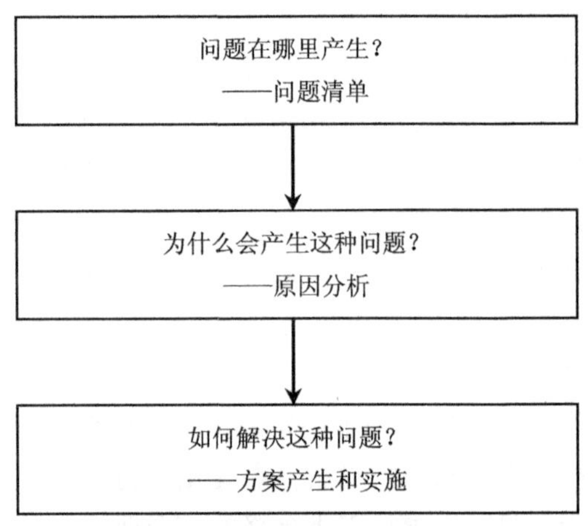

图 1-1　清洁生产审核思路框图

①问题在哪里产生？通过现场调查、物质流分析、能量流分析等找出问题的产生部位并加以量化，这里的“问题”统指企业能耗高、物耗高、使用或产生排放有毒有害物质的问题。

②为什么会产生问题？一个生产过程一般可以用图 1-2 简单地表示出来。

从上述生产过程的简图可以看出，对废弃物的产生原因分析要针对 8 个方面进行：

1）原辅材料和能源。原材料和辅助材料本身所具有的特性，如毒性、难降解性等，在一定程度上决定了产品及其生产过程对环境的危害程度，因而选择对环境无害的原辅材料是清洁生产所要考虑的重要方面。同样，作为动力基础的能源，也是每个企业所必需的，有些能源（例如，煤、油等的燃烧过程本身）在使用过程中

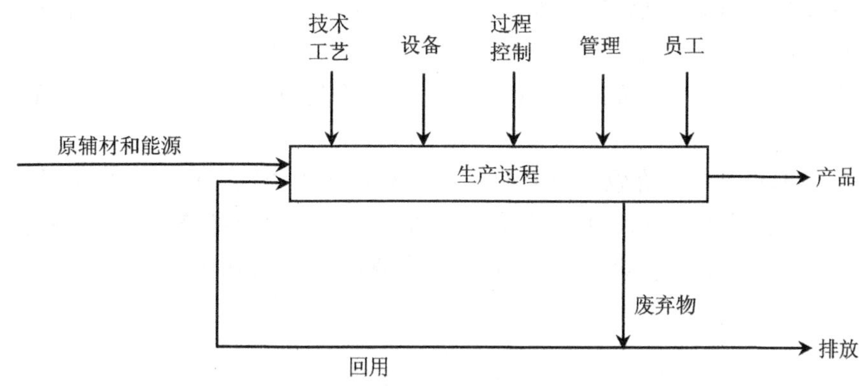

图 1-2 生产过程框图

直接产生废弃物，而有些则间接产生废弃物（例如，一般电的使用本身不产生废弃物，但火电、水电和核电的生产过程均会产生一定的废弃物），因而节约能源、使用二次能源和清洁能源也将有利于减少污染物的产生。

2）技术工艺。生产过程的技术工艺水平基本上决定了废弃物的产生量和状态，先进而有效的技术可以提高原材料的利用效率，从而减少废弃物的产生，结合技术改造预防污染是实现清洁生产的一条重要途径。

3）设备。设备作为技术工艺的具体体现，在生产过程中也具有重要作用，设备的适用性、先进性及其维护、保养等情况均会影响废弃物的产生。

4）过程控制。过程控制对许多生产过程是极为重要的，如化工、炼油及其他类似的生产过程，反应参数是否处于受控状态并达到优化水平（或工艺要求），对产品的合格率和优质品率具有直接的影响，因而也就影响废弃物的产生量。

5）产品。产品的要求决定了生产过程，产品性能、种类和结构等的变化往往要求生产过程作相应的改变和调整，因而也会影响废弃物的产生，另外，产品的包装、体积等也会对生产过程及其废弃物的产生造成影响。

6）废弃物。废弃物本身所具有的特性和所处的状态直接关系到它是否可以现场再用和循环使用。“废弃物”只有当其离开生产过程时才称其为废弃物，否则仍为生产过程中的有用材料和物质。

7）管理。加强管理是企业发展的永恒主题，任何管理上的松懈均会严重影响废弃物的产生。同样，应用现代化设备和条件提高管理水平有利于提高生产效率、减少废弃物产生。

8）员工。任何生产过程，无论自动化程度多高，从广义上讲均需要人的参与，因而员工素质的提高及积极性的激励也是有效控制生产过程和废弃物产生的重要因素。

当然，以上 8 个方面的划分并不是绝对的，虽然各有侧重点，但在许多情况下存在着相互交叉和渗透的情况，如一套大型设备可能就决定了技术工艺水平；过程控制不仅与仪器、仪表有关系，还与管理及员工有很大的联系。对于每一个废弃物产生源都要从以上 8 个方面进行原因分析，这并不是说每个废弃物产生源都存在 8 个方面的原因，可能只是其中的一个或几个。

③如何消除这些废弃物？针对每一个废弃物产生原因，设计相应的清洁生产方案，包括无/低费方案和中/高费方案，方案可以是几个甚至十几个，通过实施这些清洁生产方案来消除这些废弃物产生原因，从而达到减少废弃物产生的目的。

1.5 清洁生产审核对企业和社会的意义

清洁生产是一种环境预防的战略措施，国家推广清洁生产审核并不是为了加重企业的负担，而是要让企业从中获益，使企业走上可持续发展道路，同时为生态文明建设做出贡献。清洁生产审核具体为企业带来的效益如下。

①减少企业的环境风险。一方面可以使企业环保合规化，部分企业在生产过程中对环境保护不够重视、环保措施不到位、环保制度不健全，企业通过清洁生产审核工作，可以发现自身存在的环保不合规项，并进行相应整改，使其符合国家法律法规要求，降低企业环境风险。另一方面，随着环保要求越来越严格，污染物排放标准不断提高，对企业提出更高要求，而清洁生产审核是企业转型升级重要抓手。

②降低企业的生产成本。企业通过开展清洁生产审核，找出生产过程中存在能耗高、物耗高、使用或产生排放有毒有害物质的环节或部位，提出并实施相应的清洁生产方案，这些方案包括减少原辅料和能源的输入、改善工艺设备、提升过程控制管理水平、提高产品得率、减少废弃物产生和污染物排放等，从而降低企业的生产成本。

③整合企业的各项工作。清洁生产与环境管理体系认证、末端治理、循环经济、节能减排、低碳经济等工作都有关联，但侧重点有所不同，企业可以通过开展清洁生产审核，将各项工作有机的结合起来，推动各项工作高效的开展。

④规范企业的文件管理。企业在开展清洁生产审核过程中，需要对环保、能源等数据进行收集和分析，但部分企业资料管理不规范，甚至缺失。企业通过开展清洁生产审核，可以将节能环保相关资料进行整理、归纳，便于今后查找、翻阅。

⑤提高企业的市场竞争力。清洁生产可以树立企业形象，促使公众对其产品的

支持。同时，随着清洁生产理念逐渐普及，越来越多的采购商将通过清洁生产审核验收指标纳入供应商的重点考核内容。由此可见，推行清洁生产会对企业的生产和销售产生重大影响，直接关系到其市场竞争力。

1.6 清洁生产有关法律法规及其他

自工业革命以来，工业文明的进步，世界的改变，带来的不仅仅是飞速发展的经济和极度丰富的物质生活，不可再生资源的耗竭，濒临危机的生态环境，层出不穷的环境公害事件，逐渐让人们意识到，在工业发展和经济发展的同时，必须兼顾资源环境的影响。因此，清洁生产的思想开始得到许多国家政府的认可，并通过立法进行推广和实施。自1989年联合国环境规划署（UNEP）提出清洁生产概念以来，西方国家纷纷立法对清洁生产进行了规制，并取得了很大成功，有效地促进了清洁生产在全世界的开展与实施，对中国实施清洁生产起到重要的推动作用。

我国在1983年颁布的《关于结合技术改造防治工业污染的几项规定》（以下简称《规定》）中，首次体现了清洁生产的思想，《规定》提到，要在生产过程中削减污染物，合理的利用资源和能源，提高资源和能源的利用率，并对产品的设计、工艺的采用和废物的综合利用做了相关规定。1979年的《环境保护法》（试行）和1989年的《环境保护法》也对清洁生产的相关事项作出了一些原则性的规定，但并未对清洁生产作出明确的定义，无法有效地推行和实施。直到20世纪90年代初，我国一些立法中开始涉及清洁生产的具体内容。2002年《中华人民共和国清洁生产促进法》正式颁布，2012年对其进行了第一次修正。从形成清洁生产的理念到相关的法律法规出台，中国的清洁生产及相关法律法规经历了约20年的时间尝试和探索，可将该过程归纳划分为四个阶段：

第一阶段（20世纪80年代至1992年）为清洁生产理念萌芽阶段。20世纪80年代，中国政府确定环境保护是一项基本国策，并提出“防为主，防治结合”等一系列环境保护原则，制定和修订《环境保护法》，确定“新建企业和现有工业企业的技术改造，应当采用资源利用率高、污染物排放量少的设备和工艺，采用经济合理的废弃物综合利用技术和污染物处理技术”。这个政策已经体现了清洁生产的思想。在第一次全国工业污染防治会议，第二次全国环境保护会议，也明确了经济、社会、环境“三统一”方针，工业污染防治中的一些预防思路也体现了清洁生产的思想。清洁生产理念的萌芽为今后相关法律法规的出台奠定了思想基础。

第二阶段（1992 年至 1999 年 5 月）为清洁生产试点探索阶段。1992 年 10 月中国积极响应参与联合国环境与发展大会可持续发展战略和《中国 21 世纪议程》，将推行清洁生产写入《环境与发展十大对策》中，并把清洁生产作为中国环境与发展的对策之一。1993 年 10 月，第二次全国工业污染防治会议，确定了清洁生产在中国环境保护事业中的战略地位，标志着中国推行清洁生产的开始。1994 年，国务院通过《中国 21 世纪议程》设立“开展清洁生产和生产绿色产品”方案领域，清洁生产成为中国可持续发展战略的重要组成部分，同时，国家经贸委组织选定 25 家企业进行清洁生产示范。1996 年，国务院《关于环境保护若干问题的决议》明确规定所有新建、扩建、改建项目采用能耗物耗小、污物少的清洁生产工艺。1997 年，国家环保局《关于推行清洁生产的若干意见》要求地方环保部门将清洁生产纳入已有的环境管理政策中，政府的工作重点由清洁生产政策研究转向政策制定。

第三阶段（1999 年 5 月至 2002 年 6 月）为清洁生产推行阶段。1999 年 5 月，国家经贸委《关于实施清洁生产示范试点通知》，选择北京、上海等 10 个试点城市和石化、冶金等 5 个试点行业开展清洁生产示范和试点，清洁生产企业试点转向区域和行业试点，这使清洁生产得到进一步发展，与此同时，全国人大环境与资源保护委员会将《清洁生产法》的制定列入立法计划。2000 年，国家经贸委公布《国家重点行业清洁生产技术导向目录（第一批）》（5 个行业 57 项技术）。

第四阶段（2003 年以后）为清洁生产法制化阶段。2002 年 6 月 29 日第九届全国人大常委会第二十八次会议通过《中华人民共和国清洁生产促进法》，是中国实施清洁生产战略以来的一次飞跃，这标志着中国清洁生产进入法制化、规范化的发展轨道。随着《中华人民共和国清洁生产促进法》的颁布实施，清洁生产具有了完整而系统的法律制度形式。2010 年，全国人大常委会开展了清洁生产促进法执法检查，改变《中华人民共和国清洁生产促进法》中对清洁生产“鼓励和促进”的定位，把清洁生产作为实现污染预防和节能减排的主要手段和途径。执法检查推动法律修改，2012 年 2 月，第十一届全国人大常委会第二十五次会议经表决通过了关于修改清洁生产促进法的决定，颁布 10 年，清洁生产促进法迎来首次修改。新法的出台，是不断完善清洁生产法规的具体体现与表率，是在实践中不断总结经验的成果。

为了实施清洁生产专项法，落实《中华人民共和国清洁生产促进法》提出的任务，国务院、环境保护部等政府主管部门 2003 年以来，陆续颁布了相应配套的有关政策、指导意见、规定、管理办法等，形成了促进清洁生产的法律法规体系，详见表 1-1。这些文件的出台和实施，为我国清洁生产工作的推行和实施奠定了良好的基础。

表 1-1　2002 年以来国家及各部委发布的清洁生产有关的法律法规

时间	主管部门	法律法规	意义
2002	第九届全国人大常委会	《中华人民共和国清洁生产促进法》(2003 年 1 月 1 日实施)	国家第一部关于清洁生产的专项法律
2003	国家环境保护总局	《关于贯彻〈清洁生产促进法〉的若干意见》环发〔2003〕60 号	细化明确各级环保部门在推行清洁生产工作过程中的职责
	国务院	《关于加快推进清洁生产的意见》(国办发〔2003〕100 号)	提出推行清洁生产的总体工作规划
2004	国家环境保护总局、国家发展改革委	《清洁生产审核暂行办法》(第 16 号令)	第一次明确将清洁生产审核分为自愿性审核和强制性审核
2005	国家环境保护总局	《重点企业清洁生产审核程序的规定》(环发〔2005〕151 号)	首次明确解答了“审什么”、“谁来审”、“审到什么程度”三个问题，使强制性清洁生产审核有了实质性的法规政策依据，标志着强制性清洁生产审核有章可依、有规可循
	国务院	《关于落实科学发展观　加强环境保护的决定》(国发〔2005〕39 号文)	鼓励节能降耗，实施清洁生产并依法强制审核
2007	国务院	发布《节能减排综合性工作方案》(国发〔2007〕15 号文)	明确提出“全面推进清洁生产”
2008	环境保护部	《关于进一步加强重点企业清洁生产审核工作的通知》(环发〔2008〕60 号)	明确了在节能减排新形势下重点企业清洁生产审核工作的新要求，提出了要开展重点企业清洁生产审核评估验收工作
2009	工业和信息化部	《工业和信息化部关于加强工业和通信业清洁生产促进工作的通知》(工信部节〔2009〕461 号)	明确了工业和通信业领域推进清洁生产的工作重点和各项任务
	财政部、工业和信息化部	联合颁布《中央财政清洁生产专项资金管理暂时办法》(财建〔2009〕707 号)	进一步规范了中央财政清洁生产专项资金的使用与管理，明确了应用示范项目、推广示范项目清洁生产专项资金申请报告要点

时间	主管部门	法律法规	意义
2010	环境保护部	《关于深入推进重点企业清洁生产的通知》（环发〔2010〕54号）	紧密结合重金属污染防治、抑制部分行业产能过剩和重复建设，明确了近期重点企业清洁生产工作的目标、任务和要求，将重点企业清洁生产制度与中国现行各项环境管理制度创新性地相衔接
2012	工业和信息化部、科学技术部、财政部	《工业清洁生产推行“十二五”规划》（工信部联规〔2012〕29号）	由重点抓技术推广应用向设计开发、工艺技术进步、有毒有害物质替代全过程全面推行清洁生产的转变
2012	第十一届全国人民代表大会常务委员会	《全国人民代表大会常务委员会关于修改〈中华人民共和国清洁生产促进法〉的决定》（2012年7月1日实施）	在原法律基础上进行了修改，更具可操作性
2015	工业和信息化部	《工业清洁生产审核规范》和《工业清洁生产实施效果评估规范》工信部节〔2015〕154号	对工业企业的清洁生产审核工作进一步进行了规范
2016	工业和信息化部	工业绿色发展规划（2016—2020年）（工信部规〔2016〕225号）	按照全生命周期污染防治理念，围绕国家“十三五”污染物减排要求，以提升工业清洁生产水平为目标，针对产品生命周期的各个环节创新清洁生产推行方式，从点（重点企业）、线（重点行业）向面（重点区域、重点流域）转变，从关注常规污染物（烟粉尘、二氧化硫、氮氧化物、化学需氧量、氨氮）减排向特征污染物（挥发性有机物、持久性有机物和重金属）减排转变，深入开展绿色设计、有毒有害原料替代、生产过程清洁化改造和绿色产品推广，创新清洁生产管理和市场化推进机制，强化激励约束作用，突出企业主体责任，实现减污增效，绿色发展。

时间	主管部门	法律法规	意义
2016	国家发展改革委、环境保护部	《清洁生产审核办法》（2016 年第 38 号文）	促进清洁生产，规范清洁生产审核行为
2018	生态环境部联合国家发展改革委	《清洁生产审核评估与验收指南》（环办科技〔2018〕5 号文）	为清洁生产审核评估与验收提供了依据和标准

除了国家层面的政策法规外，各省、市也根据本地实际制定相应的清洁生产政策和实施办法。广东省主要有《广东省清洁生产联合行动实施意见》（粤经贸资源〔2001〕972 号）、《印发广东省节能减排综合性工作方案的通知》（粤府〔2007〕66 号）、《关于加快推进清洁生产工作的意见》（粤府办〔2007〕77 号）、《广东省清洁生产审核及验收办法》（粤经贸法规〔2009〕35 号）以及近年出台的《广东省关于全面推进绿色清洁生产工作的意见》（粤经信节能〔2016〕235 号）和《广东省清洁生产审核及验收工作流程》（粤经信规字〔2017〕3 号）以及《关于做好清洁生产审核相关工作的通知》（粤经信节能函〔2017〕133 号）等文件。中国形成了从国家到地方、从原则性规定到具体实施办法的清洁生产法律法规政策体系，涵盖了清洁生产的各个方面，从而有效地促进了清洁生产的开展。

（1）中华人民共和国清洁生产促进法

为促进清洁生产，提高资源利用效率，减少和避免污染物的产生，保护和改善环境，保障人体健康，促进经济与社会可持续发展，2002 年 6 月 29 日第九届全国人民代表大会常务委员会第二十八次会议修订通过《中华人民共和国清洁生产促进法》，自 2003 年 1 月 1 日起施行。是我国第一部以污染预防为主要内容的专门法律，是我国全面推行清洁生产的里程碑，标志着我国清洁生产进入了法制化的轨道。自《清洁生产促进法》实施以来，我国清洁生产推进工作取得明显进展，《清洁生产审核暂行办法》，《重点企业清洁生产审核程序的规定》，清洁生产标准及清洁生产评价指标体系等相关政策和技术规范先后落地实施，初步建立了较完善的清洁生产法律法规体系、清洁生产推进技术支撑体系、重点企业清洁生产推进机制。清洁生产工作也取得了明显进展与成就。2012 年 2 月 29 日，第十一届全国人民代表大会常务委员会第二十五次会议通过了《关于修改〈中华人民共和国清洁生产促进法〉的决定》，并于 2012 年 7 月 1 日起正式实施，修改后的《清洁生产促进法》弥补了旧版中政策机制不健全等问题，完善了清洁生产鼓励、引导政策、重点企业清洁生产审核制度，建立从根本上能有效推动清洁生产的激励机制、问责机制、监督检查机制等制度。

《清洁生产促进法》主要包括总则、清洁生产的推行、清洁生产的实施、鼓励措施、法律责任、附则共六章四十二条内容。其中，第一章总则规定了《清洁生产促进法》制定的目的、清洁生产定义、适用范围、部门职责等。第二章清洁生产的推行规定了国务院及其有关行政主管部门和省、自治区、直辖市人民政府推行清洁生产工作的任务和安排等。第三章清洁生产的实施规定了企业清洁生产措施，产品和包装物的设计要求，对建筑工程和餐饮娱乐等相关企业、农业生产者清洁生产的要求，认证方式等。第四章鼓励措施规定了国家建立清洁生产表彰奖励制度、资金支持范围等。第五章法律责任规定了违反《清洁生产促进法》相关规定的惩罚措施。第六章附则规定了《清洁生产促进法》的实施日期。新修订的《清洁生产促进法》共六章四十条，较修订前的《清洁生产促进法》章节上没有改变，由原来的四十二条变成四十条，在总体结构和大部分章节并无改动的基础上，新增多项推进清洁生产的法律规定，具有重大的突破和意义。

①强化政府推进清洁生产的工作职责

《清洁生产促进法》从2003年正式实施后，国务院进行了两次机构改革，客观上导致了部门职责与法律规定的不协调，职能和责任不清、分工不明确，一定程度上影响了法律的贯彻实施。新修订的《清洁生产促进法》第五条规定：“国务院经济贸易行政主管部门负责组织、协调全国的清洁生产促进工作。国务院环境保护、计划、科学技术、农业、建设、水利和质量技术监督等行政主管部门，按照各自的职责，负责有关的清洁生产促进工作。”新法将职责不明确问题作为重点加以解决，进一步明确了政府推进清洁生产的工作职责：一是按照国务院部门现行职责分工，明确国务院清洁生产综合协调部门负责组织、协调全国的清洁生产促进工作，国务院环境保护、工业、科学技术、财政部门和其他有关部门，按照各自职责，负责有关的清洁生产促进工作。二是针对地方政府负责清洁生产工作部门不一致的情况，规定由县级以上地方人民政府确定的负责清洁生产综合协调的部门负责组织、协调本行政区域内的清洁生产促进工作。在明确政府工作职责时，更加注重突出职能要求、弱化部门名称，以保持法律执行主体名称的相对稳定。

②明确国家建立清洁生产推行规划制度

修订前的《清洁生产促进法》过于宽松，清洁生产规划只是由“县级以上人民政府的经济贸易行政主管部门”制定，这些规划仅有指导性，没有约束性，法律效力不强。新法通过法律形式首次明确由“国家建立清洁生产推行规划制度”，新修订的《清洁生产促进法》第八条规定：“国务院清洁生产综合协调部门会同国务院环境保护、工业、科学技术部门和其他有关部门，根据国民经济和社会发展规划及国家节约资源、降低能源消耗、减少重点污染物排放的要求，编制国家清洁生产推行规划，报经国务院批准后及时公布。”“国家清洁生产推行规划应当包括：推行清洁生产的目标、主要任务和保障措施，按照资源能源消耗、污染物排放水平确定开展清洁生产的重点领域、重点行业和重点工程。”“国务院有关行业主管部门根据国家清洁生产推行规划确定本行业清洁生产的重点项目，制定行业专项清洁生产推行规划并组织实施。"县级以上地方人民政府根据国家清洁生产推行规划、有关行业专项清洁生产推行规划，按照本地区节约资源、降低能源消耗、减少重点污染物排放的要求，确定本地区清洁生产的重点项目，制定推行清洁生产的实施规划并组织落实。"

新法在原条款基础上进行了很大的调整。第一，明确由国务院清洁生产综合管理部门和环保部门会同国务院有关部门依据国民经济和社会发展规划，编制国家清洁生产推行规划以及国务院有关行业行政主管部门按照国务院同意的清洁生产推行规划的要求，确定行业内实施强制性清洁生产审核的重点企业名录，制定本行业专项推行规划并组织实施的职责。同时对于国务院批准规划和国务院有关部门公布规划等事宜做出了明确规定。第二，提出了国家清洁生产推行规划应当包含的两项具体内容：一是推行清洁生产的目标、主要内容和主要措施；二是按照资源能源消耗、污染物排放水平确定的开展清洁生产的重点领域、重点行业、重点工程、重点企业名录。第三，强化了有关地方人民政府推行清洁生产的职责等。

③明确规定建立清洁生产财政支持资金

修订前的《清洁生产促进法》对推行清洁生产的激励措施力度小，不利于加快推行清洁生产工作进程。新修订的《清洁生产促进法》增加了第九条规定："中央预算应当加强对清洁生产促进工作的资金投入，包括中央财政清洁生产专项资金和中央预算安排的其他清洁生产资金，用于支持国家清洁生产推行规划确定的重点领域、重点行业、重点工程实施清洁生产及其技术推广工作，以及生态脆弱地区实施清洁生产的项目。中央预算用于支持清洁生产促进工作的资金使用的具体办法，由国务院财政部门、清洁生产综合协调部门会同国务院有关部门制定。""县级以上地方人民政府应当统筹地方财政安排的清洁生产促进工作的资金，引导社会资金，支持清洁生产重点项目。"修订后的《清洁生产促进法》加强了财政支持力度，规定中央预算应当加强对清洁生产工作的资金投入，县级以上地方人民政府应当统筹地方财政安排的清洁生产促进工作的资金。新法明确要求中央和地方政府均要统筹安排支持推进清洁生产工作的财政资金。

④扩大对企业实施强制性清洁生产审核范围

2004 年国家发展改革委和国家环保总局联合印发的《清洁生产审核暂行办法》中首次提出了"强制性清洁生产审核"的概念，并对清洁生产审核范围、审核程序、咨询服务机构的条件、方案落实、奖励和处罚等方面做了规定。清洁生产审核制度，是企业实施清洁生产，实现节能降耗、减污增效的一个重要手段。修订前的《清洁生产促进法》仅针对高污染企业提出开着强制性清洁生产审核工作要求，对超耗能企业没有明确规定开展清洁生产的强制性措施，不利于抑制能源的过度消耗。而修订后的《清洁生产促进法》将第二十八条改为第二十七条，第二款、第三款作为第二款、第四款，修改为："有下列情形之一的企业，应当实施强制性清洁生产审核："（一）污染物排放超过国家或者地方规定的排放标准，或者虽未超过国家或者地方规定的排放标准，但超过重点污染物排放总量控制指标的；（二）超过单位产品能源消耗限额标准构成高耗能的；（三）使用有毒、有害原料进行生产或者在生产中排放有毒、有害物质的。""实施强制性清洁生产审核的企业，应当将审核结果向所在地县级以上地方人民政府负责清洁生产综合协调的部门、环境保护部门报告，并在本地区主要媒体上公布，接受公众监督，但涉及商业秘密的除外。"增加两款，作为第三款、第五款："污染物排放超过国家或者地方规定的排放标准的企业，应当按照环境保护相关法律的规定治理。"县级以上地方人民政府有关部门应当对企业实施强制性清洁生产审核的情况进行监督，必要时可以组织对企业实施清洁生产的效果进行评估验收，所需费用纳入同级政府预算。承担评估验收工作的部门或者单位不得向被评估验收企业收取费用。"第四款作为第六款，修改为："实施清洁生产审核的具体办法，由国务院清洁生产综合协调部门、环境保护部门会同国务院有关部门制定。"

新法第二十七条的补充完善，重点强化了以下几个方面：第一，扩大了对企业实施强制性清洁生产审核范围，将单位产品能源消耗超过行业或地方能耗限额要求的高耗能企业纳入了强制性清洁生产审核的范围。第二，与环境保护相关法律相衔接，明确了污染物排放超过国家或地方规定的排放标准的企业，应当实施强制性清洁生产审核，通过清洁生产方法学，分析排放超标的原因，并且按照环境保护相关法律的规定治理。第三，充分发挥社会监督作用，明确了实施强制性清洁生产审核的企业将审核结果向所在地县级以上地方人民政府有关部门报告，并在当地主要媒体上公布，接受社会监督。第四，强化了政府有关部门的监管责任，明确了地方人民政府有关部门对实行强制性审核的企业实施清洁生产效果的评估职责，并明确由同级财政预算予以保障。第五，鼓励企业自愿开展清洁生产工作。

⑤强化清洁生产审核责任

修订前的《清洁生产促进法》强制性条款较少，强制性工作措施力度不足，对拒绝实施清洁生产审核的企业，处罚威慑力不够，法律责任无法有效落实。为此，新法在以下三个方面进一步强化了法律责任：

第一，强化了政府部门不履行职责的法律责任。新法第三十五条明确规定"清洁生产综合协调部门或者其他部门未依照法律规定履行职责的，对直接负责的主管人员和其他直接责任人员依法给予处分"。负责的主管部门和主管人员必须依法履行职责，推动清洁生产工作。

第二，强化了企业开展强制性清洁生产审核的法律责任。新法第三十六规定"对不按照规定公布能源消耗或者重点污染物产生、排放情况的，由县级以上地方人民政府负责清洁生产综合协调的部门、环境保护部门按照职责分工责令公布，可以处十万元以下的罚款"；第三十九条规定"对不实施强制性清洁生产审核或者在清洁生产审核中弄虚作假的，或者实施强制性清洁生产审核的企业不报告或不如实报告审核结果的，由县级以上地方人民政府负责清洁生产综合协调的部门、环境保护部门按照职责分工责令限期改正，拒不改正的，处以五万元以上五十万元以下的罚款”。明确了，不依法实施强制性清洁生产审核的企业将受到严厉的法律处罚。

第三，强化了评估验收部门和单位及其工作人员的法律责任。新法第三十九条规定“承担评估验收工作的部门或单位及其工作人员向被评估验收企业收取费用的，不如实评估验收或者在评估验收中弄虚作假，或者利用职务之便谋取利益的，对直接负责的主管人员和其他直接责任人员依法给予处分；构成犯罪的，依法追究刑事责任”。明确了，承担评估验收工作的部门或单位，包括提供清洁生产审核服务的单位，必须公平、公正、客观地协助企业开展清洁生产审核工作，否则将承担相应法律责任。

⑥提高法律法规的可操作性

修订前的《清洁生产促进法》“法律责任”一章中，对违法追究虽列出了相关规定，但强制性不够，对违法企业的威慑力不够。新法第三十九条修改为：“违反本法第二十七条第二款、第四款规定，不实施强制性清洁生产审核或者在清洁生产审核中弄虚作假的，或者实施强制性清洁生产审核的企业不报告或者不如实报告审核结果的，由县级以上地方人民政府负责清洁生产综合协调的部门、环境保护部门按照职责分工责令限期改正；拒不改正的，处以五万元以上五十万元以下的罚款。”“违反本法第二十七条第五款规定，承担评估验收工作的部门或者单位及其工作人员向被评估验收企业收取费用的，不如实评估验收或者在评估验收中弄虚作假的，或者利用职务上的便利谋取利益的，对直接负责的主管人员和其他直接责任人员依法给予处分；构成犯罪的，依法追究刑事责任。”新法针对未按照规定公布重点污染物产生、排放情况的企业增加了处罚规定；对应当开展强制性清洁生产审核却未按规定实施、或者在审核过程中弄虚作假的、不报告或者不如实报告审核结果的企业，加大了处罚力度。

⑦强化政府监督与社会监督作用

修订后的《清洁生产促进法》除强化了政府有关部门对企业实施强制性清洁生产审核的监督责任外，还进一步强化了社会监督作用，明确要求实施强制性清洁生产审核的企业，应当将审核结果向所在地县级以上地方人民政府负责清洁生产综合协调的部门、环保部门报告，并在本地区主要媒体上公布，接受公众监督（涉及商业秘密的除外）。

修订《清洁生产促进法》是落实全国人大常委会清洁生产促进法执法检查报告和审议意见要求的具体体现，同时也是贯彻落实中央关于转变发展方式的决定的具体体现。贯彻实施好这部法律对于从源头预防污染，实行全过程控制，以及依靠新工艺、新设计进行产业升级换代，淘汰落后产能，发展新产业，都能起到有力的推动作用。《清洁生产促进法》的修改对于推广应用先进生产技术，推进产品升级和产业结构优化，推动实现节能减排目标、转变经济发展方式具有重要意义。加快实施《清洁生产促进法》有助于履行社会责任，通过明确工作职责、奖惩措施、法律责任等强化社会责任的履行，进而推动全社会从源头削减控制污染，提高资源利用效率，减少或者避免生产、服务和产品使用过程中污染物的产生和排放，保护和改善生态环境，促进经济与社会的可持续发展。

（2）清洁生产审核办法

为促进清洁生产，规范清洁生产审核行为，根据2003年实施的《清洁生产促进法》，2004年国家发改委与国家环保总局联合颁布了《清洁生产审核暂行办法》。《清洁生产审核暂行办法》规定了清洁生产审核范围、实施、组织和管理、奖励和处罚要求，指导全国清洁生产工作的开展，对全面推行清洁生产发挥了重要作用。2010年，全国人大常委会对《清洁生产促进法》的实施成果进行执法检查，国家发改委根据执法检查中提出的问题进行了《清洁生产审核暂行办法》修订的前期研究。2012年，《清洁生产促进法》修订，明确提出了要求进一步细化和完善实施清洁生产审核的具体办法。为贯彻落实《清洁生产促进法》（2012年），进一步规范和完善清洁生产审核程序，更好地指导地方和企业开展清洁生产审核，国家发展改革委与环境环保部对《清洁生产审核暂行办法》进行了修订，2016年正式发布《清洁生产审核办法》，同时废止2004年颁布的《清洁生产审核暂行办法》。

《清洁生产审核暂行办法》包括总则、审核范围、审核的实施、审核的组织管理、奖励和处罚、附则六部分。其中，第一章总则规定了《清洁生产审核暂行办法》制定的目的和依据、清洁生产审核的定义、适用范围、部门职责等。第二章审核范围规定了清洁生产审核分类、需实施强制性清洁生产审核的企业范围、企业选取流程等。第三章审核的实施规定了实施清洁生产审核企业需提交的材料和内容、清洁生产审核的程序等。第四章审核的组织管理规定了协助企业组织开展清洁生产审核工作的咨询服务机构应当具备的条件、审核报告报送流程、各部门职责等。第五章奖励和处罚规定了各部门的奖惩措施、排污收费使用、审核费用的规定等。第六章附则规定了几条补充条款。新修订的《清洁生产审核办法》共六章四十条，较之修订前的《清洁生产审核暂行办法》章节上没有改变，由原来的三十三条变成四十条，弥补了旧版中深刻技术咨询服务水平参差不齐，统筹协调沟通机制不健全，审核行为不规范等问题，完善了清洁生产审核管理机制，从根本上明确清洁生产审核程序、评估验收机制、信用惩戒机制等。

①精准明确清洁生产审核概念的内涵

清洁生产审核强调的是通过一定的程序章程，在企业生产过程中进行污染防治、能耗降低的评估分析，发现问题并提出解决方案的过程。《清洁生产审核办法》第二条的描述是："按照一定程序，对生产和服务过程进行调查和诊断，找出能耗高、物耗高、污染重的原因，提出降低能耗、物耗、废物产生以及减少有毒有害物料的使用、产生和废物产生的方案，进而选定技术经济及环境可行的清洁生产方案的过程。"相较《清洁生产审核暂行办法》，新法强调了清洁生产方案实施的内容要求，既从企业生产过程中原辅材料和能源、技术工艺、设备、过程控制、产品、废弃物、人员和管理八大方面进行系统的分析，深入分析能源消耗、物料损耗和废物产生原因，同时将废弃物资源化利用也纳入清洁生产方案可行分析中，强化对清洁生产审核绩效的要求，通过清洁生产方案实现源头消减污染，减少末端治理的建设投资，提高资源利用效率。

②规范清洁生产审核主体与行为

《清洁生产审核办法》为了有效衔接《清洁生产促进法》，完善清洁生产审核制度，第五条对规范清洁生产审核行为提出明确要求，体现在以下原则：

一是清洁生产审核应当以企业为主体，清洁生产审核是围绕企业开展的。

二是遵循企业自愿审核与国家强制审核相结合。对污染物排放或重点污染物排放总量达到国家或地方规定的排放标准的企业，可自愿开展清洁生产审核；而对于污染物排放超过国家或地方规定的排放标准或者总量控制指标的企业，超过单位产品能源消耗限额标准构成高能耗的企业，以及使用有毒有害原料进行生产或者在生产中排放有毒有害物质的企业，应当依法实施强制性清洁生产审核。《清洁生产审核办法》中明确了有毒有害物质的种类，对于"双超、双有、高能耗"的企业要求依法实施强制性清洁生产审核，从根源杜绝有毒有害物质对环境与人体健康的危害。

三是企业自主审核与外部协助审核相结合的原则。对于自行开展清洁生产审核的企业，应当拥有熟悉自身的产品、原料、生产工艺、资源能源利用及污染物排放状况的技术人员，并且具备开展物料平衡、水平衡测试的基本检测分析器具、设备或手段。如果不具备独立开展清洁生产审核的条件，可以向外部专家或机构寻求指导和帮助。对开展清洁生产审核的企业来说，单纯依靠外部机构或专家开展工作往往只是以完成审核通过专家评估验收为目的，单纯依靠企业自身从业人员技术往往因为水平参差不齐而严重影响清洁生产审核质量，要求企业自主审核与外部协助审核相结合的目的在于增强企业内在驱动力，从而达到"节能、降耗、减污、增效"的清洁生产最终目的。

四是因地制宜、有序开展、注重实效。我国企业众多，各地区经济发展不平衡，不同地区、不同行业在工艺技术、资源消耗、污染排放等方面差异较大，在实施清洁生产审核应结合地区实际情况，有序开展工作。

③理顺政府推进清洁生产审核的管理机制

《清洁生产审核暂行办法》实施后，随着清洁生产审核工作的深入，清洁生产审核中由于各管理部门职能交叉，职责不清晰，缺乏统筹协调的沟通机制等问题导致审核企业数量增加但质量缺乏保障，严重影响清洁生产审核的有效推进。修订后的《清洁生产审核办法》第九条明确规定需实施强制性清洁生产审核的“双超、双有”企业，需由所在地县级以上环境环保主管部门提出，逐级上报省级环境保护主管部门，核定后书面通知企业并抄送同级清洁生产综合协调部门和行业管理部门。对于强制性清洁生产审核中涉及高能耗的企业，应由所在地县级以上节能主管部门提出，逐级上报省级节能主管部门核定，书面通知企业并抄送同级清洁生产综合协调部门。实施强制性清洁生产的企业还需在名单公布的一个月内公开公布企业相关信息，并于名单公布后两个月内开展清洁生产审核。

《清洁生产审核办法》明确了政府部门推行清洁生产审核的管理流程和服务职责，减少条块交叉，规范管理。明确“双有、双超”高能耗的企业必须依法执行强制性清洁生产审核，“双超、双有”企业清洁生产审核的全过程管理由各级环境环保主管部门负责实施；涉及高能耗的企业清洁生产审核的全过程管理由各级节能主管部门负责实施。形成了由清洁生产综合协调部门牵头，环境保护主管部门和节能主管部门各司其职又互相配合的清洁生产审核管理机制，减少了职能交叉的情况和缺乏总体统筹协调的问题，提高管理效率。

④细化清洁生产审核验收制度重要内容

综合长期以来实施的清洁生产审核工作情况，由于申请清洁生产审核验收的企业数量庞大、清洁生产管理部门能力水平参差不齐对清洁生产的监督和管理带来的不利影响，为更全面地推行清洁生产审核，修订后的《清洁生产审核办法》进一步细化了清洁生产审核制度内容：

一是明确规定清洁生产审核验收的企业范围。第二十条规定：“需要开展强制性清洁生产审核工作的企业，以及申请各级清洁生产、节能减排等财政资金的企业”，清晰清洁生产管理部门的职责分工，指出“双超、双有”企业有环境环保主管部门牵头，涉及高耗能的企业由节能主管部门牵头组织进行验收。

二是强调了清洁生产审核的技术性和可操作性。《清洁生产审核办法》第二十一条和第二十二条规定：“清洁生产审核评估重点针对清洁生产审核过程的真实性、清洁生产审核报告的规范性、清洁生产方案的合理性和有效性，且验收重点评估清洁生产方案的实施效果，并对清洁生产水平进行评定。”新增该两条款明确要求清洁生产审核相关管理部门进行评估验收时，应强调企业已实施的清洁生产方案的绩效、清洁生产目标的实现情况和产物排污状况，对企业排污申报不实和存在超标的提出整改方案，确保企业把清洁生产方案落实到位，做到从源头削减污染物，减轻对环境与人体健康的危害，同时对企业清洁生产水平进行综合性评定并做出结论性意见。

三是指导政府部门落实清洁生产评估验收与建立咨询服务体系。第二十三条明确规定："企业实施清洁生产审核效果的评估验收，所需费用由组织评估验收的部门报请地方政府纳入预算。承担评估验收工作的部门或者单位不得向被评估验收企业收取费用。"将清洁生产审核和环境管理各项制度相结合，清洁生产审核工作可作为摸清企业产物排污状况，淘汰落后差能，调整技术工艺，削减污染物排放总量和提高清洁生产水平的有效手段。第二十七条规定："建立地方清洁生产专家库和编制行业清洁生产评价指标体系"，清洁生产技术咨询服务水平直接影响清洁生产审核的实施效果，规范了清洁生产技术咨询服务机构，为企业开展清洁生产审核、提出技术经济与环境可行方案、实施方案并获得绩效和清洁生产验收评估等方面提供了更可靠更专业的服务，也为政府部门出台清洁生产审核相关政策、技术支撑文件等提供技术支持。

⑤建立有效的清洁生产奖惩机制

原《清洁生产审核暂行办法》中明确了对自愿开展清洁生产审核的企业进行公开表彰，但未针对违反规定的企业出台相应的惩戒机制，企业违法违约成本低。《清洁生产审核办法》中第三十六条规定："对违反本办法相关规定受到处罚的企业或咨询服务机构，由省级清洁生产综合协调部门和环境保护主管部门、节能主管部门建立信用记录，归集至全国信用信息共享平台，会同其他有关部门和单位实行联合惩戒。"首次引入全国信用信息共享平台，全国各地区、各部门共同分享企业信用信息，提高对企业违法行为的约束力，促进企业诚信经营，营造良好的市场氛围，并且间接促进清洁生产咨询机构技术水平的提升与企业开展清洁生产审核的认真程度，从而提升清洁生产审核整体质量。除了建立共同惩戒平台，建立有效的奖励机制，加强公众参与也是推动清洁生产实施的最主要动力。对积极开展清洁生产审核且取得明显效果的企业进行表彰，各级政府可安排一定比例的审核补助资金，或建立国家节能减排专项资金，同时定期对企业清洁生产进行信息披露，进一步加强了清洁生产监督力度。

《清洁生产审核办法》不仅建立政府对企业清洁生产审核实施的引导和质量控制机制，还为全面推行清洁生产提供了制度保障，促进工业企业全面达标排放，为实现"十三五"环境保护奠定良好基础。

（3）清洁生产评估及验收指南

习近平总书记在党的十九大报告中明确提出要推进绿色发展，壮大清洁生产产业，推进清洁生产及相关产业发展是绿色发展的重要抓手。清洁生产审核是推进清洁生产工作的主要方式。2008 年，环境保护部印发的《重点企业清洁生产审核评估与验收实施指南》（试行）（环发〔2008〕60 号）正式确立了清洁生产审核评估与验收制度是清洁生产审核评估与验收制度的开端，但并未对评估与验收制度如何实施做出详细规定。2012 年修订实施的《清洁生产促进法》、2016 年国家发展改革委与环境保护部联合修订发布的《清洁生产审核办法》均对开展清洁生产审核评估与验收有明确的要求。为贯彻党的十九大精神，保证清洁生产审核的质量，科学推进清洁生产工作，规范清洁生产审核行为，指导清洁生产审核评估与验收工作，生态环境部联合国家发展改革委根据《清洁生产促进法》《清洁生产审核办法》的规定，于2018年4月制定出台了《清洁生产审核评估与验收指南》（以下简称《指南》），为评估与验收提供了依据和标准。

《指南》包括总则、清洁生产审核评估、清洁生产审核验收、监督和管理、附则五部分内容。其中，第一章总则规定了《指南》制定的目的和依据、评估与验收的定义、适用范围、部门职责等。第二章清洁生产审核评估规定了有关部门开展年度清洁生产审核评估的进度安排、开展清洁生产审核评估的企业需提交的材料、清洁生产审核评估内容、评估方式、评估技术审查意见等内容。第三章清洁生产审核验收规定了企业需提交的材料、验收程序、验收主要内容、技术要点、信息公示等内容。第四章监督和管理规定了监督检查、信息报送、评估与验收经费、评估与验收专家组要求等内容。第五章附则规定了几条补充条款。

自2008年印发《重点企业清洁生产审核评估与验收实施指南》（试行）确立清洁生产审核评估与验收制度以来，《指南》首次将评估与验收的程序和规范以国家文件的形式发布，这是清洁生产审核评估与验收制度的进一步细化和规范，也是对十年来全国开展清洁生产评估与验收工作的一次全面提炼和总结，对完善清洁生产工作具有重要的意义。

①精准确定评估与验收的内涵

《清洁生产审核办法》中第二十一条、第二十二条对评估、验收的重点进行了规定，《指南》对清洁生产审核评估的定义重新进行了界定，在总则的第二条中明确规定："清洁生产审核评估是指在企业基本完成清洁生产无/低费方案，在清洁生产中/高费方案可行性分析后和中/高费方案实施前的时间节点，开展清洁生产审核评估工作。清洁生产审核验收是指按照一定程序，在企业实施完成清洁生产中/高费方案后，对已实施清洁生产方案的绩效、清洁生产目标的实现情况及企业清洁生产水平进行综合性评定，并做出结论性意见。"这是对《重点企业清洁生产审核评估与验收实施指南》（试行）（环发〔2008〕60号）中评估时段进行了调整，更好地将评估与验收工作进行了区分。

②强化评估与验收内容的专业性和可操作性

《指南》第九条规定："本地具有管辖权限的环境保护主管部门或节能主管部门组织专家或委托相关单位成立评估专家组，各专家可采取电话函件征询、现场考察、质询等方式审阅企业提交的有关材料，最后专家组召开集体会议，参照《清洁生产审核评估评分表》，打分界定评估结果并出具技术审查意见。"明确了清洁生产审核评估的技术内容。第十六条详细规定了清洁生产审核验收内容及要求包括核实清洁生产绩效和确定清洁生产水平。第九条和第十六条规定增加了对清洁生产审核评估与验收的标准及具体指标要求，以及对评估与验收专家组成员的具体遴选要求（至少1名清洁生产方法学专家、1名环境保护专家和1名行业专家）；细化了地方主管部门对审核的评估技术审查意见和验收技术审查意见的处理办法，大大提高了《指南》的可操作性。

③取消评估、验收企业的前置条件

《重点企业清洁生产审核评估与验收实施指南》（试行）中规定由企业主动申请开展评估、验收工作。《指南》总则中第三条规定：本指南适用于《清洁生产审核办法》第二十条规定的“国家考核的规划、行动计划中明确指出需要开展强制性清洁生产审核工作的企业”和“申请各级清洁生产、节能减排等财政资金的企业”以及从事清洁生产管理活动的部门，其他需要开展清洁生产审核评估与验收的企业可参照本指南执行。《指南》与法律法规保持一致性，不再设置评估、验收企业的前置条件。

④强化了评估、验收专家队伍能力建设

《指南》监督与管理中的第二十二条和第二十三条分别规定了“评估与验收的专家组成员应从国家或地方清洁生产专家库中选取，由熟悉行业、清洁生产及节能环保的专家组成，且具有高级职称或十年以上从业经验的中级职称，专家组成员不得少于3人。参加评估或验收的专家如与企业或清洁生产审核咨询服务机构存在利益关系的，应当主动回避。”“评估与验收组织部门应定期对专家进行培训，统一清洁生产审核评估与验收尺度，承担评估与验收工作的部门及专家应对评估或验收结论负责。”提出了评估与验收组织部门应对评估、验收专家开展相关培训等要求，强化了评估、验收专家队伍的能力建设。

《指南》的发布实施，客观上能进一步规范各省开展清洁生产审核评估与验收工作的程序，使各级主管部门开展评估与验收工作有了依据和准则，对提升全国清洁生产审核的整体质量发挥重要作用。

（4）清洁生产评价指标体系及相关标准

清洁生产标准可以指导和帮助企业进行污染全过程控制，尤其是对生产过程产生的污染的控制，使各个生产环节的污染预防具体化和定量化，推进行业、企业技术进步。多年来，世界各国广泛建立清洁生产和污染预防相关标准和指标体系，标准和指标体系的建立为清洁生产的实施和评估提供了依据。

①行业清洁生产标准

2002年，国家环保总局启动了全国清洁生产标准的标志工作。经过近几年的宣传推广，清洁生产标准已经在全国环保系统、工业行业和企业中产生广泛的影响，成为清洁生产领域的基础性标准。自2003年《清洁生产促进法》实施以来，环保部发布了近60个行业的《行业清洁生产标准》（如表1-2所示）。

标准采用六类三级结构。即从污染预防思想出发将清洁生产指标分为六个大类，分别为生产工艺与装备要求、资源能源利用指标、产品指标、污染物产生指标、废物回收利用指标和环境管理要求，同时，根据我国企业的实际情况将每个指标分为三个等级，分别为一级指标为国际清洁生产先进水平、二级指标为国内清洁生产先进水平、三级指标为国内清洁生产基本水平。各级环保部门已逐步将清洁生产标准作为环境管理的依据，作为重点企业清洁生产审核、环境影响评价、环境友好企业评估、生态工业园示范建设等工作的重要依据。

表 1-2　清洁生产标准目录

序号	标准编号	标准名称	实施日期
1	HJ/T 125—2003	清洁生产标准 石油炼制业	2003-6-1
2	HJ/T 126—2003	清洁生产标准 炼焦行业	2003-6-1
3	HJ/T 127—2003	清洁生产标准 制革行业（猪轻革）	2003-6-1
4	HJ/T 183—2006	清洁生产标准 啤酒制造业	2006-10-1
5	HJ/T 184—2006	清洁生产标准 食用植物油工业（豆油和豆粕）	2006-10-1
6	HJ/T 185—2006	清洁生产标准 纺织业（棉印染）	2006-10-1
7	HJ/T 186—2006	清洁生产标准 甘蔗制糖业	2006-10-1
8	HJ/T 187—2006	清洁生产标准 电解铝业	2006-10-1
9	HJ/T 188—2006	清洁生产标准 氮肥制造业	2006-10-1
10	HJ/T 189—2006	清洁生产标准 钢铁行业	2006-10-1
11	HJ/T 190—2006	清洁生产标准 基本化学燃料制造业（环氧乙烷/乙二醇）	2006-12-1
12	HJ/T 293—2003	清洁生产标准 汽车制造业（涂装）	2006-12-1
13	HJ/T 294—2006	清洁生产标准 铁矿采选业	2007-2-1
14	HJ/T 314—2006	清洁生产标准 电镀行业 《清洁生产标准 电镀行业》（HJ/T 314—2006）修改方案	2007-2-1
15	HJ/T 315—2006	清洁生产标准 人造板行业（中密度纤维板）	2007-2-1
16	HJ/T 316—2006	清洁生产标准 乳制品制造业（纯牛乳及全脂乳粉）	2007-2-1
17	HJ/T 317—2006	清洁生产标准 造纸工业（漂白碱法蔗渣浆生产工艺）	2007-2-1
18	HJ/T 318—2006	清洁生产标准 钢铁行业（中厚板轧钢）	2007-2-1
19	HJ/T 339—2007	清洁生产标准 造纸行业（漂白化学烧碱法麦草浆生产工艺）	2007-7-1

序号	标准编号	标准名称	实施日期
20	HJ/T 340—2007	清洁生产标准 造纸行业（硫酸盐化学木浆生产工艺）	2007－7－1
21	HJ/T 357—2007	清洁生产标准 电解锰行业	2007－10－1
22	HJ/T 358—2007	清洁生产标准 镍选矿行业	2007－10－1
23	HJ/T 359—2007	清洁生产标准 化纤行业（氨纶）	2007－10－1
24	HJ/T 360—2007	清洁生产标准 彩色显像（示）管生产	2007－10－1
25	HJ/T 361—2007	清洁生产标准 平板玻璃行业	2007－10－1
26	HJ/T 401—2007	清洁生产标准 烟草加工业	2008－3－1
27	HJ/T 402—2007	清洁生产标准 白酒制造业	2008－3－1
28	HJ/T 425—2008	清洁生产标准 制订技术导则	2008－8－1
29	HJ/T 426—2008	清洁生产标准 钢铁行业（烧结）	2008－8－1
30	HJ/T 427—2008	清洁生产标准 钢铁行业（高炉炼铁）	2008－8－1
31	HJ/T 428—2008	清洁生产标准 钢铁行业（炼钢）	2008－8－1
32	HJ/T 429—2008	清洁生产标准 化纤行业（涤纶）	2008－8－1
33	HJ/T 430—2008	清洁生产标准 电石行业	2008－8－1
34	HJ 443—2008	清洁生产标准 石油炼制业（沥青）	2008－11－1
35	HJ 444—2008	清洁生产标准 味精工业	2008－11－1
36	HJ 445—2008	清洁生产标准 淀粉工业	2008－11－1
37	HJ 446—2008	清洁生产标准 煤炭采选业	2009－2－1
38	HJ 447—2008	清洁生产标准 铅蓄电池工业	2009－2－1
39	HJ 448—2008	清洁生产标准 制革工业（牛轻革）	2009－2－1
40	HJ 449—2008	清洁生产标准 合成革工业	2009－2－1
41	HJ 450—2008	清洁生产标准 印制电路板制造业	2009－2－1
42	HJ 452—2008	清洁生产标准 葡萄酒制造业	2009－3－1
43	HJ 467—2009	清洁生产标准 水泥工业	2009－7－1
44	HJ 468—2009	清洁生产标准 造纸工业（废纸制浆）	2009－7－1
45	HJ 469—2009	清洁生产审核指南 制订技术导则	2009－7－1
46	HJ 470—2009	清洁生产标准 钢铁行业（铁合金）	2009－8－1
47	HJ 473—2009	清洁生产标准 氧化铝业	2009－10－1
48	HJ 474—2009	清洁生产标准 纯碱行业	2009－10－1
49	HJ 475—2009	清洁生产标准 氯碱行业（烧碱）	2009－10－1

序号	标准编号	标准名称	实施日期
50	HJ 476—2009	清洁生产标准 氯碱行业（聚氯乙烯）	2009－10－1
51	HJ 510—2009	清洁生产标准 废铅酸蓄电池铅回收业	2010－1－1
52	HJ 512—2009	清洁生产标准 粗铅冶炼业	2010－2－1
53	HJ 513—2009	清洁生产标准 铅电解液	2010－2－1
54	HJ 514—2009	清洁生产标准 宾馆饭店业	2010－3－1
55	HJ 558—2010	清洁生产标准 铜冶炼业	2010－5－1
56	HJ 559—2010	清洁生产标准 铜电解液	2010－5－1
57	HJ 560—2010	清洁生产标准 制革工业（羊革）	2010－5－1

②国家发展改革委清洁生产评价指标体系

国家发展改革委对高能耗、高物耗、高排放的行业陆续实行《行业准入标准》，为指导和推动行业依法实施清洁生产，提高资源利用效率，减少污染物的产生和排放，改善环境，减轻对人体健康的危害，国家发展改革委、环境保护部会同工业和信息化部联合发布30个重点行业清洁生产评价指标体系（截止时间为2009年）（见表1-3），内容涵盖适用范围、规范性引用文件、术语定义、评价指标和评价方法。30个行业包括钢铁、水泥、电力（燃煤发电企业）、制浆造纸、稀土冶炼、平板玻璃、电镀、铅锌采选、黄磷、生物药品制制造（血液制品）、电池、镍钴、锑、再生铅、电解锰、涂装、合成革、光伏电池、黄金、制革、环氧树脂、1,4－丁二醇、有机硅和活性染料。用于评价企业清洁生产水平，作为创建清洁生产先进企业的主要依据，并为企业推行清洁生产提供技术指导。

表1-3　重点行业清洁生产评价指标体系

序号	标准名称	实施日期
1	氮肥行业清洁生产评价指标体系（试行）	2005－5
2	电镀行业清洁生产评价指标体系（试行）	2005－5
3	钢铁行业清洁生产评价指标体系（试行）	2005－5
4	电池行业清洁生产评价指标体系（试行）	2006－12
5	制浆造纸行业清洁生产评价指标体系（试行）	2006－12
6	印染行业清洁生产评价指标体系（试行）	2006－12
7	烧碱/聚氯乙烯行业清洁生产评价指标体系（试行）	2006－12
8	煤炭行业清洁生产评价指标体系（试行）	2006－12
9	铝行业清洁生产评价指标体系（试行）	2006－12
10	铬盐行业清洁生产评价指标体系（试行）	2006－12

序号	标准名称	实施日期
11	包装行业清洁生产评价指标体系（试行）	2007－4
12	火电行业清洁生产评价指标体系（试行）	2007－4
13	磷肥行业清洁生产评价指标体系（试行）	2007－4
14	轮胎行业清洁生产评价指标体系（试行）	2007－4
15	铅锌行业清洁生产评价指标体系（试行）	2007－4
16	陶瓷行业清洁生产评价指标体系（试行）	2007－4
17	涂料制造业清洁生产评价指标体系（试行）	2007－4
18	纯碱行业清洁生产评价指标体系（试行）	2007－7
19	发酵行业清洁生产评价指标体系（试行）	2007－7
20	机械行业清洁生产评价指标体系（试行）	2007－7
21	硫酸行业清洁生产评价指标体系（试行）	2007－7
22	水泥行业清洁生产评价指标体系（试行）	2007－10
23	制革行业清洁生产评价指标体系（试行）	2007－7
24	电解金属锰行业清洁生产 评价指标体系（试行）	2007－9
25	石油和天然气开采行业清洁生产评价指标体系（试行）	2009－2
26	精对苯二甲酸（PTA）行业清洁生产评价指标体系（试行）	2009－2
27	电石行业清洁生产评价指标体系（试行）	2009－2
28	黄磷行业清洁生产评价指标体系（试行）	2009－2
29	有机磷农药行业清洁生产评价指标体系（试行）	2009－2
30	日用玻璃行业清洁生产评价指标体系（试行）	2009－2

2013 年 6 月，国家发展改革委正式发布了《清洁生产评价指标体系编制通则》（征求意见稿）（以下简称《意见稿》）。能够迎合环境准入、企业清洁生产水平评价、企业清洁生产审核、项目环境影响评价、企业环境绩效评价等各类现实需求。《意见稿》删除了限定性指标和等级划分中的分值规定，同时也对各一级指标的顺序做了相应的调整。《意见稿》规定，根据当前各行业装备、清洁生产技术和管理水平，最好将指标层的各项指标分为三个等级：1 级为清洁生产的国际领先水平；2 级为清洁生产的国内先进水平；3 级为清洁生产的国内基本水平。为完善清洁生产技术支撑文件体系，加快推进清洁生产评价指标体系的整合修编进程，国家发展改革委会同环境保护部、工业和信息化部分别于 2014 年 9 月及 2016 年 4 月研究制定了《清洁生产评价指标体系制（修）订计划（第一批）》《清洁生产评价指标体系制（修）订计划（第二批）》，自公布以来取得相关进展如下：

2014 年 3 月，国家发展改革委、环境保护部、工业和信息化部联合修编发布了

《钢铁行业清洁生产评价指标体系》《水泥行业清洁生产评价指标体系》，将于2014年4月1日起施行。

2015年4月，国家发展改革委、环境保护部、工业和信息化部整合修编了《电力（燃煤发电企业）行业清洁生产评价指标体系》《制浆造纸行业清洁生产评价指标体系》，制定了《稀土行业清洁生产评价指标体系》。同时，国家发展改革委发布的《制浆造纸行业清洁生产评价指标体系（试行）》（国家发展改革委2006年第87号公告）、《火电行业清洁生产评价指标体系（试行）》（国家发展改革委2007年第24号公告），环境保护部发布的《清洁生产标准 造纸工业（漂白碱法蔗渣浆生产工艺）》（HJ/T 317—2006）、《清洁生产标准 造纸工业（漂白化学浆烧碱法麦草浆生产工艺）》（HJ/T 339—2007）、《清洁生产标准 造纸工业（硫酸盐化学木浆生产工艺）》（HJ/T 340—2008）、《清洁生产标准 造纸工业（废纸制浆）》（HJ 468—2009）同时停止施行。2015年10月，国家发展改革委、环境保护部、工业和信息化部整合修编了《平板玻璃行业清洁生产评价指标体系》《电镀行业清洁生产评价指标体系》《铅锌采选行业清洁生产评价指标体系》《黄磷工业清洁生产评价指标体系》，制定了《生物药品制造业（血液制品）清洁生产评价指标体系》。同时，国家发展改革委发布的《日用玻璃行业清洁生产评价指标体系（试行）》（国家发展改革委、工业和信息化部2009年第3号公告）、《电镀行业清洁生产评价指标体系（试行）》（国家发展改革委、国家环境保护总局2005年第28号公告）、《铅锌行业清洁生产评价指标体系（试行）》（国家发展改革委2007年第24号公告）中铅锌采选部分内容、《黄磷工业清洁生产评价指标体系（试行）》（国家发展改革委、工业和信息化部2009年第3号公告），环境保护部发布的《清洁生产标准 平板玻璃行业》（HJ/T 361—2007）、《清洁生产标准 电镀行业》（HJ/T 314—2006）同时停止施行。2015年12月，国家发展改革委、环境保护部、工业和信息化部整合修编了《电池行业清洁生产评价指标体系》，制定了《镍钴行业清洁生产评价指标体系》《锑行业清洁生产评价指标体系》《再生铅行业清洁生产评价指标体系》。同时，国家发展改革委发布的《电池行业清洁生产评价指标体系（试行）》（国家发展改革委2006年第87号公告）、环境保护部发布的《清洁生产标准 铅蓄电池行业》（HJ 447—2008）同时停止施行。

2016年，国家发展改革委会为贯彻落实《清洁生产促进法》，进一步形成统一、系统、规范的清洁生产技术支撑文件体系，指导和推动企业依法实施清洁生产，整合修编了《电解锰行业清洁生产评价指标体系》《涂装行业清洁生产评价指标体系》《合成革行业清洁生产评价指标体系》，制定了《光伏电池行业清洁生产评价指标体系》《黄金行业清洁生产评价指标体系》，并于2016年11月1日起施行。同时，国家发展改革委发布的《电解金属锰行业清洁生产评价指标体系（试行）》（国家发展改革委2007年第63号公告）、环境保护部发布的《清洁生产标准合成革行业》（HJ 449—2008）、《清洁生产标准 汽车制造业（涂装）》（HJ/T 293—2006）、《清洁生产标准 电解锰行业》（HJ/T 357—2007）同时停止施行。

2017 年，国家发展改革委、环境保护部、工业和信息化部整合修编了《制革行业清洁生产评价指标体系》，制定了《环氧树脂行业清洁生产评价指标体系》《1,4－丁二醇行业清洁生产评价指标体系》《有机硅行业清洁生产评价指标体系》《活性染料行业清洁生产评价指标体系》，并于 9 月 1 日起施行。同时，国家发展改革委发布的《制革行业清洁生产评价指标体系（试行）》（国家发展改革委 2007 年第 41 号公告），环境保护部发布的《清洁生产标准制革工业（猪轻革）》（HJ 448—2008）、《清洁生产标准 制革工业（羊革）》（HJ 560—2010）停止施行。

表 1-4 停止实施的清洁生产标准及评价指标体系（截至 2018 年 12 月）

序号	标准名称	停止日期
1	电池行业清洁生产评价指标体系（试行）	2015
2	制浆造纸行业清洁生产评价指标体系（试行）	2015
3	火电行业清洁生产评价指标体系（试行）	2015
4	氮肥行业清洁生产评价指标体系（试行）	2016
5	铅锌行业清洁生产评价指标体系（试行）	2016
6	电解金属锰行业清洁生产 评价指标体系（试行）	2016
7	黄磷行业清洁生产评价指标体系（试行）	2016
8	日用玻璃行业清洁生产评价指标体系（试行）	2016
9	制革行业清洁生产评价指标体系（试行）	2017
10	清洁生产标准 造纸工业（漂白碱法蔗渣浆生产工艺）	2015
11	清洁生产标准 造纸行业（漂白化学烧碱法麦草浆生产工艺）	2015
12	清洁生产标准 造纸行业（硫酸盐化学木浆生产工艺）	2015
13	清洁生产标准 铅蓄电池工业	2015
14	清洁生产标准 造纸工业（废纸制浆）	2015
15	清洁生产标准 汽车制造业（涂装）	2016
16	清洁生产标准 电镀行业	2016
17	清洁生产标准 电解锰行业	2016
18	清洁生产标准 平板玻璃行业	2016
19	清洁生产标准 合成革工业	2016
20	清洁生产标准 制革工业（牛轻革）	2017
21	清洁生产标准 制革工业（羊革）	2017

序号	标准名称	停止日期
22	清洁生产标准钢铁行业（烧结）	2018
23	清洁生产标准钢铁行业（高炉炼铁）	2018
24	清洁生产标准钢铁行业（炼钢）	2018
25	清洁生产标准钢铁行业（铁合金）	2018
26	清洁生产标准化纤行业（氨纶）	2018

2018 年，国家发展改革委、生态环境部、工业和信息化部整合修编了《钢铁行业（烧结、球团）清洁生产评价指标体系》《钢铁行业（高炉炼铁）清洁生产评价指标体系》《钢铁行业（炼钢）清洁生产评价指标体系》《钢铁行业（钢延压加工）清洁生产评价指标体系》《钢铁行业（铁合金）清洁生产评价指标体系》《再生铜行业清洁生产评价指标体系》《电子器件（半导体芯片）制造业清洁生产评价指标体系》《合成纤维制造业（氨纶）清洁生产评价指标体系》《合成纤维制造业（锦纶 6）清洁评价指标体系》《合成纤维制造业（聚酯涤纶）清洁生产评价指标体系》《合成纤维制造业（维纶）清洁生产评价指标体系》《合成纤维制造业（再生涤纶）清洁生产评价指标体系》《再生纤维素纤维制造业（粘胶法）清洁生产评价指标体系》《印刷业清洁生产评价指标体系》等 14 个行业清洁生产评价指标体系文件。此前发布的《清洁生产标准钢铁行业（烧结）HJ/T426—2008》《清洁生产标准钢铁行业（高炉炼铁）HJ/T427—2008》《清洁生产标准钢铁行业（炼钢）HJ/T428—2008》（环境保护部公告 2008 年第 6 号）、《清洁生产标准钢铁行业（铁合金）HJ 470—2009》（环境保护部公告 2009 年第 21 号）、《清洁生产标准化纤行业（氨纶）HJ/T359—2007》（国家环境保护总局公告 2007 年第 54 号）停止实施。

表 1-5　新增重点行业清洁生产评价指标体系（截至 2018 年 12 月）

序号	标准名称	实施日期
1	钢铁行业清洁生产评价指标体系	2014 - 4
2	水泥行业清洁生产评价指标体系	2014 - 4
3	电力（燃煤发电企业）行业清洁生产评价指标体系	2015 - 4
4	制浆造纸行业清洁生产评价指标体系	2015 - 4
5	稀土行业清洁生产评价指标体系	2015 - 4
6	平板玻璃行业清洁生产评价指标体系	2015 - 10
7	电镀行业清洁生产评价指标体系	2015 - 10
8	铅锌采选行业清洁生产评价指标体系	2015 - 10

序号	标准名称	实施日期
9	黄磷工业清洁生产评价指标体系	2015－10
10	生物药品制造业（血液制品）清洁生产评价指标体系	2015－10
11	电池行业清洁生产评价指标体系	2015－12
12	镍钴行业清洁生产评价指标体系	2015－12
13	锑行业清洁生产评价指标体系	2015－12
14	再生铅行业清洁生产评价指标体系	2015－12
15	电解锰行业清洁生产评价指标体系	2016－11
16	涂装行业清洁生产评价指标体系	2016－11
17	合成革行业清洁生产评价指标体系	2016－11
18	光伏电池行业清洁生产评价指标体系	2016－11
19	黄金行业清洁生产评价指标体系	2016－11
20	环氧树脂行业清洁生产评价指标体系	2017－9
21	1,4－丁二醇行业清洁生产评价指标体系	2017－9
22	有机硅行业清洁生产评价指标体系	2017－9
23	活性染料行业清洁生产评价指标体系	2017－9
24	制革行业清洁生产评价指标体系	2017－9
25	钢铁行业（烧结、球团）清洁生产评价指标体系	2018－12
26	钢铁行业（高炉炼铁）清洁生产评价指标体系	2018－12
27	钢铁行业（炼钢）清洁生产评价指标体系	2018－12
28	钢铁行业（钢延压加工）清洁生产评价指标体系	2018－12
29	钢铁行业（铁合金）清洁生产评价指标体系	2018－12
30	再生铜行业清洁生产评价指标体系	2018－12
31	电子器件（半导体芯片）制造业清洁生产评价指标体系	2018－12
32	合成纤维制造业（氨纶）清洁生产评价指标体系	2018－12
33	合成纤维制造业（锦纶 6）清洁评价指标体系	2018－12
34	合成纤维制造业（聚酯涤纶）清洁生产评价指标体系	2018－12
35	合成纤维制造业（维纶）清洁生产评价指标体系	2018－12
36	合成纤维制造业（再生涤纶）清洁生产评价指标体系	2018－12
37	再生纤维素纤维制造业（粘胶法）清洁生产评价指标体系	2018－12
38	印刷业清洁生产评价指标体系	2018－12

模块二　开展企业清洁生产审核

- **知识目标**

掌握企业开展清洁生产审核的流程、步骤和方案。

- **能力目标**

能按照有关规定指导企业开展清洁生产审核工作。

- **素质目标**

具备资料收集、现场查看、资料整理、报告编写、团队协作以及沟通协调等基本职业素养。

2.1　审核准备

审核准备是企业进行清洁生产审核工作的第一个阶段。目的是通过宣传教育使企业的领导和职工对清洁生产有一个初步的、比较正确的认识、消除思想上和观念上的障碍；了解企业清洁生产审核的工作内容、要求及其工作程序。本阶段工作的重点是取得企业高层领导的支持和参与，组建清洁生产审核小组，制订审核工作计划和宣传清洁生产思想。

2.1.1　组建清洁生产审核小组

计划开展清洁生产审核的企业，首先要在本企业内组建一个有权威的审核小组，这是顺利实施企业清洁生产审核的组织保证。

（1）推选组长

审核小组组长是审核小组的核心，一般情况下，最好由企业高层领导人兼任组长，或由企业高层领导任命一位具有如下条件的人员担任，并授予必要权限。

组长的条件是：

①具备企业的生产、工艺、管理与新技术的知识和经验。

②掌握污染防治的原则和技术，并熟悉有关的环保法规。

③了解审核工作程序，熟悉审核小组成员情况，具备领导和组织工作的才能并善于和其他部门合作等。

（2）选择成员

审核小组的成员数目根据企业的实际情况来定，一般情况下全时制成员由3～5人组成。小组成员的条件是：

①具备企业清洁生产审核的知识或工作经验。

②掌握企业的生产、工艺、管理等方面的情况及新技术信息。

③熟悉企业的废弃物产生、治理和管理情况以及国家和地区环保法规和政策等。

④具有宣传、组织工作的能力和经验。

如有必要，审核小组的成员在确定审核重点的前后应及时调整。审核小组必须有一位成员来自本企业的财务部门。该成员不一定全时制投入审核，但要了解审核的全部过程，不宜中途换人。

（3）明确任务

审核小组的任务包括：

①制订工作计划。

②开展宣传教育。

③确定审核重点和目标。

④组织和实施审核工作。

⑤编写审核报告。

⑥总结经验，并提出持续清洁生产的建议。

来自企业财务部门的审核成员，应该介入审核过程中一切与财务计算有关的活动，准确计算企业清洁生产审核的投入和收益，并将其详细地单独列账。中小型企业和不具备清洁生产审核技能的大型企业，其审核工作要取得外部专家的支持。如果审核工作有外部专家的帮助和指导，本企业的审核小组还应负责与外部专家的联络、研究外部专家的建议并尽量吸收其有用的意见。

审核小组成员职责与投入时间等应列表说明，表中要列出审核小组成员的姓名、在小组中的职务、专业、职称、应投入的时间，以及具体职责等，如表2-1和表2-2所示。

表2-1　清洁生产审核领导小组成员名单示例

姓名	小组职务	部门	职务职称	职责
	组长	总经办	总经理	全权负责清洁生产管理、协调工作
	副组长	总经办	常务副总经理	协助组长开展清洁生产工作，并组织和监督生产审核工作小组的工作

姓名	小组职务	部门	职务职称	职责
	副组长	总经办	副总经理	协助组长开展清洁生产工作，负责生产流程、工艺水平分析和控制
	副组长	总经办	副总经理	协助组长开展清洁生产工作，工艺、设备改造等项目的落实
	成员	总经办	总经理助理	协助组长组织清洁生产审核
	成员	财务部	经理	负责核定清洁生产方案的经济效益，核算方案的经济可行性分析

注：必须有财务人员参加。

表 2-2 清洁生产审核工作小组成员表

姓名	审核小组职务	部门	职务职称	专业	职责
	组长	厂部	副总/工程师	机械	组织协调
	副组长	技安科	科长/高工	化工工艺	协助组织协调、对外联系
	成员	车间	主任/高工	化工工艺	协助组织协调
	成员	生计科	副主任/工程师	化工工艺	物耗、能耗统计
	成员	设备科	科长/高工	机械	节能设备优化
	成员	车间	副主任/工程师	化工工艺	负责提供×车间有关各项资料
	成员	动力车间	副主任/工程师	仪表	负责提供动力车间有关各项资料
	成员	安技科	科员/工程师	化工工艺	负责工艺流程及其优化方案
	成员	安技科	科员	统计	负责各种资料收集及汇总
	成员	安技科	科员	环保	协助完成各种物料、能量衡算
	成员	生计科	科员/统计师	统计	协助完成各种物料、能源、水消耗统计
	成员	车间	工艺员/工程师	化工工艺	负责工艺流程及其优化方案
	成员	车间	工艺员	化工工艺	负责工艺流程及其优化方案
	成员	财务科	科员/会计师	财会	负责财务票据提供

2.1.2 制订工作计划

制订一个比较详细的清洁生产审核工作计划，有助于审核工作按一定的程序和步骤进行，组织好人力与物力，各司其职，相互配合，审核工作才会获得满意的效果，企业的清洁生产目标才能逐步实现。

审核小组成立后，要及时编制审核工作计划表，该表应包括审核过程的所有主要工作，包括这些工作的序号、内容、进度、负责人姓名、参与部门名称、参与人姓名以及各项工作的产出等，如表2-3所示。

表2-3　清洁生产审核工作计划表

阶段	工作内容	计划完成时间	责任部门及成员	考核部门及成员	实际完成时间
审核准备	1. 中层干部会议 2. 组建审核小组 3. 审核小组培训 4. 制订工作计划 5. 开展宣传教育		工作小组	领导小组	
预审核	1. 现状调研 2. 现场考察 3. 评价产污状况 4. 确定审核重点 5. 设置清洁生产目标 6. 提出和实施无/低费方案（全厂）		工作小组	领导小组	
审核	1. 准备审核重点资料 2. 实测输入输出物流 3. 建立物料平衡 4. 分析废弃物产生原因 5. 提出和实施无/低费方案（审核重点）		工作小组	领导小组	
方案产生和筛选	1. 产生方案 2. 分类汇总方案 3. 筛选方案 4. 研制方案 5. 继续实施无/低费方案 6. 核定并汇总无/低费方案实施效果		工作小组	领导小组	
可行性分析	1. 进行市场调查 2. 进行技术评估 3. 进行环境评估 4. 进行经济评估 5. 推荐可实施方案		工作小组	领导小组	
方案实施	1. 组织方案实施 2. 汇总已实施的无/低费方案的成果 3. 验证已实施的中/高费方案的成果 4. 分析总结已实施方案对企业的影响		工作小组	领导小组	
持续清洁生产	1. 建立和完善清洁生产组织 2. 建立和完善清洁生产管理制度 3. 制订持续清洁生产计划 4. 编制清洁生产审核报告		工作小组	领导小组	

2.1.3 开展宣传教育

广泛开展宣传教育活动，争取企业内各部门和广大职工的支持，尤其是现场操作工人的积极参与，是清洁生产审核工作顺利进行和取得更大成效的必要条件。

（1）确定宣传的方式和内容

高层领导的支持和参与固然十分重要，没有中层干部和操作工人的实施，清洁生产审核仍很难取得重大成果。当全厂上下都将清洁生产思想自觉地转化为指导本岗位生产操作实践的行动时，清洁生产审核才能顺利持久地开展下去。也只有这样，清洁生产审核才能给企业带来更大的经济和环境效益、推动企业技术进步、更大程度地支持企业高层领导的管理工作。

宣传可采用下列方式：

①利用企业现行各种例会。

②下达开展清洁生产审核的正式文件。

③内部广播。

④电视、录像。

⑤黑板报。

⑥组织报告会、研讨班、培训班。

⑦开展各种咨询等。

宣传教育内容一般为：

①技术发展、清洁生产以及清洁生产审核的概念。

②清洁生产和末端治理的内容及其利与弊。

③国内外企业清洁生产审核的成功实例。

④清洁生产审核中的障碍及其克服的可能性。

⑤清洁生产审核工作的内容与要求。

⑥本企业鼓励清洁生产审核的各种措施。

⑦本企业各部门已取得的审核效果，及其具体做法等。

宣传教育的内容要随审核工作阶段的变化而做相应调整。

（2）克服障碍

企业开展清洁生产审核往往会遇到不少障碍，不克服这些障碍则很难达到企业清洁生产审核的预期目标。各个企业可能会遇到不同的障碍，首先需要调查摸清，方便开展工作，一般有四种类型的障碍，即思想观念障碍、技术障碍、资金和物资障碍，以及政策法规障碍。四者中思想观念障碍是最常遇到的，也是最主要的障碍。审核小组在审核过程中要自始至终地把及时发现不利于清洁生产审核的思想观念障碍并尽早解决这些障碍当作一件大事抓好。表2-4列出企业清洁生产审核中常见的一些障碍及解决办法。

表 2-4　企业清洁生产审核常见障碍及解决办法

<table>
<tr><th>障碍类型</th><th>障碍表现</th><th>解决办法</th></tr>
<tr><td rowspan="5">思想观念障碍</td><td>1. 清洁生产审核无非是过去环保管理办法的老调重弹</td><td>1. 讲透清洁生产审核与过去的污染预防政策、八项管理制度、污染物流失总量管理、三分治理七分管理之间的关系</td></tr>
<tr><td>2. 中国的企业真有清洁生产潜力吗</td><td>2. 用事实说明中国大部分企业的巨大清洁生产潜力、中央号召“两个转变”的现实意义</td></tr>
<tr><td>3. 没有资金、不更新设备，一切都是空谈</td><td>3. 用国内外实例讲明无/低费方案巨大而现实的经济与环境效益，阐明无/低费方案与设备更新方案的关系，强调企业清洁生产审核的核心思想是“从我做起、从现在做起”</td></tr>
<tr><td>4. 清洁生产审核工作比较复杂，是否会影响生产</td><td>4. 讲清审核的工作量和它可能带来的各种效益之间的关系</td></tr>
<tr><td>5. 企业内各部门独立性强，协调困难</td><td>5. 由厂长直接参与，由各主要部门领导与技术骨干组成审核小组，授予审核小组相应职权</td></tr>
<tr><td rowspan="2">技术障碍</td><td>1. 缺乏清洁生产审核技能</td><td>1. 聘请并充分向外部清洁生产审核专家咨询。参加培训班、学习有关资料等</td></tr>
<tr><td>2. 不了解清洁生产工艺</td><td>2. 聘请并充分向外部清洁生产工艺专家咨询</td></tr>
<tr><td rowspan="3">资金物资障碍</td><td>1. 没有进行清洁生产审计的资金</td><td>1. 企业内部挖潜，与当地环保、工业、经贸等部门协调解决部分资金问题，先筹集审核所需资金，再由审核效益中拨还</td></tr>
<tr><td>2. 缺乏物料平衡现场实测的计量设备</td><td>2. 积极向企业高层领导汇报</td></tr>
<tr><td>3. 缺乏资金实施需较大投资的清洁生产工艺</td><td>3. 由无/低费方案的效益中积累资金（企业财务要为清洁生产的投入和效益专门建账）</td></tr>
<tr><td rowspan="2">政策法规障碍</td><td>1. 实施清洁生产无现行的具体的政策法规</td><td rowspan="2">用清洁生产优于末端治理的成功经验促进国家和地方尽快制定相关的政策与法规</td></tr>
<tr><td>2. 实施清洁生产与现行的环境管理制度中的规定有矛盾</td></tr>
</table>

2.1.4　建立清洁生产激励机制

清洁生产管理制度包括把审核成果纳入企业的日常管理轨道、建立激励机制和保证稳定的清洁生产资金来源。

(1) 将清洁生产审核成果纳入企业的日常管理

把清洁生产的审核成果及时纳入企业的日常管理轨道，是巩固清洁生产成效、防止走过场的重要手段，特别是通过清洁生产审核产生的一些无/低费方案，如何使它们形成制度显得尤为重要。

①把清洁生产审核提出的加强管理的措施文件化，形成制度。

②把清洁生产审核提出的岗位操作改进措施，写入岗位的操作规程，并要求严格遵照执行。

③把清洁生产审核提出的工艺过程控制的改进措施，写入企业的技术规范。

(2) 完善清洁生产激励机制

在奖金、工资分配、提升、降级、上岗、下岗、表彰、批评等诸多方面，充分与清洁生产挂钩，建立清洁生产激励机制，以调动全体职工参与清洁生产的积极性。

(3) 稳定的清洁生产资金来源

清洁生产的资金来源可以有多种渠道，如贷款、集资等，但是清洁生产管理制度的一项重要作用是保证实施清洁生产所产生的经济效益，全部或部分地用于清洁生产和清洁生产审核，以持续滚动地推进清洁生产。建议企业财务对清洁生产的投资和效益单独建账。

2.2 预审核

预审核是企业进行清洁生产审核工作的第二个阶段。目的是通过现场调研、资料收集等方法收集企业的各种资料，同时通过对资料的分析整理，掌握企业的概况、生产状况以及环保状况。确定企业清洁生产水平，审核重点并设立本阶段清洁生产目标，本阶段无/低费方案边收集边实施。

2.2.1 企业概况

(1) 基本情况

企业基本情况包括基本信息（企业名称、法人代表、企业类型、所属行业、建厂时间、固定资产投资、企业产值、企业纳税、员工人数及构成、占地面积及建筑面积、环评情况、高新企业等）；组织机构；地理位置、厂区布置等。

①基本信息

法人代表：是指代表企业法人行为的自然人。一般情况下，一个公司的法人代表只有一个，不同公司的法人代表是不一样的。然而，如果是集团公司下面的子公司或分公司有可能法人代表或负责人会一样，在做清洁生产的时候可能会有每个分公司都做或以集团名义去做的情况。

企业类型：我国《公司法》将公司限定为有限责任公司和股份有限公司，有限责任公司中包含国有独资公司。企业经济类型共分 9 个类别，分别是国有经济、集体经济、私营经济、个体经济、联营经济、股份制、外商投资、港澳台投资与其他经济类。在实际编写清洁生产报告的时候最好写明《公司法》中的企业类型，并说明其经济类型。

所属行业：按照《国民经济行业分类》（GB/T 4754—2017）定义企业的行业类别。

固定资产投资：固定资产是指企业为生产产品、提供劳务、出租或者经营管理而持有的、使用时间超过 12 个月的，价值达到一定标准的非货币性资产，包括房屋、建筑物、机器、机械、运输工具以及其他与生产经营活动有关的设备、器具、工具等。在清洁生产审核过程中主要关注生产用固定资产，包括生产设备、公辅设备等。

员工人数及构成：根据员工的构成可获悉企业大概的用人素质。在很多用水较少的企业，办公生活用水没有水表计量，可通过员工人数估算办公生活用水量。

环评情况：主要是了解环评批复的内容和时间，对比企业的生产和环保情况，看是否与批复一致，如果涉及产量超过环评批复，需要申请做扩产环评。

高新企业：一般来说，获得“国家高新技术企业”称号的企业，研发水平相对较高，研发相关信息可在后续管理与研发章节中体现。

列表说明各项基本信息的情况，其信息要简洁而全面，把企业基本信息都写上去（见表 2-5）。

表 2-5　企业基本信息一览表

序号	类别	基本信息
1	企业名称	
2	法人代表	
3	企业类型	
4	所属行业	
5	建厂时间	
6	固定资产投资	
7	……	

②组织架构

按活动功能划分及整合，形成活动子集——不同的活动子集构成各个部门；将部门子集活动进行分解，形成岗位系列；测定每个岗位的活动总量，设定编制；明确部门及岗位职能。

按照公司的实际情况画出组织机构，并说明各项机构的职责，如图 2-1 所示。

一般情况下，了解公司的组织机构有助于推进清洁生产领导和工作小组的建立。

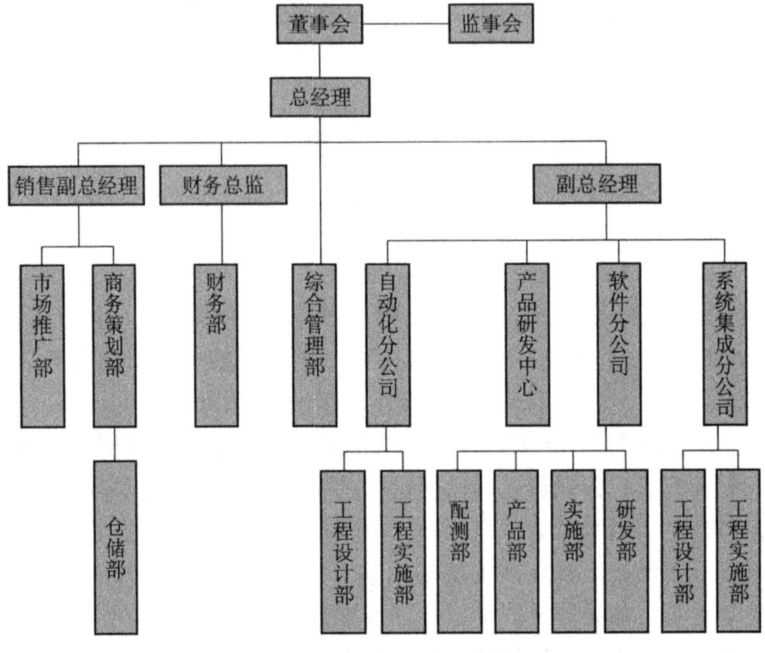

图 2-1　某公司组织机构图

③地理位置

了解企业所处的位置，可以知道企业所处的功能区及执行的标准；了解企业周边的自然环境，有助于企业更好地实施相应的环保措施；了解企业所处的社会环境，有助于减少社会及公众对企业的投诉。

报告中应用文字适当说明企业所处的位置，应有公司的地理位置图及公司的示意图，如图 2-2 所示，还应有公司的四至图，如图 2-3 所示。

图 2-2　公司地理位置示意图（图中 A 为公司）

创业路
创业路
创业路
创业路
金华东街
金华东街
锦绣路
锦绣路
锦绣路
金华一街
金华一街
金华一街
屈臣氏
李铺记
广州华宝香箱香料有限公司
国际香料
金华二街
金华二街
金华二街

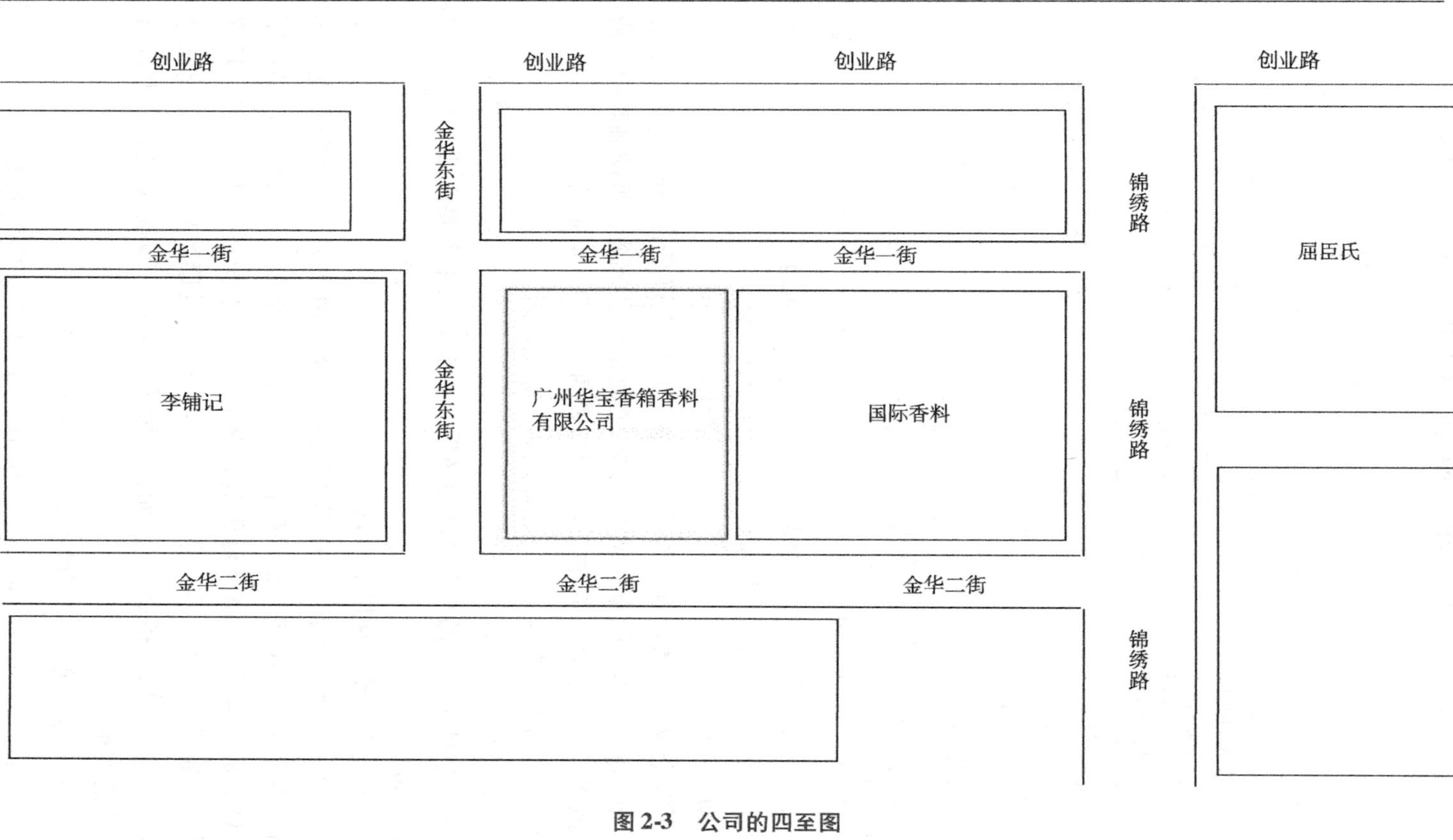

图 2-3　公司的四至图

另外，应说明公司所在地的功能区分类及执行的标准，如表 2-6 所示。

表 2-6 公司所在地的功能区分类及执行的标准

序号	类别	功能区分类及其标准
1	水源保护区	
2	大气功能区	
3	环境噪声功能区	
4	基本农田保护区	
5	风景保护区	
6	水库库区	
7	城市污水厂集水范围	
8	管道煤气干管区	
9	是否地方环境保护条例划定的范围	
10	是否敏感区	

同时说明企业所处的自然环境概况，包括地质地貌、气象气候、河流水文特征等，以及企业所处的社会环境简况。

④厂区布置

了解企业的厂区布置，有助于考察其厂区布置是否按照“最优化路线”去布置，同时各生产车间的布置是否考虑所在地的自然环境，可挖掘其中的清洁生产潜力。说明企业的布局，应有厂区平面布置图，如图 2-4 所示。

（2）企业生产状况

①主要产品及产量

主要包括企业产品与生产能力情况，企业近三年主要产品、产量、品质和主要经济指标。

清洁生产主要关注以下要点。

1）产品类型。产品类型也可间接反映企业清洁生产水平的高低。例如，企业产品是否存在过度包装现象；产品设计之初，企业是否考虑到了产品使用完成后的处理处置是否对环境和人体健康造成影响；产品本身是否具有节能、环保和健康的品质，如通过认证的节能产品、绿色标志产品、健康产品、欧美国家法规的检测认定（RoHS、REACH 指令）；又如，变频无氟空调、节能高效的变电设备、使用清洁能源的汽车。

2）产量和产值。可反映企业生产能力和规模大小。

3）产品合格率。产品合格率越高说明企业资源利益率越高。同时可考察不合

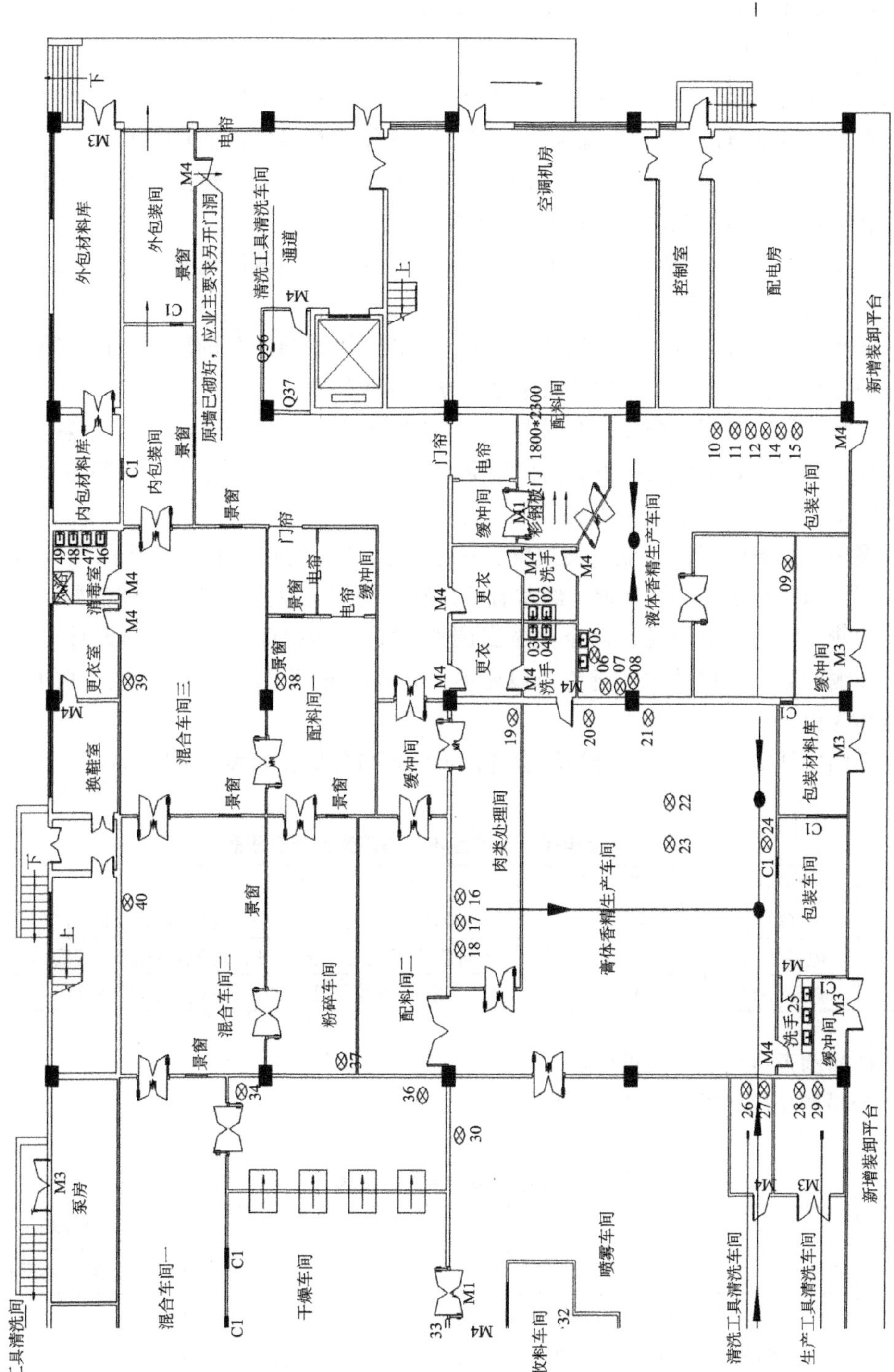

图 2-4　厂区的平面布置图

格产品处理处置方式的合理性：处理处置途径和方式是否合乎法规要求，是否可在企业内部进行回用。另外，如果不合格率过高，应调查生产过程中不合格产品产生的原因，查找引起产品质量的原因，是否采取了有针对性的因素。例如，某塑料企业，将不合格品与边角料一起破碎后再造粒，再作为塑料原料重复使用。

4）产品的储运。产品的储存关系到出入库的工作效率，若企业未制定良好的产品仓储制度，则可能存在仓储效率不高的情况。

产品从生产线到仓库再到使用者的过程，主要关注运输距离是否优化，运输方式是否优化，运输过程是否存在损耗。

案例：某饮料企业，在产品设计之初，既减少了塑料瓶身的厚度，在保障产品质量的同时，又有利于空瓶的拧曲压缩，方便回收处置。

案例：某空调制造企业，在说明书中详细地说明了在不同情况下的能耗情况，并引导消费者针对不同情况下如何使用空调更加节能。如盛夏季节，夜间睡眠可开启睡眠模式，温度调至26～28℃。

案例：某铜球制造企业，使用蜂窝纸盒作为产品的包装物。在产品运输过程中，因铜球在盒中的来回冲撞，经常有纸盒破损的情况发生，导致铜球泄漏，造成损耗浪费。针对这个问题，该企业做出调整：a. 根据铜球尺寸，重新设计包装纸盒，使铜球紧密堆积其中，避免因填充不足导致的冲撞；b. 采用质量更好的蜂窝纸盒作为包装物。

案例：某电子企业对不合格因素进行了调查与分析，如表2-7所示。

表2-7　某电子企业产品不合格因素调查分析表

序号	不合格因素	大概比例	对策与措施
1	开/短路	40%	提高芯片焊线的工艺水平，规范焊线的工艺窗口
2	电性不良	50%	提高芯片焊线的工艺水平，规范焊线的工艺窗口
3	外观不良	10%	定期更换设备已损件，保持设备的高精度

产品调查可用表2-8进行。

公司产品统计可用表2-9进行。

表2-8　企业产品调查表

序号	调查项目		组织现状		
			是	否	不适用
1	产品质量	定期分析产品合格率情况			
2		定期进行产品不合格原因分析，并制定控制对策			
3		不合格品的处理处置合理合法			

序号	调查项目		组织现状		
			是	否	不适用
4	产品性能	产品包装经济环保			
5		对不同的产品进行过使用过程的能耗分析			
6		产品的资源能源消耗水平已达到行业先进水平			
7		在产品设计时考虑过产品使用后的处理处置			
8		主要产品在使用过程中对人体无不良影响			
9		主要产品在使用过程中对环境无不良影响			
10		主要产品本身具有环保、节能或健康方面的性能			
11		主要产品提供了优化使用的说明书或其他材料			
12	产品的储运	制定了产品仓库管理制度			
13		产品运输采用耗能少、距离短的运输路线			
14		产品装运采用自动化、效率高的装运方式			
15		产品装卸过程中无（或极少）损耗			
16		对产品的装卸损耗制定了控制对策			
17		对装卸损耗的产品采取了合理的回收方式			

表 2-9 各类型产品简介

产品分类		各类型产品介绍
产品一	具体产品一	
	具体产品二	
	具体产品三	
产品二	具体产品一	
	具体产品二	
产品三	具体产品一	

说明公司的主要产品，包括产品的图片及各类产品的说明。可有产品图片及各类产品的说明一览表。

说明近三年产品产量及产值（如表 2-10 所示），一般来说公司有自己的统计口径，按照公司的统计口径去统计数据即可。根据近三年的数据情况，说明产量及产值的变化，并考察其中的原因，挖掘清洁生产潜力。应有产品产量一览表、产品产量趋势图等相关图表。

表2-10 近三年公司主要产品的产量

产品分类		产量/单位		
		20××年	20××年	20××年
产品一	具体产品一			
	具体产品二			
	具体产品三			
产品二	具体产品一			
	具体产品二			
产品三	具体产品一			
	具体产品二			
总产量				
总产值/万元				

说明企业产品品质保障的相关文件，参照表2-11。

表2-11 某食品企业产品品质保障相关文件列表

序号	文件名	文件编号
1	HACCP计划控制程序	HBP704
2	供应商管理程序	HBP705
3	采购控制程序	HBP706
4	生产计划控制程序	HBP707
5	产品防护程序	HBP708
6	产品实现过程控制程序	HBP709
7	监视和测量装置控制程序	HBP710
8	产品标识和可追溯性程序	HBP711
9	客户满意度监视控制程序	HBP801
10	内部质量体系审核程序	HBP802
11	进料检验控制程序	HBP803
12	过程检验控制程序	HBP804
13	成品检验控制程序	HBP805
14	食品安全验证控制程序	HBP806
15	潜在不安全品控制程序	HBP807
16	产品召回控制程序	HBP808

序号	文件名	文件编号
17	不合格品控制程序	HBP809
18	数据分析程序	HBP810
19	纠正预防措施程序	HBP811
20	产品退换货程序	HBP812

说明近三年产品的合格率，并考察不合格产品的去向及导致不合格产品的原因，挖掘清洁生产潜力，如表2-12所示。应有近三年产品合格率的一览表及不合格因素分析一览表，如表2-13所示。

表2-12　近三年产品品质情况

产品分类		合格率			不合格品去向
		20××年	20××年	20××年	
产品一	具体产品一				
	具体产品二				
	具体产品三				
产品二	具体产品一				
	具体产品二				
产品三	具体产品一				
	具体产品二				
总产品					

表2-13　不合格因素分析

序号	不合格因素	大概比例	对策与措施
合计			

②主要生产工艺过程

掌握企业生产工艺过程和流程，充分了解原辅材料、水及能源的使用部位与用途，并掌握各类废弃物的产生部位与形式，是产排污调查的根本基础，也是企业生产的关键和核心环节。

以框图的形式做出工艺流程图，在图中说明原辅材料与能源的输入，以及废弃物的输出，用箭头表示物料流向。可使用 Microsoft Visio、Excel 或者 Word 自带制图工具制作框图。

某奶制品企业生产工艺流程图，如图 2-5 所示。

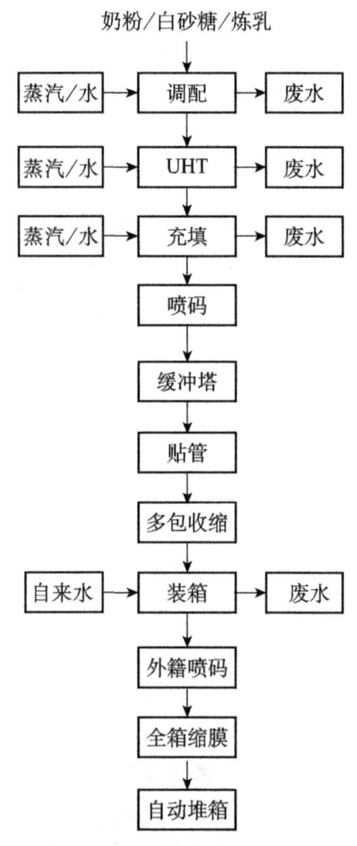

图 2-5 某奶制品企业生产工艺流程图

某造纸企业再生纸脱墨工艺流程图，如图 2-6 所示。

为更仔细地考察企业在生产过程中原辅材料和能源的使用情况以及废弃物的产生点，对生产全过程各环节的工艺原理、运行情况、环境因素、污染因子进行全面调查。可用如表 2-14 所示调查表进行资料收集。

案例：某 PCB 企业的生产工艺调查。

选用工艺流程较为复杂的 PCB 企业作为案例，希望本教材使用者可以从中体会框图的绘制、原辅材料使用部位调查与产排污分析。

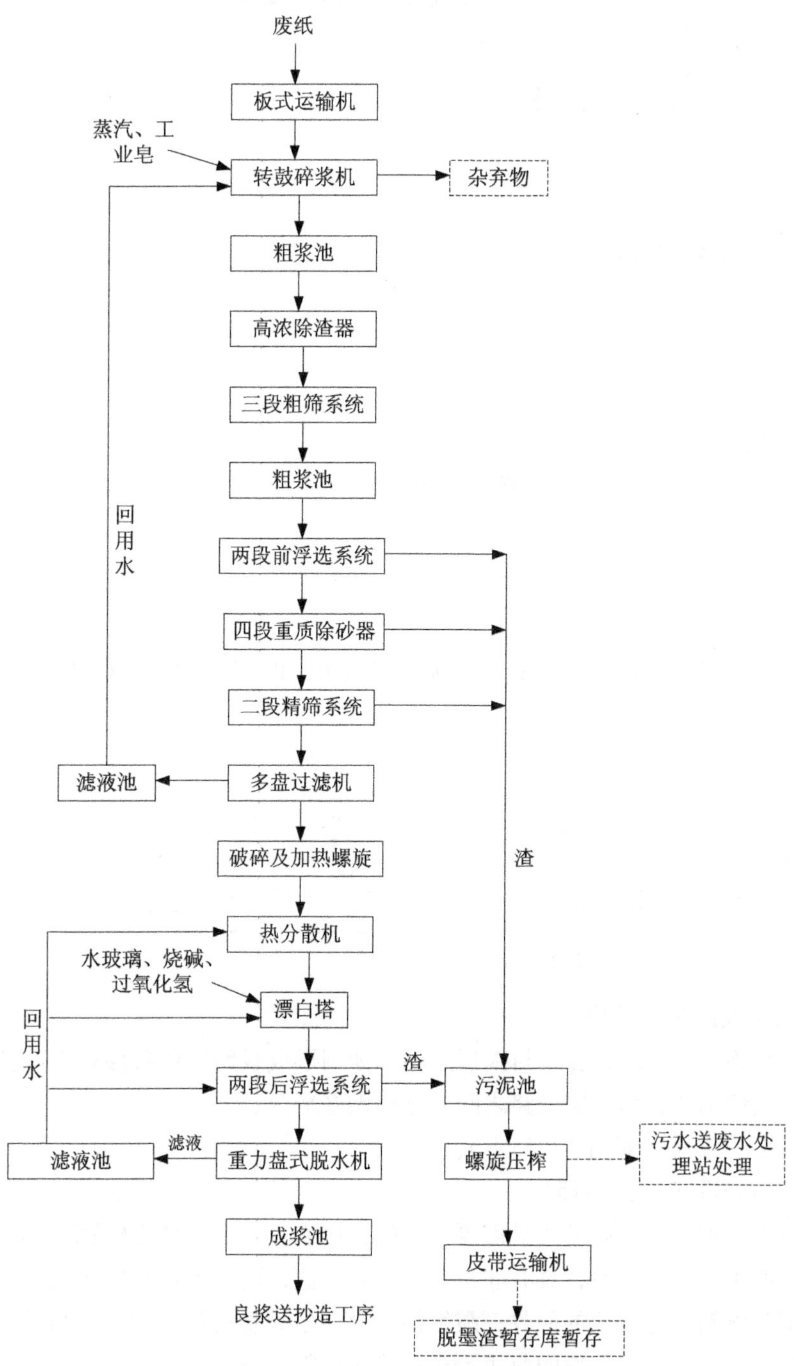

图 2-6　某造纸企业再生纸脱墨工艺流程图

表2-14 各工段（工序）调查表

工段名称：______________ 工段简介（介绍该工段的用途和原理）：   一、工段工艺流程简要框图   二、工段说明 1. 物料来源： 2. 生产过程描述（对该工段工艺流程进行说明）：   3. 污染物产生与排放情况（说明该工段所排放的污染物、排放量、排放去向与处理方式）：   4. 工段生产类型： □连续工艺　　□间歇工艺　　□批量生产　　□其他：________

注：（各工段负责人分别制表填写）。

a. 内层线路制作模块

内层线路制作模块，在基材铜层上图形蚀刻形成线路，将各层板料对位层间压合，之后裁切钻孔，为外层线路之间的导通做好准备。

主要工艺流程（如图2-7所示）。

产排污分析（见表2-15）。

清洁生产审核中，该模块最需要注意的工序有：刷磨、酸性蚀铜和热压合。刷磨工序会产生大量的铜粉，具有非常大的回收价值，而目前广东省仍有不少企业没有对这部分铜粉进行有效的回收；酸性蚀铜会产生大量的酸性废气，目前不少企业无法对这部分废气做到有效的收集治理；热压合需要持续保持较高的温度，传统的方法是通过锅炉燃烧加热导热油，再由导热油加热，不少企业出于成本的考虑，锅炉的常用燃料多为柴油或煤，使用过程中容易造成大气污染。

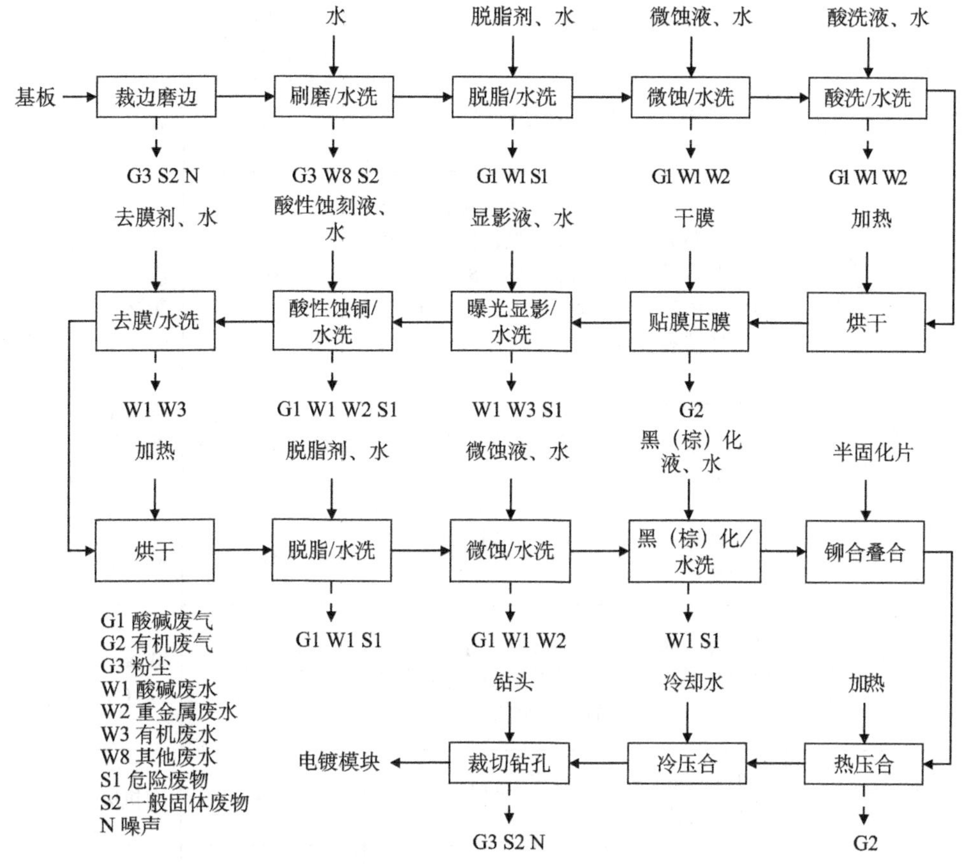

图 2-7　某 PCB 企业内层线路制造模块工艺流程图

表 2-15　某 PCB 企业内层线路制作模块工艺产排污分析

序号	工序名称	工序简介	输入物料（能源）	可能产生的污染物
1	裁边磨边	按所需尺寸要求裁切基板，再磨削裁切边	—	边角料、粉尘、噪声
2	刷磨/水洗	对基板表面进行刷磨，去除板面污物，并增加板面粗糙度	水	铜粉、清洗废水
3	脱脂/水洗	一般使用碱性无机盐混合溶液作为脱脂剂去除板面上的油脂	脱脂剂、水	碱性废水、碱性废气、废脱脂剂
4	微蚀/水洗	一般使用稀硫酸和双氧水去除板面上的氧化层，并增加板面粗糙度	微蚀液、水	酸性含铜废水、酸性废气
5	酸洗/水洗	使用稀硫酸进一步去除板面上的污渍	酸洗液、水	酸性含铜废水、酸性废气

序号	工序名称	工序简介	输入物料（能源）	可能产生的污染物
6	贴膜压膜	通过热压，在板面上形成一层光致抗蚀干膜	干膜	有机废气
7	曝光显影/水洗	利用既定的线路图形底片，对板面干膜上的特定区域进行曝光，使其发生光化学反应，之后利用显影液（一般为浓度1%左右的$NaHCO_3$）将未曝光的干膜溶解去除	显影液、水	碱性有机废水、废底片、废显影液
8	酸性蚀铜/水洗	一般使用酸性氯化铜混合溶液作为酸性蚀刻液将显影后暴露在外的铜箔蚀刻去除	酸性蚀刻液、水	酸性含铜废水、酸性废气、废蚀刻液、滤渣
9	去膜/水洗	一般使用强碱液将板面上剩余的干膜溶解去除	去膜剂、水	碱性有机废水
10	黑（棕）化/水洗	利用黑（棕）化液在线路上形成一层铜氧化物绒毛，以增强铜表面的粗糙度，有利于内层铜与树脂的结合	黑（棕）化液、水	酸碱性废水、废黑（棕）化液
11	热压合	一般在140～200℃程序升温压合基板和半固化片	加热	有机废气
12	裁切钻孔	将压合后基板周边的余胶裁切，并钻出导通孔	钻头	边角料、粉尘、噪声

b. 电镀模块

电镀模块，在已完成钻孔的内层基材上，清除孔污，在通孔内壁沉积一层铜，使得各层铜层互连，再通过电镀，加厚通孔内壁和外层板面上的铜层。

主要工艺流程（如图2-8所示）。

产排污分析（见表2-16）。

清洁生产审核中，该模块最需要注意的工序有：活化、化学铜和一次镀铜。目前，活化剂一般为钯盐溶液，活化产生的废水、废液含有贵金属钯，建议进行完全回收，实现零排放。目前，化学铜工序一般会使用甲醛，而甲醛对人体具有较强的毒害作用，此外，化学铜产生的废水含有大量的络合物，处理难度较大；电镀铜工序会产生大量的酸性废气，目前不少企业无法对这部分废气做到有效的收集治理。

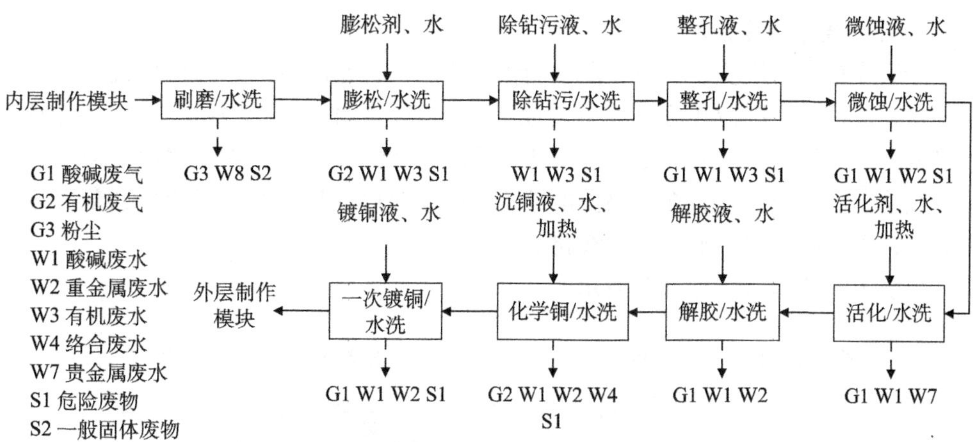

图 2-8 某 PCB 企业电镀模块工艺流程图

表 2-16 某 PCB 企业电镀模块工艺产排污分析

序号	工序名称	工序简介	输入物料（能源）	可能产生的污染物
1	膨松/水洗	利用膨松剂（一般为酰胺类碱性有机溶液）将钻孔过程中产生的钻污溶胀	膨松剂、水	有机废气、碱性有机废水、废膨松剂
2	除钻污/水洗	利用除钻污液（一般为高锰酸钾和氢氧化钠的混合液）溶解钻污	除钻污液、水	碱性有机废水、废除钻污液
3	整孔/水洗	利用碱性有机溶液进一步去除基板通孔及表面上的微粒、指纹、油脂等	整孔液、水	碱性有机废水、有机废气、废整孔液
4	活化/水洗	钯活化剂主要成分一般为氯化钯（$PdCl_2$）、氯化锡（$SnCl_2$）和盐酸的混合液，工作温度一般为 50～60℃，在非金属孔壁表面上沉积一层催化剂金属钯	活化剂、水、加热	酸性含钯废水、酸性废气、废活化剂
5	解胶/水洗	一般使用盐酸或硫酸溶解去除活化后在胶体钯催化层表面残留的碱式锡盐和胶体离子外表面的氯离子、锡离子等	解胶液、水	酸性含锡废水、酸性废气
6	化学铜/水洗	又称化学沉铜、沉铜，一般使用硫酸铜、甲醛、氢氧化钠和乙二胺四乙酸钠的强碱（pH = 12～13）混合溶液，在工作温度 60～65℃下，在通孔壁上沉积一层金属铜	沉铜液、水，加热	碱性含铜络合废水、甲醛废气、废残液、滤渣、废沉铜液
7	一次镀铜/水洗	镀铜溶液主要成分一般为硫酸铜、硫酸和少量添加剂，阳极为铜球，工作温度一般为 25℃，通过电镀，加厚通孔和板面上的铜层	镀铜液、水	酸性含铜废水、酸性废气、废残液、滤渣、废镀铜液

c. 外层线路制作模块

外层线路制作模块，一般有两种制作方法。一种是减成法，与内层线路制作原理相同，通过正片影像转移，利用抗蚀干膜保护必要的铜层，蚀刻去掉多余的铜，最终退膜形成线路；另一种是半加成法，通过负片影像转移，裸露线路，通过电镀加厚线路上的铜层，接着在线路上电镀覆盖一层锡以保护线路，退膜后蚀刻去掉多余的铜，再去除锡层，形成铜层线路。

主要工艺流程（如图 2-9 所示）。

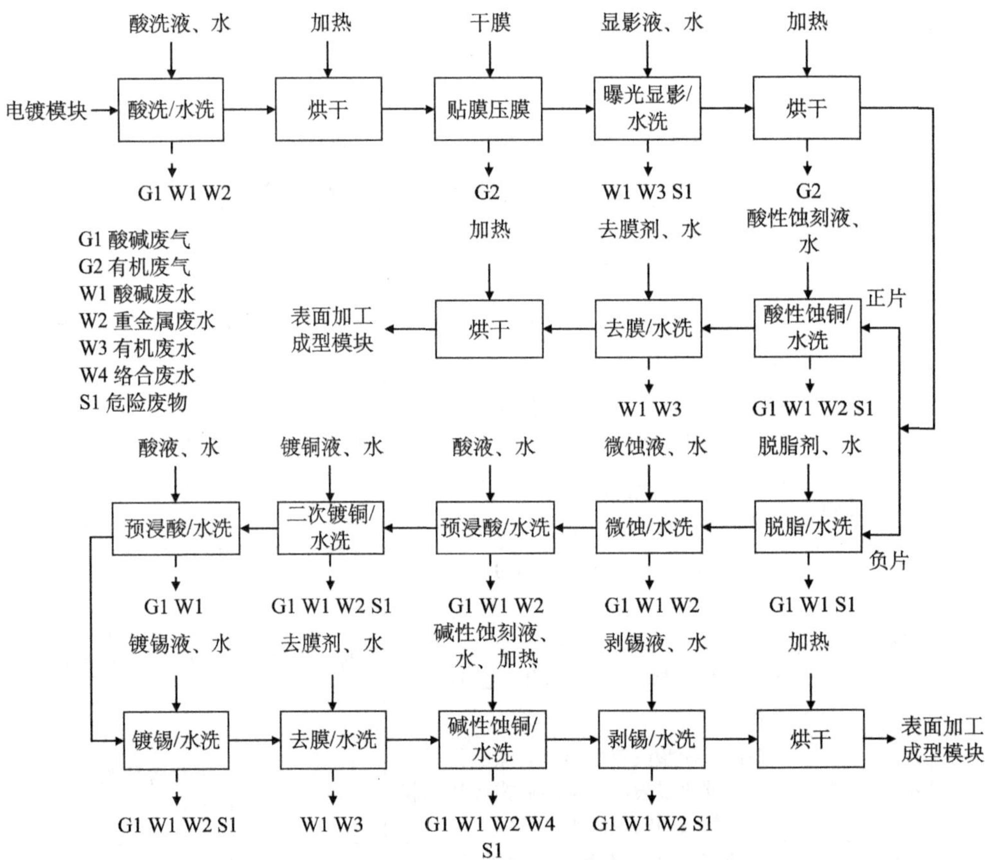

图 2-9 某 PCB 企业外层线路制造模块工艺流程图

产排污分析（见表 2-17）。

清洁生产审核中，该模块最需要注意的工序有：二次镀铜、镀锡、碱性蚀铜和剥锡。电镀铜、电镀锡会产生大量的酸性废气，目前不少企业无法对这部分废气做到有效的收集治理。碱性蚀铜一般需使用氨水，会产生具有刺激性气味的氨气，目前不少企业无法对这部分废气做到有效的收集治理，此外，该工序产生的碱性络合废水处理难度较大，传统的剥锡方法需使用浓硝酸，浓硝酸具有非常强的腐蚀性，且容易产生大量的酸雾，对环境的危害较大。

表 2-17　某 PCB 企业外层线路制造模块工艺产排污分析

序号	工序名称	工序简介	输入物料（能源）	可能产生的污染物
1	曝光显影/水洗	利用既定的线路图形底片，对板面干膜上的特定区域进行曝光，使其发生光化学反应，之后利用显影液将未曝光的干膜溶解去除。正片影像转移，与内层线路制作工艺相同，曝光线路部分；负片影像转移，则曝光线路以外的部分，将线路裸露	显影液、水	碱性有机废水、废底片、废显影液
2	预浸酸/水洗	利用硫酸溶液，去除裸露线路铜箔表面的氧化层	酸液、水	酸性含铜废水、酸性废气
3	二次镀铜/水洗	与一次镀铜工艺相同，镀铜溶液主要成分一般为硫酸铜、硫酸和少量添加剂，阳极为铜球，工作温度一般为 25℃，通过电镀，加厚通孔和板面上的铜层	镀铜液、水	酸性含铜废水、酸性废气、废残液、滤渣、废镀铜液
4	镀锡/水洗	镀锡溶液主要成分一般为硫酸亚锡、硫酸和少量添加剂，阳极为锡球，为裸露线路表面镀上一层抗蚀层	镀锡液、水	酸性含锡废水、酸性废气、废残液、滤渣、废镀锡液
5	碱性蚀铜/水洗	碱性蚀铜液主要成分一般为氯化铜、氨水和氯化铵，工作温度一般为 40 ~ 60℃，目的在于去除线路以外的铜箔	碱性蚀刻液、水、加热	碱性含铜络合废水、碱性废气、废蚀刻液、废残液、滤渣
6	剥锡/水洗	又称退锡，一般利用硝酸将铜箔表面的锡层去除	剥锡液、水	酸性含锡废水、酸性废气、废剥锡液

d. 表面加工成型模块

表面加工成型模块，根据产品的最终用途，对外层线路制作完成的基板表面进行加工处理，之后根据需要，在基板上印刷文字或标记，最后将基板裁切成固定的形状大小。

印制电路板表面处理最基本的用途在于增强可焊性，为表面组装（SMT）提供基础。目前，常见的表面处理工艺有：热风整平、电镀或化学镀镍和金、化学镀银等。

主要工艺流程（如图 2-10 所示）。

产排污分析（见表 2-18）。

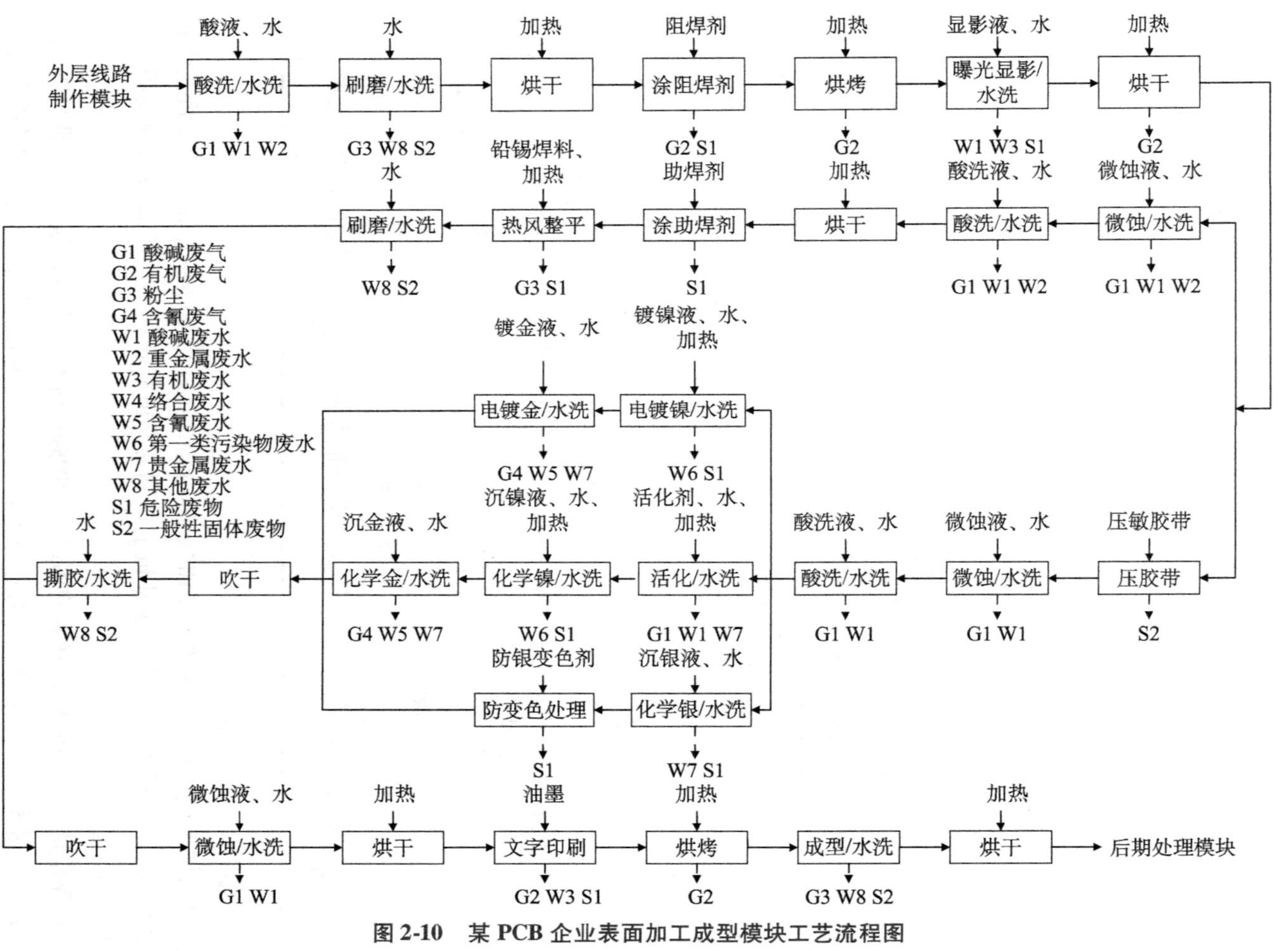

图 2-10 某 PCB 企业表面加工成型模块工艺流程图

表 2-18　某 PCB 企业表面加工成型模块工艺产排污分析

序号	工序名称	工序简介	输入物料（能源）	可能产生的污染物
1	涂阻焊剂	又称阻焊油墨、绿油，主要成分一般为环氧树脂和丙烯酸树脂，涂覆在电路板表面起保护作用	阻焊剂	有机废气、废阻焊剂
2	曝光显影/水洗	利用既定的线路图形底片，对板面干膜上的特定区域进行曝光，使其发生光化学反应，之后利用显影液将未曝光的干膜溶解去除，将需进一步表面加工处理的通孔和线路裸露	显影液、水	碱性有机废水、废底片、废显影液
3	涂助焊剂	涂覆助焊剂	助焊剂	废助焊剂
4	热风整平	又称喷锡，是将电路板浸入熔融的铅锡焊料中，再通过热风将电路板的表面及金属化通孔内的多余焊料吹掉，从而得到一个平滑、光亮的焊料涂覆层	铅锡焊料、加热	含铅锡（粉尘）废气、废铅锡渣、废铅锡焊料
5	压胶带	在插头表面处理前，使用压敏胶带贴盖插头上方部分线路，起到保护作用	压敏胶带	废胶带
6	电镀镍/水洗	镀镍溶液主要成分一般为氨基磺酸镍、氯化镍和少量添加剂，工作温度一般为 38～60℃，在特定线路（金手指）表面镀一层镍	镀镍液、水、加热	含镍废水、废残液、滤渣、废镀镍液
7	电镀金/水洗	镀金溶液主要成分一般为氰化金钾、柠檬酸盐和少量添加剂，在特定线路（金手指）镍层表面镀一层金	镀金液、水	含氰含金废水、含氰废气
8	活化/水洗	钯活化剂主要成分一般为氯化钯、氯化锡和盐酸的混合液，工作温度一般为 50～60℃，在特定线路（金手指）表面上沉积一层催化剂金属钯	活化剂、水、加热	酸性含钯废水、酸性废气、废活化剂
9	化学镍/水洗	化学镍溶液主要成分一般为硫酸镍、次磷酸钠和少量添加剂，工作温度一般为 80～90℃，在特定线路（金手指）表面沉积一层镍	沉镍液、水、加热	含镍废水、废沉镍液、废残液、滤渣
10	化学金/水洗	化学金溶液主要成分一般为氰化金钾、柠檬酸铵、次磷酸钠和少量添加剂，在特定线路（金手指）表面镍层沉积一层金	沉金液、水	含氰含金废水、含氰废气、废沉金液、废残液、滤渣

序号	工序名称	工序简介	输入物料（能源）	可能产生的污染物
11	化学银/水洗	化学银溶液主要成分一般为硝酸银、亚硫酸钠和乙二胺四乙酸二钠，工作温度一般为室温，在特定线路表面沉积一层银	沉银液、水	含银废水、废沉银液、废残液、滤渣
12	防变色处理	一般在化学银溶液中添加防银变色剂，或在银层表面涂覆一层防银变色保护剂	防银变色剂	废防银变色剂
13	撕胶/水洗	将贴盖在电路板上的压敏胶带去掉	水	废胶带、清洗废水
14	文字印刷	一般利用丝网印刷将文字油墨印制在板面的特定位置上	油墨	有机废气、有机废水、废油墨、油墨渣
15	烘烤	通过高温烘烤使印在电路板上的文字油墨固化	加热	有机废气
16	成型	按产品要求将电路板裁切成型	—	粉尘、废边角料、清洗废水

清洁生产审核中，该模块最需要注意的工序有：涂阻焊剂、各类表面处理（热风整平、电镀或化学镀镍、金和银等）、文字印刷和烘烤。涂阻焊剂，行业中习惯称绿油，该工序会产生大量的有机废气，产生的废油墨属于危险废物；热风整平，俗称喷锡，传统使用的焊料中含铅，而铅属于我国近年来重点管控的污染物，该工序生产过程中会产生一定量的含铅锡（粉尘）废气和废铅锡渣；电镀金、化学金溶液中一般含氰化物，遇酸会生成剧毒的氢氰酸；金、银属于贵金属，具有非常高的回收价值，而镍属于第一类污染物，所以对于含金、银、镍的废水、废液建议进行完全回收，实现零排放；文字印刷会产生大量的有机废气以及属于危险废物的废油墨和油墨渣，印刷之后的烘烤固化同样会产生大量的有机废气，目前广东省不少企业该工序存在明显的有机废气无组织排放的现象，且该工序工作温度较高，属于容易发生意外的环节。

e. 后期处理模块

后期处理模块，在完成字符后，对印制电路板进一步表面处理，最后进行检测，合格的产品包装入库。

主要工艺流程（如图2-11所示）。

产排污分析（见表2-19）。

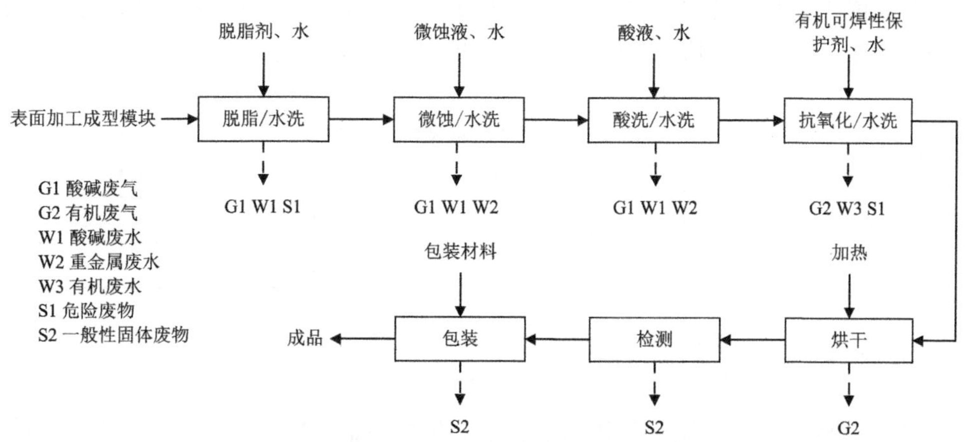

图 2-11 某 PCB 企业后期处理模块工艺流程图

表 2-19 某 PCB 企业后期处理模块工艺产排污分析

序号	工序名称	工序简介	输入物料（能源）	可能产生的污染物
1	抗氧化/水洗	有机可焊性保护剂（简称 OSP）主要成分一般为烷基苯并咪唑，将电路板浸入其中，使线路表面上形成一层有机抗氧化保护膜	有机可焊性保护剂、水	有机废水、有机废气、废有机可焊性保护剂
2	检测	电路板最终外观、功能、可靠性等进行全面检测	—	废电路板
3	包装	按照客户的需求，一般使用纸质包装材料将电路板包装保护	包装材料	废包装材料

清洁生产审核中，该模块最需要注意的工序有：抗氧化和检测。有机可焊性保护剂，行业中常简称 OSP，该工序会产生一定量的有机酸性废气和有机废水。印制电路板的检测一般有外观、功能、可靠性等项目，目前广东省印制电路板企业在检测环节的自动化程度正逐步提高。

③管理和研发

考察企业的管理情况，主要看是否通过 ISO 9000 质量管理体系、ISO 14000 环境管理体系等方面的认证，管理方面的完善有助于清洁生产的持续推进。考察企业近三年的研发费用及相关的研发项目，一般来说，研发项目应用于实践的过程中，主要是以提高生产效率为目的，生产效率的提高往往会降低企业的物耗和能耗，从而也可以达到清洁生产的目的。所以说从管理和研发方面也可以挖掘清洁生产潜力。

列表说明企业的管理文件（如表2-20所示），并附上获得相关的认证证书。简要说明企业日常的管理情况，包括对生产的管理、质量的管理及环境的管理等。

表2-20 企业管理文件一览表

序号	文件名	文件编号
1		
2		
3		
4		

列表说明近三年的研发费用及研发项目的情况如表2-21和表2-22所示，如有相关研发项目已进入生产调试阶段，可重点说明，并对比旧的突出其优势。

表2-21 近三年企业的研发费用

	20××年	20××年	20××年
研发费用/万元			

表2-22 近三年企业研发项目一览表

项目名称	项目内容	项目是否应用于实践	项目优点

2.2.2 原辅材料、水和能源使用分析

（1）原辅材料分析

①原辅材料的定义

原辅材料是“原材料和辅助材料”的简称。原材料是指生产某种产品的主要用料。辅助材料是指生产某种产品时为了达到生产目的或使主要材料发挥应有的功效和作用而添加的用料。

在清洁审核过程中，首先了解原材料的使用情况。例如，某生产刺绣花边的企业，其原材料主要为纱线、网布等，如图2-12所示。

同时需要关注辅助材料，因为辅助材料可能会产生更多的污染物，其清洁生产潜力会更大。

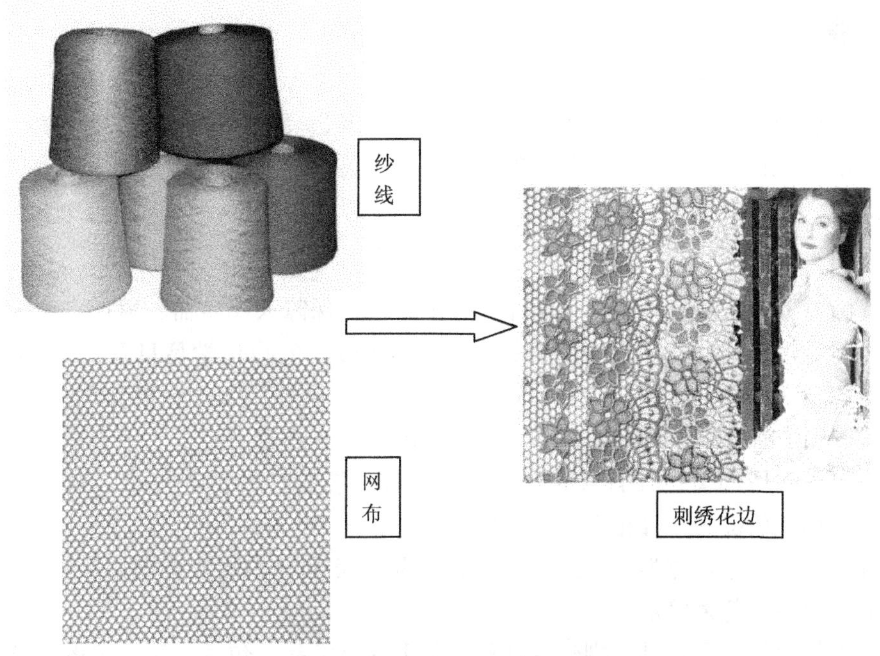

图 2-12　某生产刺绣花边的企业的主要原材料

案例：某生产印制线路板企业，原材料主要有覆铜板、铜箔、软板铜箔基板、纯锡等，辅助材料主要有退膜液、锡光剂、助焊剂、电镀络合剂等。其中，电镀络合剂常用的有氰化物，而氰化物是一种有毒有害的原辅材料，会对环境和人体健康产生一定的危害。为了减轻安全和环境风险，通过研究发现无氰镀锌、无氰镀铜可以满足产品的需求，从源头上减少有毒有害原辅材料的使用，达到清洁生产“减污”的目的。

②原辅材料的性质

一般来说，原辅材料都有一定的物理性质和化学性质。

物理性质：指物质不需要发生化学变化就表现出来的性质，通常用观察法和测量法来研究物质的物理性质。如颜色、气味、状态、是否易融化、凝固、升华、挥发，熔点、沸点、硬度、导电性、导热性、延展性等。

化学性质：指物质在化学变化中表现出来的性质。如可燃性、稳定性、酸性、碱性、氧化性、还原性、助燃性、腐蚀性、毒性、脱水性等。

在清洁生产审核过程中，需要关注原辅材料的有毒有害性，并对其进行分析，以减少有毒有害原辅材料的使用，降低对环境和人体健康的影响。

国际上，为了减少有毒有害化学品引起的危害，达成了一系列的多边环境协议，其中《斯德哥尔摩公约》涉及持久性有机污染物的相关规定。

☆ **小链接**

2001 年国际社会通过《斯德哥尔摩公约》，作为保护人类健康和环境免受持久性有机污染物（POPs）危害的全球行动。POPs 是指高毒性的、持久的、易于生物积累并在环境中长距离转移的化学品。公约于 2004 年生效，目前有 124 个成员国，其中包括中国。

我国为了加强对有毒有害化学品的安全管理，保障人民生命、财产安全，保护环境，制定《危险化学品安全管理条例》，并颁布《危险化学品目录》。在中华人民共和国境内生产、经营、储存、运输、使用危险化学品和处置废弃危险化学品，必须遵守国家有关安全生产的法律、其他行政法规的规定。

危险化学品定义：具有毒害、腐蚀、爆炸、燃烧、助燃等性质，对人体、设施、环境具有危害的剧毒化学品和其他化学品。

确定原则：危险化学品的品种依据化学品分类和标签国家标准，从物理危险、健康危害和环境危害确定。

剧毒化学品定义：具有剧烈急性毒性危害的化学品，包括人工合成的化学品及其混合物和天然毒素，还包括具有急性毒性易造成公共安全危害的化学品。

剧烈急性毒性判定界限：急性毒性类别 1，即满足下列条件之一：大鼠实验，经口 $LD_{50} \leqslant 5mg/kg$，经皮 $LD_{50} \leqslant 50mg/kg$，吸入（4h）$LC_{50} \leqslant 100mL/m^3$（气体）或 0.5mg/L（蒸汽）或 0.05mg/L（尘、雾）。经皮 LD_{50} 的实验数据，也可使用兔实验数据。

案例：某生产涂料企业部分原辅材料的理化特性和健康危害一览表（见表 2-23）。

表 2-23 某生产涂料企业部分原辅材料理化特性一览表

物质名称	理化性质	健康危害
二甲苯	无色透明液体，易燃，相对密度（水 = 1）0.88，熔点 -25.5℃，沸点 144.4℃，不溶于水，可混溶于乙醇、乙醚、氯仿等多数有机溶剂	侵入途径：吸入、食入、经皮吸收。 健康危害：对皮肤、黏膜有刺激作用，对中枢神经系统有麻醉作用；长期作用可影响肝、肾功能。急性中毒：病人有咳嗽、流泪、结膜充血等重症者有幻觉、神志不清等，有时有癔病样发作。慢性中毒：病人有神经衰弱综合征的表现，女工有月经异常，工人常发生皮肤干燥、皲裂、皮炎

物质名称	理化性质	健康危害
三甲苯	无色透明液体，易燃，相对密度（水 = 1）0.86，熔点 －44.7℃，沸点 164.7℃，不溶于水，溶于醇、醚、苯等多数有机溶剂	侵入途径：吸入、食入、经皮吸收。 健康危害：对皮肤、黏膜有刺激作用，对中枢神经系统有麻醉作用，并对造血系统有抑制作用
正丁醇	无色透明液体，易燃，相对密度（水 = 1）0.81，熔点 －88.9℃，沸点 117.5℃，微溶于水，溶于醇、醚等多数有机溶剂	侵入途径：吸入、食入、经皮吸收。 健康危害：有刺激和麻醉作用。主要症状为眼、鼻、喉部刺激，在角膜浅层形成半透明的空泡，头痛，头晕和嗜睡，手部可以生接触性皮炎
苄醇	无色液体，有芳香味。遇明火、高热可燃，相对密度（水 = 1）1.04（25℃），熔点 -15.3℃，沸点 205.7℃，溶于水，易溶于醇、醚、芳烃	侵入途径：吸入、食入、经皮吸收。 健康危害：具有麻醉作用，对眼、上呼吸道、皮肤有刺激作用。摄入引起头痛、恶心、呕吐、胃肠道刺激、惊厥、昏迷
环氧树脂	根据分子结构和分子量大小的不同，其物态可从无臭、无味的黄色透明液体至固体。易燃，熔点 145～155℃，溶于丙酮、乙二醇、甲苯	侵入途径：吸入、食入、经皮吸收。 健康危害：制备和使用环氧树脂的工人，可有头痛、恶心、食欲不振、眼灼痛、眼睑水肿、上呼吸道刺激、皮肤病症等。本品的主要危害为引起过敏性皮肤病，其表现形式为瘙痒性红斑、丘疹、疱疹、湿疹性皮炎等
羟基丙烯酸树脂	无色或有色流体，有特殊芳香味。易燃，相对密度（水 = 1）0.86，熔点 －47.9℃，沸点 139℃，可与丙烯酸漆稀释剂等混溶	侵入途径：吸入、食入、经皮吸收。 健康危害：对眼及上呼吸道有刺激作用，高浓度时对中枢神经有麻醉作用
醇酸树脂	有色液体，稠厚黏性液体。易燃，相对密度（水 = 1）1.04，沸点 >35℃，不溶于水	侵入途径：吸入、食入、经皮吸收。 健康危害：对皮肤、黏膜有刺激性，对中枢神经有麻醉作用。急性中毒：短时间内吸入较高浓度本品可出现眼及上呼吸道明显刺激症状，眼结膜及咽部充血、头痛、恶心、呕吐、胸闷、四肢无力、步态蹒跚、意识模糊。重症者可有躁动、抽搐、昏迷。慢性中毒：长期接触可发生神经衰弱综合症，肝肿大。女工月经异常等。皮肤干燥皲裂、皮炎

物质名称	理化性质	健康危害
聚酰胺树脂	白色至淡黄色的不透明固体物。熔点 180 ~ 280℃，不溶于乙醇、丙酮、醋酸乙酯和烃类普通溶剂，但溶于酚类、硫酸、甲酸、醋酸和某些无机盐溶液。耐油脂、矿物油和水	侵入途径：食入、眼睛及皮肤接触。 健康危害：造成严重眼损伤，造成皮肤刺激，可能导致皮肤过敏反应，对水生生物有毒并具有长期持续影响
酚醛树脂	红棕色透明液体或固体。易燃，遇明火、高热能燃烧	侵入途径：吸入、食入、经皮吸收。 健康危害：接触加工或使用本品过程中所形成的粉尘，可引起头痛、嗜睡、周身无力、呼吸道黏膜刺激症状、喘息性支气管炎和皮肤病，还可发生肾脏损害。空气环境分析发现苯酚、甲醛和氨。在缩聚过程中，可发生甲醛、酚、一氧化碳中毒
异氰酸酯	无色、黄色或黑色液体或固体，具有芳香的水果气味。相对密度（水 =1）1.22，熔点 19 ~ 22℃，沸点 251℃，在水中不溶，下沉并反应，生成二氧化碳	侵入途径：吸入、食入、眼睛及皮肤接触。 健康危害：短期暴露：吸入可刺激鼻、咽喉，导致行走困难、失去知觉、记忆力差、易激怒等；皮肤接触出现变红、疼痛、肿胀、水泡；反复接触出现过敏性湿疹；眼接触变红、疼痛、视线模糊，严重刺激流泪，损害角膜；食入引起咽痛、腹痛、腹泻等；长期暴露：患慢性肺炎、胸闷、打喷嚏、紫绀、虚脱、慢性阻塞性支气管炎、肺水肿等，暴露 2 年可致肺功能减退
苯丙乳液	由苯乙烯和丙烯酸酯单体经乳液共聚而得。乳白色液体，带蓝光。固体含量 40% ~45%，黏度 80 ~ 1 500mPa·s，单体残留量 0.5%，pH 值 8 ~9。苯丙乳液附着力好，胶膜透明，耐水、耐油、耐热、耐老化性能良好	没有明显的已知作用或严重危险
纯丙乳液	蓝白色乳状液体。不可燃，主要成分：纯丙烯酸酯共聚物 38% ±1%，水（62 ±1）%，pH 值 6.5 ~ 7.5，相对密度（水 =1）1.05 ~1.06，沸点 100℃，可用水稀释	没有明显的已知作用或严重危险

物质名称	理化性质	健康危害
水性丙烯酸树脂	乳白色带蓝色荧光乳状液体。不可燃，主要成分：丙烯酸酯聚合物 40%，水 60%，pH 值 5～7，相对密度（水=1）1.05～1.15，与水混溶	没有明显的已知作用或严重危险
碳酸钙	无臭、无味的白色粉末或无色结晶。不燃，相对密度（水=1）2.70～2.95，熔点 825℃（分解），不溶于水，溶于酸	从事开采加工的工人常出现上呼吸道炎症、支气管炎，可伴有肺气肿。X 线胸片上出现淋巴结钙化，肺纹理增强。作业工人患尘肺主要与本品中所含有二氧化硅杂质有关
滑石粉	无臭、无味的白色粉末或无色结晶。属非危险品，无腐蚀，不会燃烧，不会爆炸，相对密度(水=1) 2.70～2.95	没有明显的已知作用或严重危险
钾长石粉	颜色多为肉红色，也有灰、白褐色。硬度波动于 6～6.5，比重波动于 2～2.5，性脆，有较高的抗压强度，对酸有较强的化学稳定性	没有明显的已知作用或严重危险
色浆	根据分子结构的不同，其物态可从无臭、无味黄色透明液体至固体。易燃，熔点 145～155℃，溶于丙酮、乙二醇、甲苯	侵入途径：吸入、食入、经皮吸收。 健康危害：主要为过敏而出现皮肤疾病，皮炎有时伴有眼睛上呼吸道刺激，制备和使用工人有头痛、恶心、食欲不振、眼睑水肿等症
分散剂	橙色混浊液体，是一种能提高和改善固体或液体物料分散性能的助剂。不可燃，主要成分：聚合物、亚硫酸氢盐、水，相对密度（水=1）1.2～1.4（25℃），溶于水	侵入途径：吸入、食入、皮肤及眼睛接触。 健康危害：对眼睛有轻微的刺激性，食入可能引起恶心和呕吐。可引起中枢神经系统障碍
触变剂	是一种能使树脂胶液在静止时有较高的稠度，在外力作用下又变成低稠度流体的物质。常用的聚酰胺蜡为白色超细粉末，熔点 140℃	侵入途径：食入、皮肤接触。 健康危害：造成皮肤刺激，可能导致皮肤过敏反应，食入可能引起恶心和呕吐

③原辅材料现状调查

原辅材料现状调查表如表 2-24 所示。

表 2-24 企业原辅材料调查表

序号	调查项目		组织现状		
			是	否	不适用
1	原辅材料性质	对原材料的有毒有害性进行了分析，建立了 MSDS 清单			
2		已采取措施减少或替代有毒有害原辅料的使用			
3		制定和执行原辅料的质量检验制度			
4		对原辅材料供应商有环保、节能、健康方面的要求			
5	原辅材料的存储取用	原辅料的堆放已经分类。			
6		原辅料储存处都标明了相应的 MSDS			
7		制定了原辅料仓库管理制度			
8		危险化学品仓库符合法规要求			
9		制定并执行落实了原辅材料领取制度			
10		原辅料输送采用集中控制的方式			
11		原辅材料的取用使用自动计量			
12		原辅料输运采用能耗最少的运输路线			
13		原辅料装运采用自动化装运方式			
14		原辅料装卸过程无（或极少）损耗			
15		对原辅料的装卸损耗采取了合理的控制和回收方式			
16		原辅料使用过程中不存在浪费环节			
17		针对存在原辅料浪费的工序采取了相应的措施			
18		原辅料投量配比合理			
19		对原辅材料的消耗有定期而持续的分析			

在现状调查过程中，主要关注以下几点。

1）原辅材料的性质。

首先，了解企业所使用原辅材料的种类、物理化学性质及是否建立了 MSDS（化学品安全技术说明书）清单制度，从而分析原辅材料的健康毒性和环境有害性，进一步考察在现有工艺水平情况下是否有低毒低害乃至无毒无害的替代品。

其次，关注原辅材料本身的品质。考察原辅材料供应商是否有相应的质量证明，企业自身是否建立检验其品质的机制。若所采购的原辅材料未达到应有品质，将直接影响产品的质量控制，甚至影响整个生产过程的可靠性、连续性和安全性。

最后，关注企业对原料供应商是否有环保、节能、健康或食品安全方面的要求。目的是了解公司对供应商的环保性要求，体现原辅材料的环保或节能性，突出企业从源头上就做好清洁生产的优势。这些要求可以包括：要求供应商进行环保承诺；要求通过 ISO 14001、ISO 9001 体系认证；要求通过 ISO 14024、碳足迹审定；要求通过 OHSAS 18001 体系认证；要求通过 HACCP、GMP 等认证；符合 RoHS 和 REACH 要求等。

2）原辅材料的取用。

原辅材料采购方式：是根据原材料价格市场变化而采取预先一定量购买囤积的方式还是完全根据生产需求。过量囤积可能造成空间和物料的浪费。

原辅材料运输方式：是散装还是集中运输。散装可能导致物料的泄漏，造成浪费。物料储存与使用环节之间的距离是否为最优，路线是否最为合理，此时可以考察企业的仓储平面布置图。

物料存储和领取的管理制度：考察是否取用合理，是否存在动作浪费和空间浪费。

物耗分析：考察企业是否定期对物料消耗进行跟踪分析。主要统计主要原辅材料的消耗量，计算单位产品原辅材料的消耗量，分析变化的原因。通常情况下单位产品物耗的波动符合规模效应，即产量越大，单耗越低，反之亦然。若某时间段偏离规模效应，则物料消耗可能存在异常情况，则需进一步分析调查具体原因，可能的原因有产品结构的变动、物料的浪费以及产品质量要求的提高等。

④原辅材料消耗分析编制要求

1）近三年公司主要原辅材料的消耗情况。

应有企业近三年主要原辅材料的消耗情况表和近三年单位产品主要原辅材料消耗情况表。如表 2-25 和表 3-26 所示。

2）原辅材料理化性质分析。

对原辅材料进行排查，说明其在环保、节能、健康或食品安全方面的要求。根据原辅材料的检验报告，将有关的结果与环境健康标准的要求进行对照，同时列出属于《危险化学品目录》的原辅材料，对其进行有毒有害性分析，应有主要原辅材料安全环境因素分析表，如表 2-27 所示。根据原辅材料有毒有害性分析，说明降低有毒有害性原辅材料使用或低毒低害原辅材料替代等方面的可能性，以减少对环境和人体健康的不良影响。

表 2-25　近三年主要原辅材料的消耗情况表

原辅材料名称	主要成分	单位	20××年	20××年	20××年
……					

表 2-26　近三年单位产品主要原辅材料的消耗情况

原辅材料名称	单位	20××年	20××年	20××年
……				

注：①有些企业的原辅材料用通俗说法（如表面活性剂）或者代号来表示，故需要列出其主要成分（如某企业使用的表面活性剂的主要成分是十二烷基硫酸钠）；

②不仅要列出企业近三年原辅材料的消耗情况（见表 2-25）、单位产品原辅材料的消耗情况（表 2-26），说明原辅材料的存储方式及管理，而且在两个表格后面对表格的数据进行一个解释，分析变化的原因及解决办法；

③根据行业清洁生产水平指标体系，对有规定的原辅材料的清洁生产指标进行评价，如《清洁生产标准　印制电路板制造业》（HJ 450—2008）中有覆铜板利用率评价指标，可在表 2-25 和表 2-26 后增加近三年覆铜板利用率，说明其清洁生产水平。

表 2-27　主要有毒有害原辅料氢氧化钠的理化性质

<table>
<tr><td rowspan="2">标识</td><td colspan="2">别名：苛性钠；烧碱；火碱；固碱
英文名：Sodiun hydroxide；Caustic soda</td><td>化学式：NaOH</td><td>分子量：40.01</td></tr>
<tr><td colspan="2">危险化学品编号：82001
危险化学品分类：第 8 类腐蚀品</td><td>UN 编号：1823</td><td>CAS 号：1310－73－2</td></tr>
<tr><td rowspan="3">理化性质</td><td>外观与性状</td><td colspan="3">白色半透明片状固体，易潮解</td></tr>
<tr><td colspan="4">熔点（℃）：318.4；相对密度（水＝1）：2.12；沸点（℃）：1 390；饱和蒸气压（kPa）：0.13（739℃）；碱离解常数（K_b）＝3.0；碱离解常数倒数对数（pK_b）＝－0.48</td></tr>
<tr><td>溶解性</td><td colspan="3">极易溶于水，溶解时放出大量的热。易溶于水醇、乙醇以及甘油</td></tr>
<tr><td rowspan="3">毒理学资料</td><td>接触限值</td><td colspan="3">中国 MAC（mg/m^3）：0.5；苏联 MAC（mg/m^3）：无</td></tr>
<tr><td>急性毒性</td><td colspan="3">半数致死量（小鼠，腹腔）40mg/kg</td></tr>
<tr><td>亚急性与慢性毒性</td><td colspan="3">本品有强烈刺激和腐蚀性。粉尘或烟雾刺激眼和呼吸道，腐蚀鼻中隔；皮肤和眼直接接触可引起灼伤；误服可造成消化道灼伤、黏膜糜烂、出血和休克</td></tr>
<tr><td>危险特性</td><td colspan="4">本品不会燃烧，遇水和水蒸气大量放热，形成腐蚀性溶液。与酸发生中和反应并放热。具有强腐蚀性</td></tr>
</table>

（2）水资源使用分析

①水资源相关的定义

水资源：根据世界气象组织（WMO）和联合国教科文组织（UNESCO）的

《国际水文学名词术语》（第三版，2012 年）中有关水资源的定义，水资源是指可资利用或有可能被利用的水源，这个水源应具有足够的数量和合适的质量，并满足某一地方在一段时间内具体利用的需求。

☆ **小链接**

虽然地球 71% 表面覆盖的是水，但是其实淡水资源只占了地球总水量的 2% 左右，而可被人类利用的淡水总量只占地球上总水量的 0.003%，占淡水总蓄量的 0.34%。由此可见，地球上可被利用的水并没有人类想象的那么多，如果让它们继续遭到人类的摧残，早晚有一天，它会消失的。

工业用水和节水：根据《工业用水节水 术语》（GB/T 21534—2008），可知工业用水和节水的定义。

☆ **小链接**

回用水：企业产生的排水，直接或经处理后再利用于某一用水单元或系统的水。

串联水：在确定的用水单元或系统，生产过程中产生的或使用后的，且再用于另一单元或系统的水。

重复利用水量：在确定的用水单元或系统内，使用的所有未经处理和处理后重复使用的水量的总和，即循环水量和串联水量的总和。

循环水量：在确定的用水单元或系统内，生产过程中已用过的水，再循环用于同一过程的水量。

串联水量：在确定的用水单元或系统，生产过程中产生的或使用后的水，再用于另一单元或系统的水量。

重复利用率：在一定的计量时间内，生产过程中使用的重复利用水量与用水量的百分比。

②水资源利用现状调查

水资源利用现状可如表 2-28 所示进行。

在现状调查过程中，主要关注以下几点。

1）水资源的消耗和利用。

一般情况下，市政供水为企业水资源唯一来源。但也存在其他情况，如运河取水、地下水取水、地表水自行取水等方式。须调查清楚各种来源的比例，并判明是否符合水资源取用相关法规的要求。

表 2-28　水资源利用方面调查表

<table>
<tr><th rowspan="2">序号</th><th rowspan="2" colspan="2">调查项目</th><th colspan="3">组织现状</th></tr>
<tr><th>是</th><th>否</th><th>不适用</th></tr>
<tr><td>1</td><td rowspan="5">水资源消耗和利用</td><td>水耗处于行业先进水平</td><td></td><td></td><td></td></tr>
<tr><td>2</td><td>蒸汽冷凝水已回收利用</td><td></td><td></td><td></td></tr>
<tr><td>3</td><td>设备冷却水已循环利用</td><td></td><td></td><td></td></tr>
<tr><td>4</td><td>生产中没有其他可重复利用水</td><td></td><td></td><td></td></tr>
<tr><td>5</td><td>水重复利用设施正常运行</td><td></td><td></td><td></td></tr>
<tr><td>6</td><td rowspan="5">用水计量</td><td>具有完整二级用水计量体系</td><td></td><td></td><td></td></tr>
<tr><td>7</td><td>大耗水量（用水量≥1t/h）设备设有计水表</td><td></td><td></td><td></td></tr>
<tr><td>8</td><td>制定并执行了水资源计量管理制度</td><td></td><td></td><td></td></tr>
<tr><td>9</td><td>各用水部位水耗统计记录完善</td><td></td><td></td><td></td></tr>
<tr><td>10</td><td>定期进行水平衡测试</td><td></td><td></td><td></td></tr>
<tr><td>11</td><td rowspan="7">用水管理</td><td>定期对水耗数据进行分析和考核</td><td></td><td></td><td></td></tr>
<tr><td>12</td><td>已设定生活用水限额</td><td></td><td></td><td></td></tr>
<tr><td>13</td><td>生活用水符合限额标准</td><td></td><td></td><td></td></tr>
<tr><td>13</td><td>使用了节水型器具</td><td></td><td></td><td></td></tr>
<tr><td>14</td><td>建立了定期检查管道泄漏制度</td><td></td><td></td><td></td></tr>
<tr><td>16</td><td>定期实施可行的节水项目和措施</td><td></td><td></td><td></td></tr>
<tr><td>17</td><td>落实开展节水措施</td><td></td><td></td><td></td></tr>
</table>

2）用水计量。

对于水资源消耗量较大的企业，完善的计量体系对于水资源的合理利用十分重要。

根据《用能单位能源计量器具配备和管理通则》（GB 17167—2006），考察企业是否按照标准在主要次级用能单位（用水量≥5 000m^3/a）、主要用能设备（用水量≥1t/h）设有计水表，能源计量器具配备率、能源计量器具准确度等级、能源计量制度、能源计量人员、能源计量器具、能源计量数据是否满足相关要求。

在满足国家标准的要求下，相关的用水数据才真实可靠，水平衡测试、节水潜力分析和单位产品水耗分析才成为可能。

案例：某家具制造企业，年用水量仅 20 万 t，其排污许可证规定废水排放总量仅为3万t，该企业常年实际排水量约为2.1万~2.5万t，能够达到总量控制要求。但是当地环保局强烈质疑其用水排水的合理性，因该企业无法解释用水量与排水量之间的巨大差异，故怀疑其涉嫌废水偷排。该企业遂决定对用水系统进行全面梳理，开展水平衡测试工作，以期说明问题。该企业在工二级用水部位和部分重点三级用水部位加装了水表，发现：a. 一部分用水由外单位使用，其废水不能算入自身排水量。b. 有大量的冷却水补水，每年仅有极少量的清洗排水，绝大部分补水蒸发。c. 该企业晚间停工期间，某些部位水表任有大量用水读数，说明管网有重大泄漏。该企业通过该工作，修补了泄漏水位，有理有据地说明了用水量与排水量之间的差距，消除了环境违法的嫌疑。

3）用水管理。

定期对水耗数据进行分析和考核。主要是跟踪分析单位产品水耗的变化趋势。根据产量规模效应，若某年产量较往年提高，则某年单位产品能耗应较往年低；反之亦然。若单位产品水耗变化趋势符合产量规模效应，即其变化趋势与产量变化趋势相反，可以认为企业在某个时间跨度期间用能情况正常。不符合产量规模效应，则需要进一步分析检讨：若单位产品水耗始终呈现下降趋势，可能是因为企业近年实施若干节水方案（如水资源循环使用、中水回用、废水再利用等），使水资源利用效率提高，单耗降低；反之，则可能是因为企业产品结构发生变化，使得水资源消耗有所变化。若上述原因仍无法解释单位产品水耗变化趋势，则可能存在用水异常情况，需要做进一步深入分析。

需要注意的是，非生产用水量（主要是指办公生活用水）一般不计入单位产品水耗中去，对于员工人数较多、且厂内住宿人员较多的企业，办公生活用水也需要进行用水量的分析。根据《建筑给水排水设计规范》（GB 50015—2003）的规定，办公生活用水取水定额最高为50L/（人·班），宿舍生活用水取水定额最高为200L/d，通过分析生活用水人均用水量的计算，可以简单判断生活用水用量的合理性。

4）用水水平。

《广东省用水定额》（DB44/T 1461—2014）中规定了工业、生活和农业用水定额，共计688个。其中工业用水定额覆盖127个工业行业中类，381种产品414个定额值；生活用水分为城镇公共生活用水和居民生活用水，城镇公共生活用水定额覆盖25个公共服务行业，53个定额值；城镇居民生活和城镇生活综合用水分别包含4种不同城镇规模4个定额值，农村居民生活用水包括2类地区2个定额值；农业用水包括6类地区，4种作物灌溉及养殖业的215个定额值。同时，行业清洁生产水平评价指标体系中也有规定单位产品水耗各级水平的评价值。通过计算企业单位产品水耗，可了解该行业在同企业中单位产品水耗的水平。

案例：某玩具制造企业，宿舍常驻员工人数为2 320人，通过计算发现每日人均宿舍用水量为223 L/d左右，超出了宿舍生活用水取水定额的最高值，该企业认为宿舍用水存在浪费的情况。通过走访考察发现如下情况：a. 住宿员工手洗衣服长流水的情况比较常见。b. 宿舍用水管道水压过大，导致水资源浪费。该企业随后采取如下措施：a. 每间宿舍加装水表，进行单个宿舍的定量考核，超额用水的部分加收水费。b. 在保证生活需求的前提下，适当降低供水压力，减少水资源的浪费。c. 盥洗设施全面改用节水器具，如洗手盆的按压式延时水龙头等。

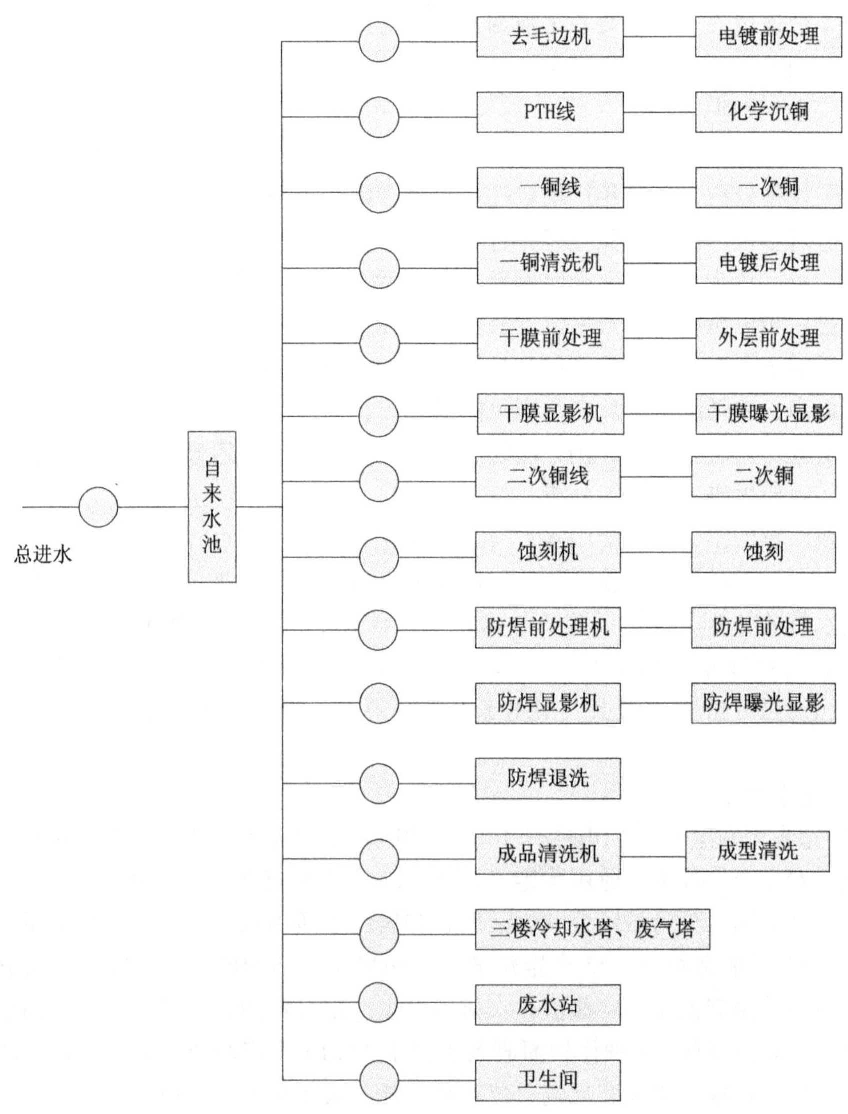

图2-13 某企业水表配置分布示意图

③编制要求

1）水的计量

说明企业供水方式和计量情况，主要阐述水的计量配备情况和计量水平。若只在进出用能单位进行配备，说明仅为一级水平；若在进出主要次级用能单位进行配备，说明达二级水平；若主要用能设备也进行了配备，说明达三级水平。应有用水计量情况如表2-29和表2-30所示。

表2-29　公司水计量设备一览表

序号	厂家/品牌	型号	安装位置
……			

表2-30　公司水计量配备情况

能源计量类别	进出用能单位				进出主要次级用能单位				综合	
	应装数	安装数	配备率	完好率	应装数	安装数	配备率	完好率	配备率	完好率
	台	台	%	%	台	台	%	%	%	%
水										
……										

2）水的供给和消耗

说明企业近三年水消耗情况，应有企业近三年用水情况表（见表2-31）。

表2-31　近三年公司水耗情况表

项目	单位	年消耗量		
		20××年	20××年	20××年
总用水量	m^3			
生产用水量	m^3			
生活办公用水	m^3			
单位产品耗水量				

注：①单位产品耗水量一般是指单位产品生产用水的耗水量，生活办公用水一般不计入；

②在表后，需要做一些适当的分析，首先分析近三年企业用水的情况，是逐年上升还是下降，并分析其原因，分析方法见“水资源利用现状调查”；

③根据计算的单位产品水耗，与《广东省用水定额》和行业清洁生产水平评价指标体系进行对照，看属于哪类水平。

3）水平衡分析

列举近一年生产各部位用水的情况，其数据可根据计量的情况统计。宜有企业近一年生产各部位用水情况表（见表2-32）和水平衡图（如图2-14所示）。

表2-32　近一年生产各部位用水一览表

种类	各部位名称	用水量/（t/a）	重复用水量/（t/a）
生产用水			
	……		

注：①在表后，对各部位用水情况进行分析，主要阐述用水量较大的部位，并分析原因，挖掘该部位的节水潜力；

②根据各部位用水情况，绘制全年水平衡图。一般来说，水平衡图的绘制，需要先对企业进行水平衡测试，具体可参照《企业水平衡测试通则》（GB/T 12452—2008）；

③根据各部位用水情况，计算企业近一年的水重复利用率等指标，并与行业清洁生产水平评价指标进行对照，分析其水平。

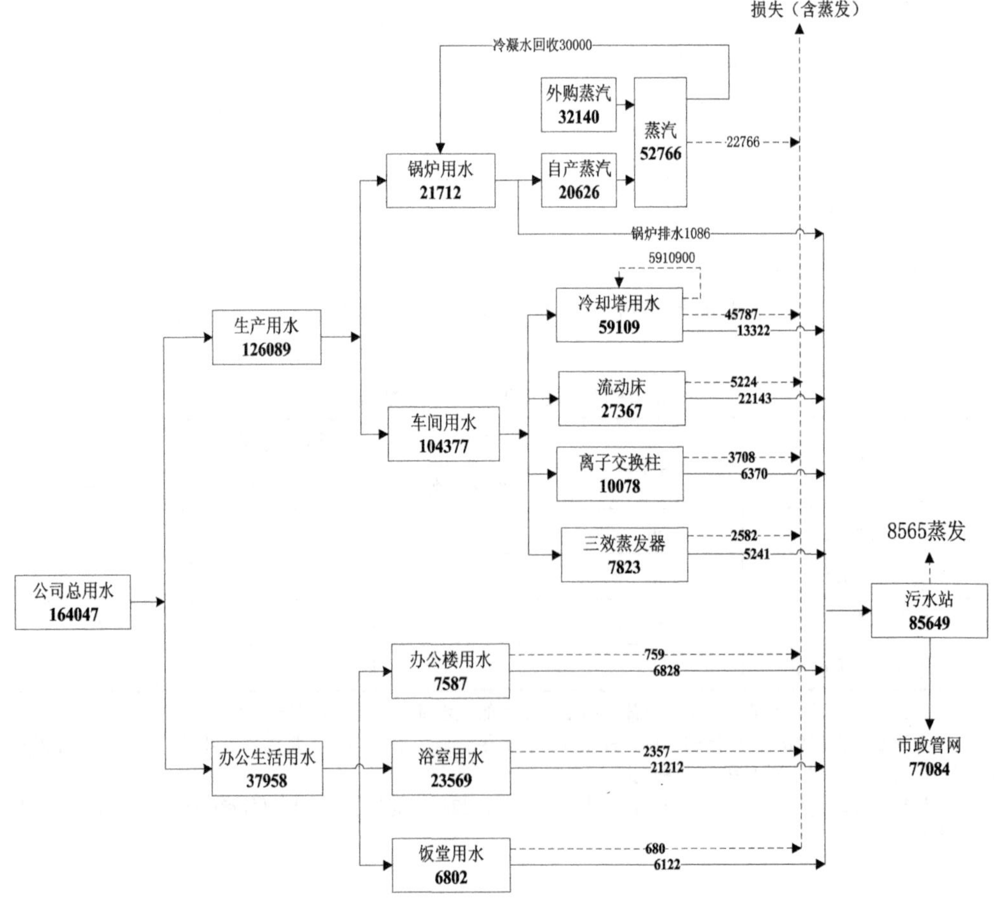

图2-14　某企业近一年水平衡图

（3）能源使用分析

①什么是能源

能源是指煤炭、石油、天然气、生物质能和电力、热力以及其他直接或者通过加工、转换而取得有用能的各种资源。能源是人类的生产和生活提供各种能力和动力的物质资源，能源的开发和有效利用程度以及人均消费量是生产技术和生活水平的重要标志。

②节能相关法律法规

1）《中华人民共和国节约能源法》（2018 年修正）

《中华人民共和国节约能源法》于 1997 年 11 月 1 日第八届全国人民代表大会常务委员会第二十八次会议通过，自 1998 年 1 月 1 日起施行；2007 年 10 月 28 日第十届全国人民代表大会常务委员会第三十次会议修订，2008 年 4 月 1 日施行；根据 2016 年 7 月 2 日第十二届全国人民代表大会常务委员会第二十一次会议《关于修改〈中华人民共和国节约能源法〉等六部法律的决定》第一次修正，根据 2018 年 10 月 26 日第十三届全国人民代表大会常务委员会第六次会议《关于修改〈中华人民共和国野生动物保护法〉等十五部法律的决定》第二次修正。

该法第三条规定：节约能源（以下简称节能），是指加强用能管理，采取技术上可行、经济上合理以及环境和社会可以承受的措施，从能源生产到消费的各个环节，降低消耗、减少损失和污染物排放、制止浪费，有效、合理地利用能源。

该法第四条规定：节约资源是我国的基本国策。国家实施节约与开发并举、把节约放在首位的能源发展战略。

2）《广东省节约能源条例》

《广东省节约能源条例》于 2003 年 5 月 28 日广东省第十届人民代表大会常务委员会第三次会议通过，2010 年 3 月 31 日广东省第十一届人民代表大会常务委员会第十八次会议第一次修订，自 2010 年 7 月 1 日起施行。

该条例第二十二条：超过节能标准或者单位产品能耗限额的用能单位，应当把降低能耗列为技术改造的重点。

该条例第二十三条：窑炉、锅炉、变压器、压缩机、风机、泵类等用能设备的用能效率不符合国家、省节能规定的，应当依法进行更新改造。

该条例第二十六条：用电负荷在 1 000kW 以上或年用电量在 500 万 kW · h 以上的用能单位需要进行电平衡测试的，按照国家有关规定执行。

该条例第三十三条：下列用能单位为重点用能单位：（一）年综合能源消费总量 1 万 t 标准煤以上的用能单位；（二）省、地级以上市节能行政主管部门指定的年综合能源消费总量 5 000t 以上不满 1 万 t 标准煤的用能单位。重点用能单位名单由节能行政主管部门定期向社会公布。市、县节能行政主管部门根据本地区实际，对年综合能源消费总量 3 000t 标准煤以上 5 000t 标准煤以下的用能单位，可以参照重点用能单位进行管理。

该条例第三十六条：重点用能单位应当建立健全节能管理制度，落实节能措施，提高能源利用效率。

③能源统计

1）基本名称

a. 一次能源和二次能源

一次能源是指自然界中以现成形式存在，不经任何改变或转换的天然能源资源，即从自然界直接取得并不改变其形态和品位的能源。为原煤、原油、油页岩、天然气、核燃料、植物燃料、水能、风能、太阳能、地热能、海洋能、潮汐能等。

二次能源是指为了满足生产工艺和生活的特定需要以及合理利用能源，将一次能源直接或间接加工转换产生的其他种类和形式的人工能源。如由原煤加工产出的洗煤；由煤炭加工转换产出的焦炭，煤气；由原油加工产出的汽油、煤油、柴油、燃料油、液化石油气、炼厂干气等；由煤炭、石油、天然气转换产出的电力。

b. 余热

余热是指工业企业生产过程中释放出来的可被利用的热能。可能回收的余热种类有：高温废气余热，高温产品及高温热渣液的物理热，冷却介质余热，废气、废水余热，化学反应余热。

c. 耗能工质

在生产经营活动中，需要消耗某些工作物质，而生产这些工作物质，需要消耗一定数量的能源，利用这些工作物质就等于间接地消耗能源。另外，这些工作物质的使用能够替代或减少其他能源的消耗，而这些工作物质不属于通常所指的能源之列。例如，工业用水、压缩空气、电石、乙炔、氧气等。这些工作物质被称为耗能工质。（注意：不同的行业对耗能工质有不同的规定范围）

d. 标准燃料和标准煤

标准燃料是计算能源总量的一种模拟的综合计算单位。在能源使用中主要利用它的热能，因此，习惯上都采用热量来作为能源的共同换算标准。由于煤、油、气等各种燃料质量不同，所含热值不同，为了便于对各种能源进行计算、对比和分析，必须统一折合成标准燃料。标准燃料可分为标准煤、标准油、标准气等。我国以煤为主，采用标准煤为计算基准，即将各种能源按其发热量折算为标准煤。

标准煤也称煤当量，具有统一的热值标准。我国规定每千克标准煤的热值为7 000kcal。将不同品种、不同含量的能源按各自不同的热值换算成每千克热值为7 000kcal 的标准煤。

$$能源折标准煤系数 = 某种能源实际热值/标准煤热值$$

e. 当量热值和等价热值

当量热值又称理论热值（或实际发热值），是指某种能源一个度量单位本身所含热量。当量热值是能源统计中经常使用的一个热值概念。

等价热值也是能源统计经常使用的一个热值概念，是指加工转换产出的某种二次能源与相应投入的一次能源的当量，即获得一个度量单位的某种二次能源所消耗的，以热值表示的一次能源量，也就是消耗一个度量单位的某种二次能源，就等价于消耗了以热值表示的一次能源量。因此，等价热值是个变动值。

某能源介质的等价热值＝生产该介质投入的能源/该介质的产量

＝该介质的当量热值/转换效率

2）能源统计的主要内容

a. 能源消耗统计

这项统计是视能源为消费资料，将能源作为原料或燃料消费时，由能源消费行为的企事业执行的报告内容。

b. 能源加工转换统计

这项统计由有能源加工转换活动的工业企业或车间填报。它反映能源加工、转换过程中能源的投入与产出之间的定量关系；是计算综合能源消费量的基础。为计算、分析能源加工转换效率及其影响因素、为挖掘节能潜力、编制能源平衡表提供资料。

c. 能源经济效益统计

这项统计是为计算能源利用效率而进行的统计。包括产值能耗、人均综合能源消费量，等等。

d. 能源单耗指标统计

这项统计是为计算企业在生产过程中生产某一产品而进行的统计，分析生产过程中能源消费的情况，以挖掘节能潜力和计算节能量。

3）能源消费量统计原则

a. 谁消费、谁统计

能源消费量按实际使用统计，而不是按所有权统计。因此，不论能源的来源如何，凡是在本单位实际消费的能源，均应统计在本单位消费量中。

b. 何时投入使用，何时算消费

各工业企业统计能源消费量的时间界限，是以投入第一道生产工序为准。

c. 一次性消费

即以第一次投入使用计算消费，对反复循环使用的能源不能重复计算消费量。如余热、余能的回收利用，不再计算在消费量中。

d. 耗能工质（如水、氧气、压缩空气等）

不论是外购的还是自产自用的均不统计在能源消费量中。（在计算单位产品能耗及工序单位能耗时除外）

e. 企业自产能源

凡作为本企业生产另一种产品的原材料、燃料，又分别计算产量的要统计消费量。如煤矿用原煤生产洗精煤、炼焦厂用焦炭生产煤气、炼油厂用燃料油发电等。但产品生产过程中消费的半成品和中间产品不统计消费量，如炼油厂用原油生产出燃料油后，又用燃料油生产其他石油产品，这种情况燃料油既不计算产量，也不计算消费量。

4）工业企业能源消费量

工业企业能源消费量是指统计报告期内工业企业在工业生产过程和非工业生产消费的各种能源量，无论其能源品种是作为燃料、动力、原材料、辅助材料使用，均作为能源消费统计，主要包括：

a. 用于生产本企业的产品、工业性作业和其他生产性活动所消费的能源。

b. 用于技术更新改造措施、新技术研究和新产品试制以及科学试验等方面消费的能源。

c. 用于经营维修及本单位机电设备、交通运输工具及建筑物等大修理消费的能源。

d. 用于劳动保护及其他非生产消费的能源。

e. 不包括以下各项：

- 由仓库发到车间，但报告期最后一天并未消费，这部分能源不应计入消费量，应办理假退料手续，计入库存量。不能以拨代消。
- 回收的余热、余气不作为能源消费量统计。
- 拨到外单位委托加工的能源。
- 调出外单位或借出的能源。
- 自产自用的热力。

企业能源消费量 = 企业购入能源量 + 期初库存量 - 期末库存量 - 外销能源量

5）工业生产用能

工业生产用能是指工业企业在统计报告期内为进行工业生产活动所使用的能源，包括生产系统、辅助生产系统、附属生产系统用能。生产系统用能是指企业的生产车间用能。辅助生产系统用能是指动力、供电、机修、供水、供风、采暖、制冷、仪表以及厂内原料场等辅助设施用能，附属生产系统用能是指生产指挥系统（厂部）和厂区内为生产服务的部门和单位如车间浴室、开水站、蒸饭站、保健站、哺乳室等消耗的能源。主要包括：

a. 产品生产过程中作为原料使用，直接构成产品实体的能源消费。

b. 产品生产过程中作为辅助材料使用的能源。

c. 生产工艺过程所消费的能源。

d. 生产过程中作为燃料、动力使用的能源。

e. 新技术研究、新产品试制、科学试验等方面使用的能源。

f. 为工业生产活动而进行的各项修理和服务所使用的能源。

6）工业生产综合能源消费量

工业生产综合能源消费量是指在统计报告期内工业生产用的各种能源折标准煤后进行汇总，并扣除本企业能源加工转换产出的能源折标准煤的汇总量。其计算式如下：

工业生产综合能源消费量＝工业生产用的各种能源折标准煤之和－本企业能源加工转换产出的能源折标准煤之和

上式中的本企业能源加工转换产出的能源主要包括火力发电、对外供热、洗煤生产、炼焦生产、石油炼油生产、煤气生产、煤制品加工产出的能源。不包括水电、核电、风电、太阳能电以及自产自用的热力。

某种能源折标准煤量＝某种能源实物量×折标系数

根据《综合能耗计算通则》（GB/T 2589—2008），各种能源折标准煤参考系数如表2-33所示。

表2-33　各种能源折标准煤参考系数

能源名称		折标准煤系数
原煤		0.714 3kg 标准煤/kg
洗精煤		0.900 0kg 标准煤/kg
其他洗煤	洗中煤	0.285 7kg 标准煤/kg
	煤泥	0.285 7～0.428 6kg 标准煤/kg
焦炭		0.971 4kg 标准煤/kg
原油		1.428 6kg 标准煤/kg
燃料油		1.428 6kg 标准煤/kg
汽油		1.471 4kg 标准煤/kg
煤油		1.471 4kg 标准煤/kg
柴油		1.457 1kg 标准煤/kg
煤焦油		1.142 9kg 标准煤/kg
渣油		1.428 6kg 标准煤/kg
液化石油气		1.714 3kg 标准煤/kg
炼厂干气		1.571 4kg 标准煤/kg
油田天然气		1.330 0kg 标准煤/m^3
气田天然气		1.214 3kg 标准煤/m^3

能源名称		折标准煤系数
煤矿瓦斯气		0.500 0～0.571 4kg 标准煤/m^3
焦炉煤气		0.571 4～0.614 3kg 标准煤/m^3
高炉煤气		0.128 6kg 标准煤/m^3
其他煤气	a）发生炉煤气	0.178 6kg 标准煤/m^3
	b）重油催化裂解煤气	0.657 1kg 标准煤/m^3
	c）重油热裂解煤气	1.214 3kg 标准煤/m^3
	d）焦炭制气	0.557 1kg 标准煤/m^3
	e）压力气化煤气	0.514 3kg 标准煤/m^3
	f）水煤气	0.357 1kg 标准煤/m^3
粗苯		1.428 6kg 标准煤/kg
热力（当量值）		0.034 12kg 标准煤/MJ
电力（当量值）		0.122 9kg 标准煤/kW·h
蒸汽（低压）		0.128 6kg 标准煤/kg

表 2-34 耗能工质能源等价值

品 种	折标准煤系数
新水	0.085 7kg 标准煤/t
软水	0.485 7kg 标准煤/t
除氧水	0.971 4kg 标准煤/t
压缩空气	0.040 0kg 标准煤/m^3
鼓风	0.030 0kg 标准煤/m^3
氧气	0.400 0kg 标准煤/m^3
氮气（做副产品时）	0.400 0kg 标准煤/m^3
氮气（做主产品时）	0.671 4kg 标准煤/m^3
二氧化碳气	0.214 3kg 标准煤/m^3
乙炔	8.314 3kg 标准煤/m^3
电石	2.078 6kg 标准煤/kg

7）非工业生产用能

非工业生产用能是指在工业企业内不从事工业生产活动的非独立核算的单位所

使用的能源，如本企业附属的科学研究单位、农场、车队、学校、医院、食堂、托儿所以及建筑施工队等消费的能源。

8）能源经济效益统计

能源经济效益是指投入能源与产出的经济效果的比较。能源经济效益体现在能源系统流程的始终，它涉及生产领域，也涉及消费领域和流通领域，它存在于任何经济形态之中，可以从多方面、多层次了解能源系统流程各个领域中的投入与产出情况，能源合理有效利用程度。

a. 产值综合能耗

实现单位工业生产总值所需的综合能源消费量，该指标可以综合反映能源消费所获得的经济成果。计算公式为：

产值综合能耗（t标准煤/万元）=能源消费总量/工业生产总值（现价）

b. 能源利用效率

能源利用效率是指一个体系（国家、地区、企业或单项耗能设备等）有效利用的能量与实际消耗能量的比率。它是反映能源消耗水平和利用效果，即能源有效利用程度的综合指标。计算公式为：

能源利用率（%）=（有效能量/实际能源消费量）×100

c. 能源损失率

能源损失率是与能源利用率相对应的指标，计算公式为：

能源损失率（%）=能源损失量/能源消费（或输入）量×100%

=1－能源利用率

9）能源单耗指标统计

能源单耗指标可分产品单位综合能耗统计和产品单位单一能源品种消耗统计。

在计算单耗统计时，可按行业规定在计算时将耗能工质能量计入在内。

a. 产品单位产量综合能耗

产品单位产量与单位能源消耗总量之比值。

该单位可以是企业，也可以是工序（车间）、设备。如企业吨钢综合能耗、炼钢工序能耗、转炉工序能耗等。

b. 产品单位产量单一能源品种消耗

产品单位产量与单位单一品种能源消耗总量之比值。

该单位可以是企业，也可以是工序（车间）、设备。单一品种能源是指定情况下的能源，如电、焦炭、蒸汽等。具体指标如吨钢电力单耗、炼钢工序电力单耗、转炉工序焦炉煤气单耗等。

c. 产品可比单位产量综合能耗

产品可比单位产量综合能耗是为在同行业中实现相同产品能耗可比，对影响产品能耗的各种因素，用折成标准产品的办法、能耗统计计算分办法等加以考虑所计算出来的单位产品综合能耗。

④能源消耗分析

1）平衡分析

能源综合平衡分析是能源统计工作的高级阶段，它全面系统地反映一定时期内能源的资源开发、加工转换、输送、分配、储备、使用的整个能源系统流程的全貌和能源系统内各运行环节的特征以及相互之间的联系和能源经济运行中所形成的总量、速度、比例、效益之间的制约和平衡状况。

a. 能源平衡图表

能源综合平衡统计主要形式是编制计算能源平衡图表。企业能源平衡图表是以一个企业或公司为平衡范围，根据企业对能源管理的需要和本企业的实际情况，在产品生产、销售与库存，能源收、支与库存，能源消耗、能源加工转换，能源计量器具运行等一系列报表的基础上编制的综合平衡图表，它反映了企业各种能源的来踪去迹以及各种能源的消费构成、加工转换的投入和产出，体现出企业能量的平衡关系。

b. 能源平衡图表的格式

各个企业的具体情况不同，企业能源平衡表的形式也不可能完全一样，但都应根据能量流动过程进行编制。能源平衡表采用矩阵式，一栏用来表示能源流向（使用单位），一栏用来表示能源品种，采用“+”表示消耗、“-”表示生产或产出，便于各模块数量关系和总平衡关系用代数和运算。

c. 能源平衡图表的编制原则

- 编制能源平衡表所遵循的基本原则是能量守恒定律。
- 能源可以互相转换，在能源转换过程中全部能量的总量保持不变。平衡表的编制必须符合能量平衡的要求。所有能源品种均有来源和去向。平衡表的纵列与横行的相关数据以及各子矩阵必须形成相互之间平衡关系。
- 消除数据的重复计算，补充统计内容和范围的遗漏。

对无法从定期统计报表中搜集整理的有关资料，可进行一次性调查，也可进行有根据的合理估算，以便补充编制能源平衡表中出现的资料缺口。

- 必须采用两种计算单位：一是实物量，二是标准量。

标准量单位采用标准煤。

d. 对综合能源平衡表的数据进行验证

进行总平衡后允许出现平衡差，但数量不能超出正常范围。

2）利用调查清单分析

能源利用方面调查可用表 2-35 企业能源调查清单进行。

表 2-35　企业能源调查清单

序号	调查项目		组织现状		
			是	否	不适用
1	能源的消耗与利用	全部使用清洁能源			
2		能耗处于行业先进水平			
3		照明全部使用节能灯具			
4		电网功率因数大于 0.95			
5		配备了功率因素补偿的设备			
6		锅炉烟气余热已回收利用			
7		空压机尾气余热已回收利用			
8		冷热管道（热水、蒸汽、热油、冷冻水）与管件（法兰接口、阀门、疏水阀、容器）做到有效保温与相应的维护			
9		对温度高于 100℃的其他废气余热进行回收			
10		余热回用设施正常运行			
11	能源的计量	具有完整二级计量体系（电、汽、气）			
12		大功率（装机功率≥100kW）耗电设备设有计量仪表			
13		制定并执行了计量管理制度（电、汽、气）			
14		各耗能部位能源消耗统计记录完善			
15		采用了智能化的能源管理系统			
16	能源管理	制定了切实可行的能源管理制度			
17		制定并落实了能源质量检测制度			
18		定期对能源消耗数据进行分析和考核			
19		制定并执行能源计量检测制度			
20		开展了节能工艺的研究			
21		制订了年度节能计划、目标和措施			
22		落实年度节能项目实施计划和措施			

利用表 2-35 进行调查分析，具体要点说明如下。

a. 能源的消耗与利用

仍在使用的低品质、高污染一次能源是否有用更清洁更高效能源形式代替的可能性。如煤改轻质柴油、重油改轻质柴油、油改天然气。

企业应关注一次能源的品质，若能源品质低劣，同样会带来巨大的浪费，甚至损害生产效率。可以收集燃煤、燃料油的品质报告，查看其中热值、含硫量、灰分等数据，判定能源品质高低。

b. 能源的计量

能源利用也会着重考察用能计量的水平。能源计量是用能精细化管理的基础，虽不能直接带来节能效益，但直接关系到节能和能源利用效率提升方案的挖掘与制定，为节能计划、目标和措施提供最直接的数据支撑。企业应该关注用能计量器具的配置情况：若计量器具较少，无法全面分析企业用能流向和分布情况，需考虑增加计量器具。

c. 能源管理

定期对能源消耗数据进行分析和考核，主要是跟踪分析单位产品能耗变化趋势。根据产量规模效应，若某年产量较往年提高，则某年单位产品能耗应较往年低；反之亦然。若单位产品能耗变化趋势符合产量规模效应，即其变化趋势与产量变化趋势相反，可以认为企业在某个时间跨度期间用能情况正常。不符合产量规模效应，则需要进一步分析检讨：若单位产品能耗始终呈现下降趋势，可能是因为企业近年实施若干节能降耗改造，使得能源使用效率提高，单耗降低；反之，则可能是因为企业产品结构发生变化，使得能源消耗节能变化。若上述原因仍无法解释单位产品能耗变化趋势，则可能存在用能异常情况，需要做进一步深入分析。

能源管理制度其中一个重要的组成部分是能源计量的管理制度。能源计量制度的彻底落实，才能使能源计量器具发挥作用。若不实施既定的制度，不安排人员去记录抄表，不对计量器具进行维护校准，这样的情况达不到能源管理优化的要求。

⑤能源消耗分析编制要求

1）近三年主要能源的消耗情况。

能源消耗种类说明：企业用到的一次能源有电力、柴油、蒸汽，电能全部来自市政电网，用于动力机械设备、照明等；蒸汽是来自××热力有限公司集中供热，用于干燥工序；柴油全部是采用轻质柴油，用于厂内叉车。例如，某厂近三年主要能源消耗情况见表2-36。

表2-36 近三年主要能源消耗情况

能源名称	单位	20××年	20××年	20××年
原煤	t			
天然气	m^3			

能源名称	单位	20××年	20××年	20××年
柴油	t			
蒸汽	t			
……				
折合总用能	t标准煤			
单位产品综合能耗	t标准煤/t产品			

2）绘制曲线图，分析变化趋势，如图2-15所示。

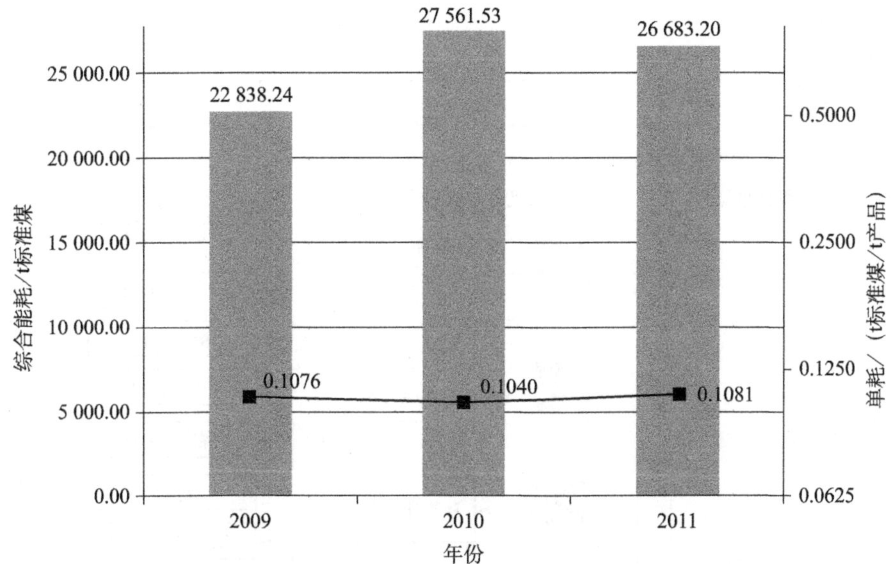

图2-15　某厂近三年单位产品的综合能耗量变化曲线图

3）收集企业能源计量信息，绘制计量网络图，评价计量等级。

如某厂电表分布如图2-16所示。

4）分析制图。

对主要能源—电能进行分析，绘制饼状图，分析各车间占比，确定能耗大的环节或部位。如某印染厂各部门近三年电力消耗情况见表2-37。

5）制作能源分布图。

收集企业各车间一个周期内的能源消耗数据，制作能源分布图，如图2-18所示。

6）对照检查，找出问题，提出方案。

对照检查清单，分析企业能源替代、管理、计量情况，找出存在问题，提出方案。

表 2-37 某印染厂近三年各部门的电力消耗情况

使用部门	电力消耗量（kW·h）		
	20××年	20××年	20××年
针织厂			
经编厂			
印花厂			
染厂			
整理厂			
热电厂			
水厂			
办公室、宿舍			
合计			

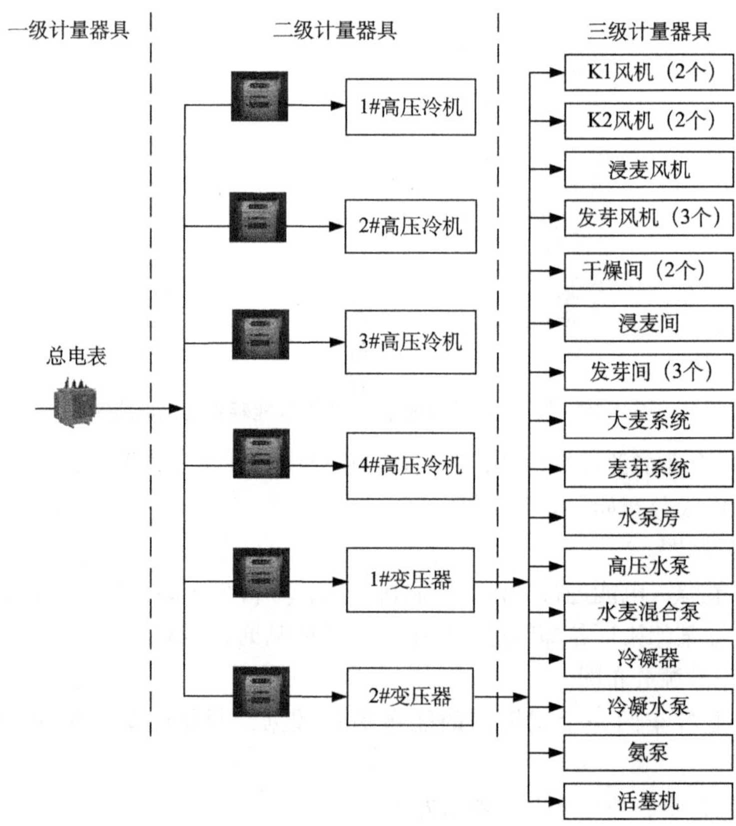

图 2-16 某厂用电计量网络图

办公室、宿舍
14%
针织厂
15%
经编厂
5%
水厂
8%
印花厂
2%
热电厂
15%
染厂
25%
整理厂
16%

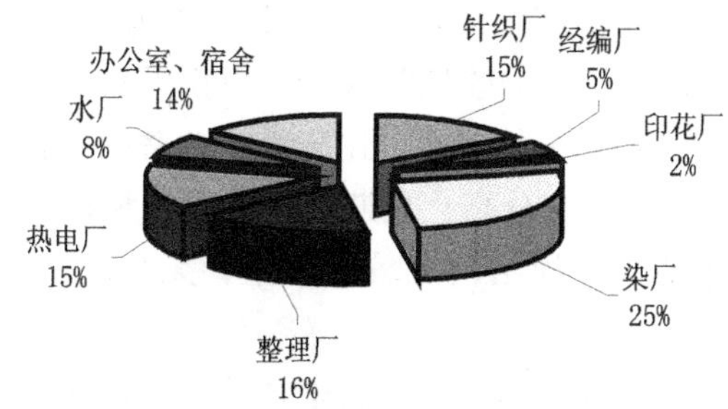

图 2-17　某印染厂各部门电耗比例

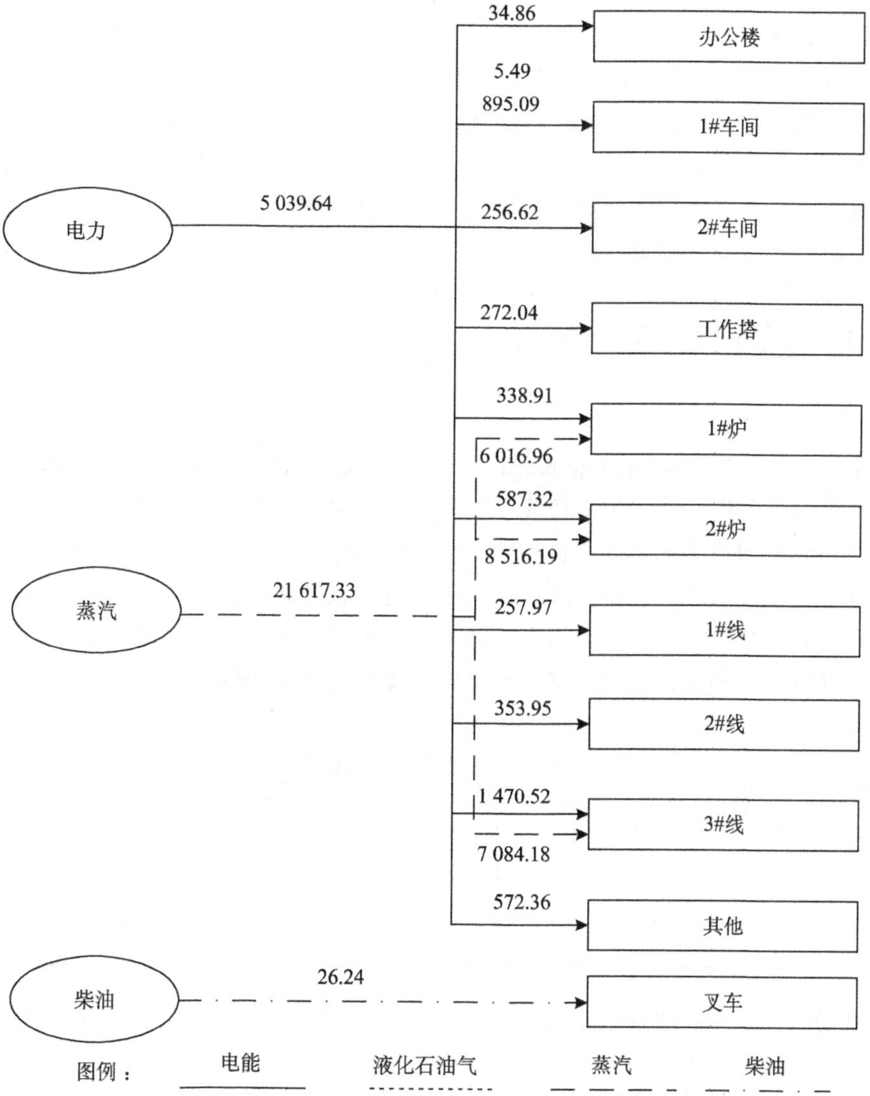

电力
5 039.64
蒸汽
21 617.33
柴油
26.24
34.86
办公楼
5.49
895.09
1#车间
256.62
2#车间
272.04
工作塔
338.91
6 016.96
1#炉
587.32
8 516.19
2#炉
257.97
1#线
353.95
2#线
1 470.52
7 084.18
3#线
572.36
其他
叉车
图例：
电能
液化石油气
蒸汽
柴油

图 2-18　某公司能源流向图（单位：t 标准煤）

案例：某小型化工企业，锅炉原使用0#柴油作为燃料，热效率较低，仅为60%左右，应法规要求，进行“油改气”改造。更换天然气燃烧器后发现热效率的提升不多，仍不到70%。通过分析发现，由于该企业贪图便宜，从非正规渠道购买低价柴油，该柴油品质低劣，灰分高，长期使用造成炉膛积灰严重，导致传热效率低下。且因炉灰长期未清理，板结情况较为严重，无法对锅炉进行简单的清扫维护，只能购置锅炉。

案例，某日化企业，计量器具完善，也建立了计量管理制度，用能巨大，节能的要求较高，但是由于采用成套进口生产设备，通过个别设备的改造达到节能效果的方法不太现实。该企业遂计划进行系统性的节能分析。但是工作中发现，既定的计量管理制度并未得到实施，没有专门人员定期对电表和气表进行抄表记录，电表和气表也没有进行维护校准，有些电表甚至反转。这样的情况下，没有具体的用能流向和分布数据作为系统节能分析的基础，节能工作无法继续开展下去。企业后进行了审核的自身检讨，完善并彻底落实既定的计量管理制度，对计量器具进行维护、更新和校准，进行了全面而完善的能源计量工作，在此基础上，该企业发现了系统节能的机会，完成了节能目标。

2.2.3 设备设施情况分析

(1) 主要生产设备

生产设备 (Production Equipment)，是由一定的电路、气路或机械构件组成，用于提供作业条件、改善生产环境、提高生产效率并在长期、反复使用中基本保持原有实物形态和功能的生产资料和物质资料的总称。

分车间或分工序对公司生产设备设施进行现状调查，核查主要生产设备的规格型号及主要参数、用能类型、已采取的节能措施等，重点查明陈旧设备、高耗能设备、多发故障设备及日常设备维护情况。具体如表2-38所示。

表2-38 生产设备调查表

设备名称	所在工序	规格型号	功率/kW	数量	投产时间	节能措施
……						

现场调查发现：改造前，公司现有硅酸锆生产线，干法和湿法生产线各两条。其中，在湿法生产工艺中，1#生产线是引进美国生产工艺，其主要核心设备为分级离心机，其最大能力是把平均粒径为1.0μm的物料分离出来，分离效率非常低。

2#生产线的生产工艺中，先采用卧式球磨机把原料锆英砂研磨至 1.3 ~ 1.5μm，再通过装填了 2mm 的氧化锆球的搅拌磨，把物料粒径磨至 1.0 ~ 1.2μm。随着陶瓷行业对陶瓷添加剂硅酸锆乳浊剂质量的进一步提高，陶瓷行业已提出制造 0.5 ~ 0.7μm 硅酸锆乳浊剂，即亚纳米级硅酸锆的需求。同时，采用立式搅拌磨的效率偏低，能耗过大，且无法满足生产亚纳米级硅酸锆的需求，通过安装砂磨机用于解决能耗过大的问题以及可用于生产更细的硅酸锆产品，提高市场竞争能力。

案例：某厂的设备设施调查清单如表 2-39 所示。

表 2-39　某厂设备设施调查表

设备名称	所在工序	规格型号	功率/kW	数量/台	投产时间	节能措施
球磨机	球磨工序	2.5t	75	5	2007 - 7	安装变频器
球磨机	球磨工序	5t	90	4	2010 - 5	—
高速磨	球磨工序	200L	75	4	2011 - 5	—
分级离心机	分级工序	1 200r/min	15	1	2007 - 7	—
脱水离心机	脱水工序	1 200r/min	15	2	2007 - 7	—
冷冻干燥机	压缩空气	$6m^3/min$	3	2	2013 - 8	—
喷雾干燥系统	干燥工序	7 $200m^3/h$	50	1	2007 - 5	风机安装变频器
锤磨机	干燥工序	—	30	1	2007 - 5	安装变频器

（2）公用设备

公用设施设备定义：为企业生产提供动力、暖通空调及其他公用辅助设施的总称，主要包括锅炉、空压机、空调、冷却水系统、变压器、照明系统等。需核查主要公用设备的规格型号及主要参数、用能类型、已采取的节能措施等，重点查明陈旧设备、高能耗设备、多发故障设备及日常设备维护情况。

①锅炉

锅炉是一种能量转换设备，向锅炉输入的能量有燃料中的化学能、电能，锅炉输出具有一定热能的蒸汽、高温水或有机热载体。锅的原义指在火上加热的盛水容器，炉指燃烧燃料的场所，锅炉包括锅和炉两大部分。锅炉中产生的热水或蒸汽可直接为工业生产和人民生活提供所需热能，也可通过蒸汽动力装置转换为机械能，或再通过发电机将机械能转换为电能。提供热水的锅炉称为热水锅炉，主要用于生活，工业生产中也有少量应用。产生蒸汽的锅炉称为蒸汽锅炉，常简称为锅炉，多用于火电站、船舶、机车和工矿企业。

锅炉按照功能分为开水锅炉、热水锅炉、蒸汽锅炉、导热油锅炉、热风锅炉等；按照燃料分为电加热锅炉、燃油锅炉、燃气锅炉、燃煤锅炉、沼气锅炉、太阳能锅炉等。

锅炉现状调查项目如表 2-40 所示。

表 2-40 锅炉调查表

项目	单位	参数
型号	—	
品牌	—	
燃料	—	
装机数量	台	
功率	kcal/h 或 MW	
燃料消耗率	kg/h	
设计热效率	%	
炉膛温度	℃	
使用温度	℃	
排烟温度	℃	
鼓风机功率	kW	
鼓风机风量	m^3/h	
过量空气系数	—	

注：多台不同型号锅炉分别制表。

分析锅炉各项技术参数，挖掘清洁生产潜力。

②空压机

空气压缩机（Air Compressor）是气源装置中的主体，它是将原动机（通常是电动机）的机械能转换成气体压力能的装置，是压缩空气的气压发生装置（见表 2-41）。

表 2-41 空压机调查表

项目	单位	参数
品牌/制造商	—	
型号	—	
额定功率	kW	
额定电流	A	
电机型号	—	
实际运行时加载/卸载功率	kW	—
实际加载/卸载时电流	A	—

项目	单位	参数
额定工作压力	MPa	
加载/卸载时压力	MPa	—
最大工作压力	MPa	
排气量	m^3/min	
压缩容量	CFM①	
平均每日工作时间	h	
加载/卸载时间	h	
润滑方式	—	
冷却方式	—	
采用何种节能措施	—	

注：多台不同型号请分别制表。

①CFM（英尺^3/台）=28.318 5L/min。

空压机分类：空压机分为螺杆式空压机，螺杆式空压机又分为单螺杆空压机及双螺杆空压机、离心式空压机、活塞式空压机、滑片式空压机、涡旋式空压机、旋叶式空压机。

③空调

空调即空气调节器（Air Conditioner），是指用人工手段，对建筑/构筑物内环境空气的温度、湿度、洁净度、速度等参数进行调节和控制的过程。一般包括冷源/热源设备，冷热介质输配系统，末端装置等几部分和其他辅助设备。主要包括水泵、风机和管路系统。末端装置则负责利用输配来的冷热量，具体处理空气，使目标环境的空气参数达到要求。

空调效率：

能源效率比（Energy Efficiency Ratio，EER），即制冷量除以每小时的耗电瓦数，因此冷气机 EER 值越高则通常越省电。

性能系数（Coefficient of Performance，COP），即冷气机在单位时间抽走的热量除以它所消耗的功率。

1）分体式空调调查（见表 2-42）

2）中央空调系统调查，包括冷水机组、泵、冷却水塔调查，请填表，如表 2-43 和表 2-44 所示。

④冷却水塔

冷却水塔是一种将水冷却的装置，水在其中与流过的空气进行热交换、质交换，致使水温下降；它广泛应用于空调循环水系统和工业用循环水系统中。在一定水处理情况下，冷却效果是冷却塔重要性能之一，在选用冷却塔时，主要考虑冷却程度、冷却水量、湿球温度是否有特殊要求，通常安装在通风比较好的地方。

表 2-42 分体式空调调查表

品牌/型号	数量（台）	单台输入功率（kW/台）	单台制冷量（kW/台）	平均每日使用时数（h/d）	平均每年使用日数（d/a）	能效标识级别（级）*	是否无氟
……							

注：* 输入功率、制冷量和能效标识级别均可直接查看室内机机身上的“中国能效标识”标签，如图 2-19 所示。

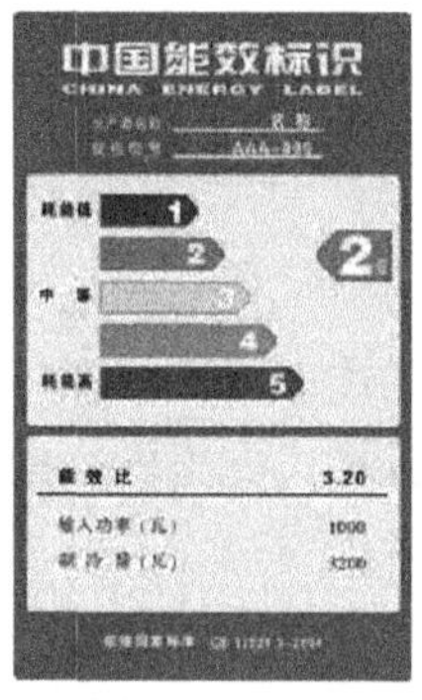

图 2-19 中国能效标识

表 2-43 中央空调冷水机组调查表

项目	单位	参数
型号	—	
品牌	—	
装机数量	台	
常用数量	台	
额定制冷量	kW	
额定输入功率	kW	
制冷剂类型	—	
压缩机类型	—	活塞机□；螺杆机□；模块机□；离心机□； 溴化锂□；其他□（打钩）
每日运行时数	h/d	
每年运行日数	d/a	
采用何种节能措施	—	

注：多台不同型号机组请分别制表。

表2-44 中央空调冷冻水泵与冷却水泵调查表

项目	单位	参数
冷冻水泵		
水泵型号	—	
装机数量	台	
常用数量	台	
电机型号	—	
额定轴功率	kW	
电机转速	r/min	
最大扬程	m	
最大流量	m^3/h	
采用何种节能措施	—	
冷却水泵		
水泵型号	—	
装机数量	台	
常用数量	台	
电机型号	—	
额定轴功率	kW	
电机转速	r/min	
最大扬程	m	
最大流量	m^3/h	
采用何种节能措施	—	

注：多台不同型号请分别制表。

冷却水塔结构：需冷却的水在水塔顶部通过管道向下喷洒，另外水塔壁有吹风机，把空气吹入，而顶部有一个很大的抽风机，把空气抽出塔顶，从而利于气流流动，加速水的降温。在喷洒管道上方和下方都有曲折镂空的PVC胶做的散热板隔开，以增加水滴的散热时间。设计成如此形状是应为双曲线形状有利于水和空气进行对流换热（见表2-45）。

表2-45 冷却水塔调查表

项目	单位	参数
品牌/生产商	—	
型号	—	

项目	单位	参数
装机数量	台	
风机额定功率	kW	
风机风量（范围）	m^3/h	
单台冷却流量	m^3/（h·台）	
日均蒸发损耗量	m^3/（d·台）	
日均总补水量	m^3/d	
主要负责冷却区域	—	

注：多台不同型号请分别制表。

主要应用于空调冷却系统、冷冻系列、注塑、制革、发泡、发电、汽轮机、铝型材加工、空压机、工业水冷却等领域，应用最多的为空调冷却、冷冻、塑胶化工行业。

⑤变压器

变压器（Transformer）是利用电磁感应的原理来改变交流电压的装置，主要构件是初级线圈、次级线圈和铁芯（磁芯）。主要功能有：电压变换、电流变换、阻抗变换、隔离、稳压（磁饱和变压器）等。按用途可以分为：电力变压器和特殊变压器（电炉变、整流变、工频试验变压器、调压器、矿用变、音频变压器、中频变压器、高频变压器、冲击变压器、仪用变压器、电子变压器、电抗器、互感器等）（见表2－46）。

表2-46 变压器调查表

项目	单位	参数
品牌/制造商	—	
型号	—	
额定容量	kV·A	
额定电压	kV	
空载损耗	kW	
评价负荷率	%	
变压比	—	
年平均使用时数	h/a	

注：多台不同型号请分别制表。

⑥照明系统

照明查表如表2－47所示。

表 2-47　照明查表

类型	该类型灯具总功率/W	数量/支	每日照明时数/h/d	控制方式：集中/分散
白炽灯				
普通日光灯				
T8				
T5				
LED				
无极灯				
钠灯				
其他类型				
……				

注：办公场所与车间请分别制表。

(3) 设备设施清洁生产潜力分析

①设备设施的维护

为了使得设备设施在生产过程中高效稳定运行，企业应当制定设备设施维护保养制度，制订维护计划，安排专门人员进行维修检查。若维护保养不当，则会损害设备设施的运行效率，导致资源能源的“跑冒滴漏”，进而缩减使用寿命，大大增加资源能源成本与设备更新的成本（表 2－48）。

表 2-48　设备设施维护方面清洁生产潜力调查表

序号	调查项目		组织现状		
			是	否	不适用
1	设备设施的维护	制定并落实了定期检查和维护设备设施的制度			
2		主要设备有定期检修和维护计划			
3		生产设备设有专人负责维护			
4		设备设施没有跑冒滴漏的情况			

☆ **小链接**

设备设施维护方案：

●制定设备维护管理制度，所有设备应尽可能做到定期检查、定期维护修理，减少“跑冒滴漏”；

- 改进车间设备布局，适当、合理地调整设备及管线，使之有序化；
- 安装控制仪表，实现在线监控，修补完善输热、输气管线的隔热保温。

案例：某饲料厂，车间有物料粉尘弥漫的情况。粉尘进入各类生产设备的散热口和润滑部位，严重影响设备的正常运行，导致生产线经常停产检修，生产效率低下，浪费严重。该企业在减少粉尘排放的同时，加强设备的维护，有效避免了上述情况的发生。

②设备设施的更新

一是从智能化、信息化、节能等角度评估设备升级改造的潜力。二是对照能效标准评价设备的能效等级、《产业结构调整指导目录（2011 年本）（2013 年修正）》《高能耗落后机电设备（产品）淘汰目录》（1 ~4 批）、《中小型三相异步电动机能效限定值及能效等级》（GB 18613—2012）、《节能机电设备（产品）推荐目录》《国家鼓励的工业节水工艺、技术和装备目录》《广东省节能技术、设备（产品）推荐目录》及同行业先进水平，评估淘汰落后设备、提升电机能效、使用推荐名录中的工艺设备（产品）等方面的潜力（见表 2 -49）。

案例：

表 2-49　某厂泵调查情况表

泵用途	泵功率/kW	开动时间/单循环	有效时间/单循环	无功比例
清洗泵 1	30	42	26	38.1%
清洗泵 2	30	42	26	38.1%
清洗泵	25	52.8	20.6	61.0%
高压泵	15	52.8	20.6	61.0%

无功比例较大，存在节电空间，可通过安装变频或更换高效电机节省用电（见表 2 -50）。

表 2-50　某厂落后电机情况调查表

电机型号	使用电机的设备名称	功率/kW	生产年限	数量/台	能效等级	是否属于淘汰范围
Y180L -4	皮带输送机	22	1999	2	3	是
Y2 -225M -2	涡流风机	45	2001	4	3	是
Y315S -4	回转活塞式送风机	110	2002	1	3	是

电机型号	使用电机的设备名称	功率/kW	生产年限	数量/台	能效等级	是否属于淘汰范围
YE3 - 355M2 - 6 - RM	罗茨风机	185	2007	2	2	否
YE3 - 132S1 - 2	斜槽风机	5.5	2008	3	2	否
YE3 - 132S1 - 2	收尘器风机	5.5	2004	1	2	否

根据《中华人民共和国节约能源法》及工业和信息化部等部门《关于印发〈配电变压器能效提升计划（2015—2017 年）〉的通知》（工信部联节〔2015〕269 号）、《关于组织实施电机能效提升计划（2013—2015 年）的通知》（工信部联节〔2013〕226 号）等文件要求，公司对高耗能机电设备（产品）进行排查，检查电机的型号、功率、生产年限等参数，对照电机能效标准（GB 18613—2012）评价在用电机的能效等级。经排查汇总，发现皮带输送机电机 Y180L - 4、涡流风机电机 Y2 - 225M - 2、回转活塞式送风机电机 Y315S - 4 属于《高能耗落后机电设备（产品）淘汰目录》（1 ~ 4 批）规定的淘汰类型。公司将按规定尽快淘汰以上落后电机，制订电机能效提升计划（见表 2 - 51）。

表 2-51 设备设施更新方面清洁生产潜力调查表

序号	调查项目		组织现状		
			是	否	不适用
1	设备设施的更新	没有国家各法规政策明令淘汰的工艺设备			
2		主要生产设备为行业较为先进高效的设备（资源能源消耗）			
3		已经制订并实施了淘汰落后电机的计划			

2.2.4 环境保护状况分析

企业环境保护状况是企业清洁生产审核中非常重要的一环。对任何一家开展清洁生产审核的企业而言，企业环境保护的方方面面情况在这部分都要讲清楚说明白。一般一个正在运行的企业的环境保护方面的内容主要包括以下几个方面：

①企业履行了哪些环境保护手续，手续是否齐全。

②企业内部制定了哪些环境保护相关制度。

③企业有哪些环境保护设施，数量及运行状况。

④企业的产排污状况，产生的主要污染物有哪些，如何进行处理处置的。

⑤企业废水、废气、噪声等分别执行什么样的排放标准。

⑥企业常规监测数据能否证明企业污染物排放浓度和总量都稳定达标；危险废物储存、处理处置是否符合相关规定和要求。

⑦近年是否有环保投诉现象等。

下面以某电路板厂为例来说明企业清洁生产审核过程中环境保护部分应核查的内容。

某公司由管理部环保专员负责环境管理工作，有专职环保人员 5 人，负责环保设施的管理维护、数据申报等工作。公司建立并实施了有利于污染物源头控制的管理制度，按照环境管理体系的要求对全厂环境因素进行管理，有环境管理制度及环境风险应急预案。

（1）环境保护文件

一般公司应有的主要的环境保护文件见表 2-52。

表 2-52　一般公司主要环保文件一览表

序号	文件名称	备注
1	环评文件（环评报告表或报告书）	第三方环评服务机构
2	环评批复	环境保护部门
3	验收监测报告，常规监测报告	第三方监测机构
4	污染物排放许可证	环境保护部门
5	危险废物处理合同，危险废物处理资质复印件，五转移联单等	第三方危险废物处理机构

（2）环境保护制度

为提高环保管理水平，一般公司应制定有关环保管理制度。表 2-53 为某公司制定的日常环保管理制度。

表 2-53　某公司基本的环保管理制度

序号	公司基本的环保文件
1	环保突发事件应急预案
2	化学品事故应急预案
3	清洁生产管理制度
4	生产管理制度
5	技术、质量管理制度
6	环保管理制度

(3) 环境保护设施

某公司自投产以来，根据生产的需要和环境保护的要求，共投资了超过150万元用于建设环保设施。其中，生产废水处理设施投资80万元，废气处理设施投资50万元，噪声治理设施10万元，固体废物储存设施10万元。环保设备清单见表2-54，环保设备所在位置如图2-20所示。

表2-54 环保设备一览表

使用部门	设备名称	数量
全公司	污水处理站	1套
电镀部	酸雾吸收塔	2套
振动部	除尘塔	1套
全公司	固体废物暂存处	1处
全公司	噪声治理措施	厂界四周多处

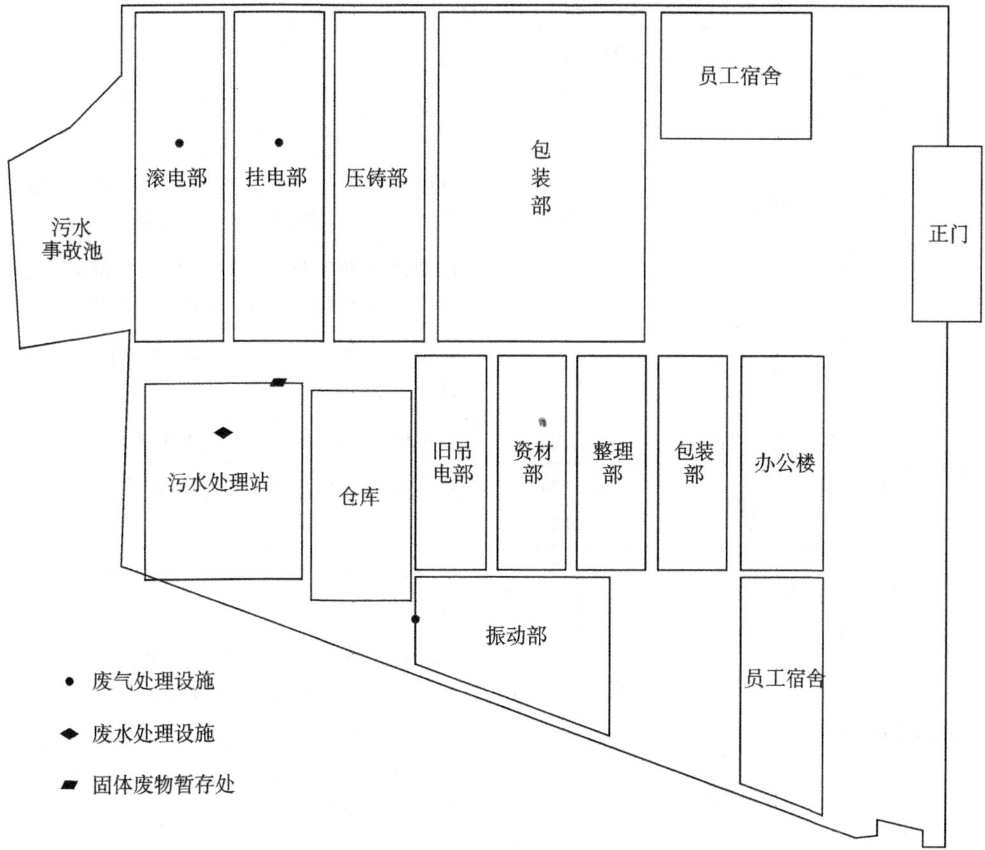

图2-20 环保设施布置示意图

该公司建立严格的制度，保证“三废”治理设施在生产期间能够正常运行。各设施建立相关的运行维护记录，设有专人管理和维护，并建立了《某公司环保管理制度》。

某公司制定了《某公司突发事件应急预案》，以防止环境污染事故的发生，同时做好预防措施，在环境污染事故发生时能及时地防止污染扩散。

环保管理人员按照作业规范对主要运行设备进行定期点检保养维护，并做好相关的运行记录，各治理设施所使用的化学药剂量也有完善的记录。某公司近三年没有发生环境污染事故。

（4）污染源分析

某公司产生的污染物主要为生产废水、办公生活污水、生产废气、设备噪声及固体废物。废水主要来源于电镀部的清洗废水、振动部的清洗废水；废气主要为电镀部产生的酸性废气、振动部产生的打磨粉尘；噪声是压铸工序、振动部打磨、各生产车间的动力设备正常运转产生的；固体废物主要为生产过程产生边角料、包装废料和废水处理污泥，该公司主要污染源情况见表2-55。

表2-55 主要污染物产生情况一览表

污染物类型	产生源	主要污染物名称	污染物产生原因及去向
水污染物	食堂、办公室	SS、BOD_5、COD_{Cr}、NH_3-N	由员工餐饮、办公活动产生，进入污水处理站处理达标后排放
	电镀部	COD_{Cr}、氰化物、铜、镍、铬	电镀处理时产生的清洗废水，经分类预处理后进入污水处理站，处理达标后排放
	振动部	SS	振动机打磨工件表面时产生，经沉淀、过滤后排入污水处理站，处理达标后排放
大气污染物	电镀部	酸雾	由抽风系统抽出，经水喷淋吸收后高空排放
	振动部	粉尘	由工件表面打磨产生，经水雾吸收后排放
	锅炉	SO_2、NO_x、烟尘	蒸汽锅炉燃烧柴油产生，由烟囱引至高空排放
	中央熔炉	SO_2、NO_x、烟尘	中央熔炉燃烧柴油产生，由烟囱引至高空排放
固体废物	设备维修	机油、润滑油	含油废弃物，由设备维修活动产生，机油回收再用，其他固体废物交有资质的危废处理单位处置
	压铸部、振动部	边角料、金属碎屑	冲压、打磨过程中产生的边角料，交回收单位循环利用

污染物类型	产生源	主要污染物名称	污染物产生原因及去向
固体废物	污水处理站	水处理含重金属污泥	水处理过程中沉淀
	员工	生活垃圾	办公区域及员工活动产生，由环卫部门清运
	办公	办公垃圾	分类收集，部分回收，部分由环卫部门清运
噪声污染	设备运转	噪声	机械设备运转、振动及空气对流产生

（5）废水产生和排放情况

在审核过程中，审核小组会同各用水车间，对废水的产生、处理与排放情况做了详细调查。

①废水的种类与特点

某公司的废水包括生产废水和生活污水。生活污水由员工的办公、生活产生；生产废水由生产过程产生。

在生产过程中，废水主要来源于电镀部产生的清洗废水及振动部产生的清洗废水。

五金零件进行电镀时，需经过多次水洗，其目的是避免前道工序的药品带入下道工序中，因此会产生一定量的清洗废水。清洗废水中一般都含有工件带入的工艺溶液、重金属废水、酸碱废液等。

振动部用振动机对工件表面进行表面打磨抛光，振动机中放置有振动石，利用振动石和工件表面互相接触摩擦达到抛光效果。在打磨中需要加入水起到润滑和降尘的作用。打磨完成后会产生含有金属碎屑的废水。

各种废水的产生情况见表2-56。

表2-56　生产废水产生情况一览表

种类	来源	主要有害物质、污染物水平	排水性质
含氰废水	碱式镀铜、碱式镀锌、阴电解	氰的络合金属离子、游离氰、氢氧化钠、碳酸钠等盐类，以及部分添加剂、光亮剂等。一般废水中氰浓度在50mg/L以下，pH值为8～11	碱性
含镍废水	镀镍	$NiSO_4$、$NiCl_2$、HBO_3、丁炔二醇等；一般废水中含镍浓度在100mg/L以下，pH值在6左右	酸性
含铜废水	酸性镀铜	硫酸铜、硫酸和部分光亮剂。一般废水中含铜浓度在100mg/L以下，pH值为2～3	酸性
含铬废水	酸性镀铬	Cr^{6+}和Cr^{3+}两种，其中以Cr^{6+}的毒性最大，一般废水中含铬浓度在100mg/L以下，pH值在6左右	酸性

种类	来源	主要有害物质、污染物水平	排水性质
含碱废水	预处理及其他碱洗槽	NaOH、Na_2CO_3、Na_3PO_4以及各种盐类、表面活性剂、洗涤剂等，同时还含有铜等金属离子及油类等杂质	碱性
含酸废水	酸蚀清洗废水预处理及其他碱洗槽	HNO_3、HCl、H_2SO_4以及各种盐类、表面活性剂、洗涤	酸性
冷却废水	工艺槽、整流器、其他设备冷却水	仅是温度升高	中性废水
其他废水	冲洗地面、跑冒滴漏	有少量泥及重金属离子	一般偏酸性
老化废液	电镀废液 倒槽换缸废液等	污染物与相应的镀种相同	酸性

某公司废水中含有的第一类污染物有总镍、总铬、六价铬；第二类污染物有pH（酸、碱）、色度、SS、COD_{Cr}、石油类、总氰化合物、磷酸盐、总铜等。各种生产废水对人体健康及环境的危害有以下几方面：

a. 含镍废水的危害

镍进入人体后主要存在于脊髓、脑、五脏中，以肺为主，造成器官的慢性病变。皮肤长期接触镍盐容易导致皮炎，误服大量镍盐会产生胃肠道刺激现象，发生呕吐、腹泻，严重时会引起酶系统中毒，甚至危及生命。

b. 含铬废水的危害

铬的化合物常见价态有三价和六价，六价铬具有强毒性，为致癌物质，并易被人体吸收而在体内蓄积。铬酸、重铬酸及其盐类对对人的黏膜及皮肤有刺激和灼烧作用、并导致伤、接触性皮炎。这些化合物以蒸气或粉尘方式进入人体，均会引发鼻中隔穿孔、肠胃疾患、白血球下降、类似哮喘的肺部病变。

对鱼类来说，三价铬化合物的毒性比六价铬大。

c. 含酸、碱废水的危害

鱼类、牲畜等食用了酸、碱废水，对其肉质、乳汁将产生不良的影响，人若食用这些肉和乳汁，将影响健康。若生活用水中混入了废水，特别是长期饮用者，对人体健康将产生严重影响。

d. 含氰废水的危害

氰化物的毒性主要取决于氰化物生成氰离子的数量，简单的氰化物（氰化氰、氰化纳、氰化钾等）属于高毒类，可以通过呼吸道、消化道和皮肤进入体内。氰离子能够对机体内的很多种酶有抑制作用，造成中枢神经系统缺氧，产生中枢性呼吸衰竭而死亡。

在非致死剂量范围内，氰化物在体内能逐渐被解毒。不过，这种体内解毒能力是很有限的，如摄入的氰化物超过了解毒的负荷，达到中毒的浓度，便会引起中毒甚至死亡。

含氰化物的废水进入河流会引起鱼类、家畜乃至人群急性中毒，据报道我国某地养猪场出现种猪中毒、水鸭死亡、水草枯萎，据采样监测分析，系因水井中的水氰离子含量严重超标所致。

对鱼类和其他水生物的危害为（以游离 CN^- 计）：氰化物在水中的毒性与水的PH值、溶解氧及其他金属的存在等有关，此外，含氰废水作为农灌用水时会使农作物减产。

e. 含铜废水的危害

皮肤接触铜化合物可发生皮炎和湿疹，抛光工人吸入氧化铜粉末，可发生急性中毒，长期接触大量铜尘的人常见呼吸系统症状。

铜离子对鱼类和其他水生物非常敏感，浓度极低的情况下可导致鱼类死亡。

②废水的产生情况

审核小组统计了某公司近三年生产废水的产生量，见表2-57。

表2-57　近三年公司废水产生量

名称	2008年	2009年	2010年
含氰废水	15 381	13 673	6 562
含铬废水	18 006	8 214	6 842
含镍废水	59 552	36 795	21 620
综合废水	62 053	42 234	29 820
生产废水产生量	154 992	100 916	64 844

某公司生产废水处理前水质情况见表2-58。

表2-58　生产废水处理前水质情况表

监测项目	废水种类/监测结果		
	含镍废水	含铬废水	含氰废水
pH	3.22	2.86	10.43
SS	89	77	102
COD_{Cr}	289	167	354
BOD_5	45.2	34.9	38.4
氨氮	5.33	4.82	8.43
色度	64	128	320

监测项目	废水种类/监测结果		
	含镍废水	含铬废水	含氰废水
铜	15.2	—	—
锌	3.45	—	—
六价铬	—	5.89	—
氰化物	—	—	7.65
石油类	6.12	5.19	7.4
总铬	—	16.2	—
镍	13.8	—	—

注：由于2008年、2009年未对处理前废水水质进行委托监测，因此处理前废水水质监测结果取自审核前最近一次监测报告。

③废水处理工艺与设施

为减少生产废水排放对江河的环境影响，某公司建设有生产废水处理设施对废水进行处理。污水处理站设计处理量500t/d。

某公司废水处理设施平面布置图见图2-21。

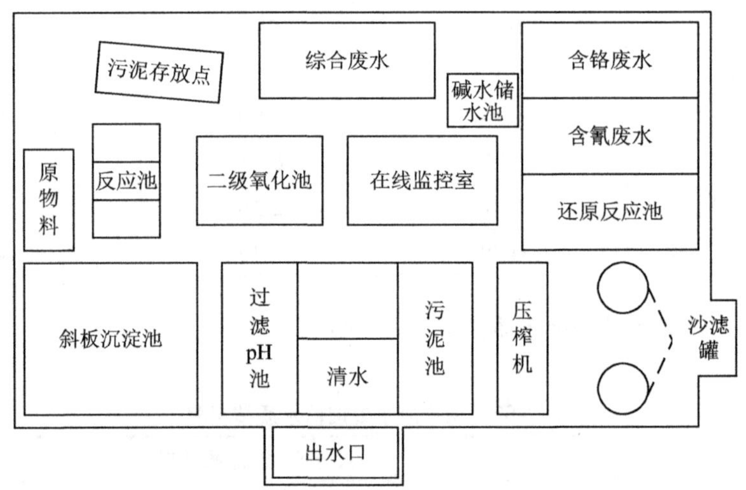

图2-21　废水处理设施平面布置图

废水处理的工艺流程如图2-22所示。

废水处理工艺及原理说明如下：

1）含氰废水处理工艺及原理

首先将含有CN^-废水与其他废水分流，排入含氰废水调节池，然后将含有CN^-废水用泵泵入破氰池进行两级氧化破氰，用pH、ORP测控仪控制碱、氧化剂及酸、氧化剂的投入量，反应的同时进行搅拌；氰化物完全氧化后，排入综合废水调节

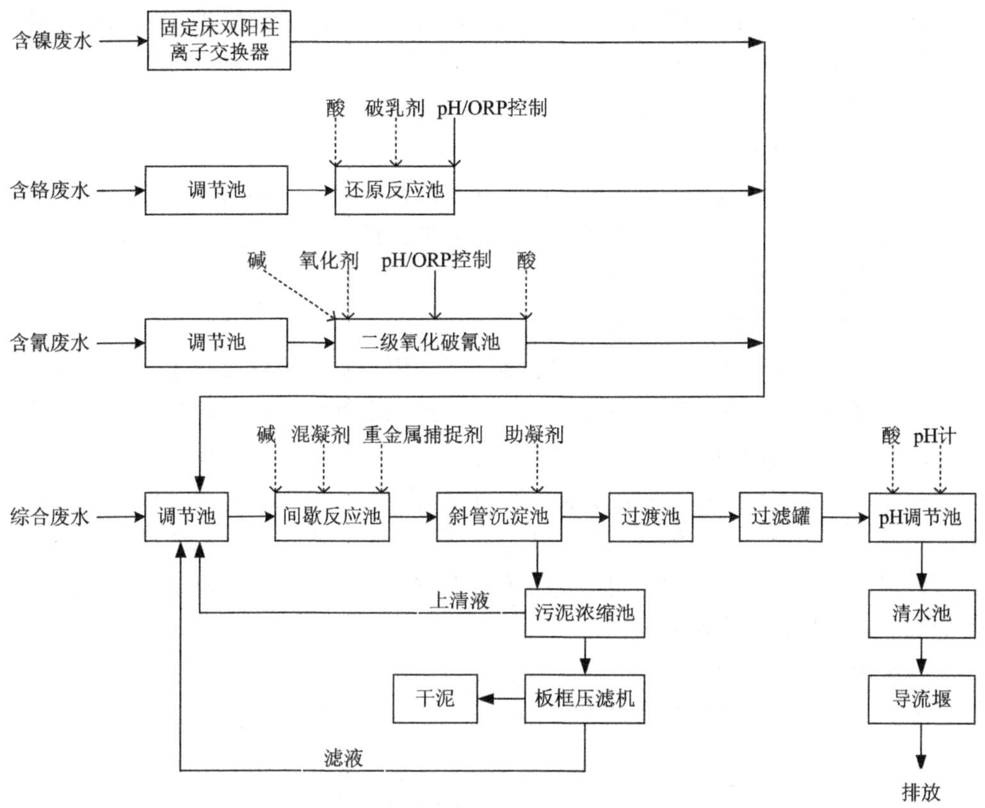

图 2-22 废水工艺图

池，与综合废水一起进行处理。破氰处理采用碱性氯化法，碱性氯化法破氰分为两个阶段，第一阶段将氰氧化成氰酸盐，称为“不完全氧化”，反应式如下：

$$CN^- + ClO^- + H_2O \longrightarrow CNCl + 2OH^-$$

$$CNCl + 2ClO^- \longrightarrow CNO^- + Cl^- + H_2O$$

反应的 pH 值控制在 10～11，反应时间为 20min，ORP 值为 350mV。

第二阶段将生产的氰酸盐进一步氧化成二氧化碳和氮，称为“完全氧化”，反应式如下：

$$2CNO^- + 3ClO^- + H_2O \longrightarrow 2CO_2 + N_2\uparrow + 3Cl^- + 2OH^-$$

$$2ClO^- + 3Cl_2 + 4OH^- \longrightarrow 2CO_2 + N_2\uparrow + 6Cl^- + 2H_2O$$

反应的 pH 值控制在 7.5～8，反应时间为 15～30min，ORP 值为 640mV。

2）含铬废水处理工艺及原理

首先将含铬废水与其他废水分流，将其排入含铬废水调节池，然后用泵泵入还原反应池进行还原反应，含铬废水主要以六价铬的铬离子形式存在，一般向废水中投加还原剂将六价铬还原成三价铬，加入氢氧化物，生产氢氧化铬沉淀分离除去，反应过程为：调节废水 pH 值在 2.5～3.0，然后投加亚硫酸钠 ORP 值控制在 250mV，充分反应后，将其排入综合废水调节池，整个过程采用机械搅拌，采用 pH 仪，ORP 仪进行监控与显示。

3）含镍废水处理

在车间排放口经双固定床双阳柱离子交换法预处理，使镍离子浓度达到一类污染物排放标准后，再混入综合废水进入废水处理站做进一步处理。离子交换洗脱液交由有资质的危废处理单位处理。

4）综合废水处理工艺与原理

首先将综合废水排入综合废水调节池，然后用泵泵入间歇反应池，分别加入碱液、重金属捕捉剂、絮凝剂，通过空气搅拌，经混凝沉淀过的废水泵入斜管沉淀池进行固液分离，沉淀池的上清液经机械过滤后流入回调池，加入稀硫酸，稀硫酸的加量由 pH 仪表自动控制，调节废水达到 pH 值为 6～9 后经导流堰排放。沉淀池的污泥定期排入污泥池，由污泥泵泵入压滤机压滤脱水，脱水的污泥成泥饼装袋集中存放，定期外运至环保部门指定的地点或由有资质的回收公司回收处理；压滤机出来的滤液返回综合废水调节池。

④废水的排放情况

近三年某公司废水排放量见表 2-59。

表 2-59 近三年废水排放总量

项目	单位	2008 年	2009 年	2010 年
废水排放总量	t	156 992	102 916	62 794

某公司废水排放执行广东省《水污染物排放限值》（DB 44/26—2001）中的第一类污染物、第二类污染物第二时段二级标准和《电镀污染物排放标准》（GB 21900—2008）。废水处理达标后排放，近年某公司废水排放时主要污染物浓度的情况见表 2-60。

表 2-60 近年废水排放口监测数据 单位：mg/L

监测日期	2009. 04. 20	2009. 10. 29	2010. 01. 13	2010. 04. 02	2010. 07. 14	2010. 10. 26	排放限值	达标情况
pH	6. 76	7. 71	6. 74	6. 96	7. 21	6. 89	6～9	达标
SS	13	11	13	14	17	27	70	达标
COD_{Cr}	67. 6	66. 4	48. 5	59. 5	67. 3	55. 8	80	达标
BOD_5	—	10. 4	16. 5	13. 8	10. 6	13. 6	20	达标

监测日期	2009.04.20	2009.10.29	2010.01.13	2010.04.02	2010.07.14	2010.10.26	排放限值	达标情况
氨氮	3.76	0.27	1.85	0.78	0.15	2.04	10	达标
色度	16	16	20	18	18	8	50	达标
铜	1.61	0.025	0.416	0.027	—	0.28	0.5	达标
锌	0.08	0.288	0.05	0.292	—	0.3	2	达标
六价铬	0.004	0.004	0.004	0.012	0.006	0.36	0.5	达标
氰化物	0.048	0.135	—	0.188	0.054	0.105	0.3	达标
石油类	—	3.19	0.5	2.97	0.086	0.22	5.0	达标
总铬	0.023	0.004	—	0.459	0.018	0.43	1.5	达标
镍	0.082	—	0.93	—	—	0.36	1.0	达标
铅	—	—	0.001	—	—	—	1.0	达标
镉	—	—	0.001	—	—	—	0.1	达标

注：表中数据均出自某市环保局委托监测的例行监测报告。

从表2-60可见，近期公司废水各项指标排放浓度均在当地环保部门规定的排放限值内。

（6）工艺废气产生和排放情况

①工艺废气的种类与特点

某公司的工艺废气来源主要有以下几种：电镀部产生的酸雾、振动部打磨工件产生的金属粉尘、压铸部中央熔炉及电镀部各台锅炉燃烧柴油的尾气。审核小组对废气的产生部位及工序、废气的主要污染物进行了调查，调查结果见2-61。

表2-61　废气产生的种类

序号	种类	产生部位	污染物
1	酸雾	电镀部	挥发产生的酸、碱废气
2	粉尘	振动部	金属碎屑、粉尘
3	燃烧尾气	压铸部、电镀部	柴油燃烧尾气

②工艺废气产生情况

工艺废气是指在生产过程中各工序产生的挥发性酸、碱废气及振动部打磨产生的金属碎屑和粉尘等，经过相应的废气处理设施处理后，通过排气扇或抽风柜向外排放。工艺废气产生部位及去向见表2-62。

表 2-62　工艺废气产生部位及去向

序号	污染源	污染物成分	处理设施及排放去向
1	振动部	金属粉尘、碎屑	由车间内抽风系统排至水槽做吸附处理
2	电镀部	H_2SO_4、HNO_3、HCl、少量 NH_3	由车间内抽风系统抽至水喷淋塔吸附处理后排放
3	电镀部	SO_2、NO_x、烟尘	由车间内抽风系统抽至高空排放
4	压铸部	SO_2、NO_x、烟尘	由车间内抽风系统抽至高空排放

③工艺废气的处理

为减少工艺废气对大气环境的影响与污染，某公司建有废气处理装置将工艺废气处理后再高空排放。公司废气处理设施位置见图 2-23，图中黑色点为废气处理设施位置。

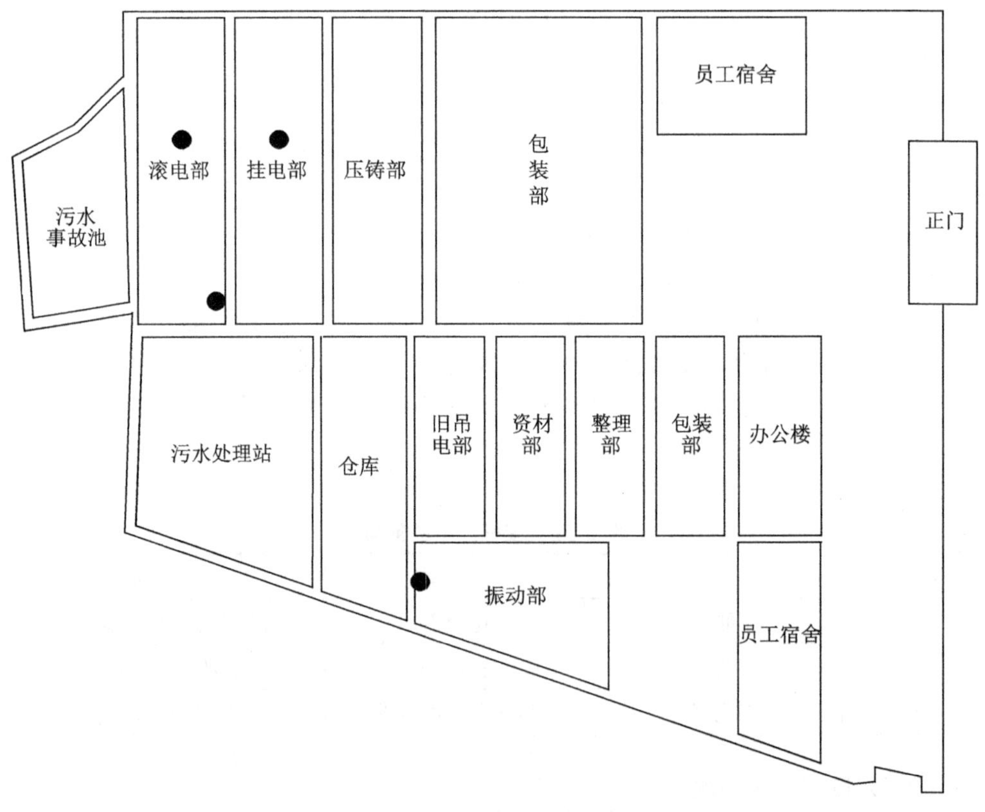

图 2-23　废气处理设施位置图

工艺废气处理设施的工艺说明如下：

1）酸雾

采用离心风机送至喷淋填料塔处理器，经碱液吸收后，废气可达标排放。处理工艺流程如图 2-24 所示。

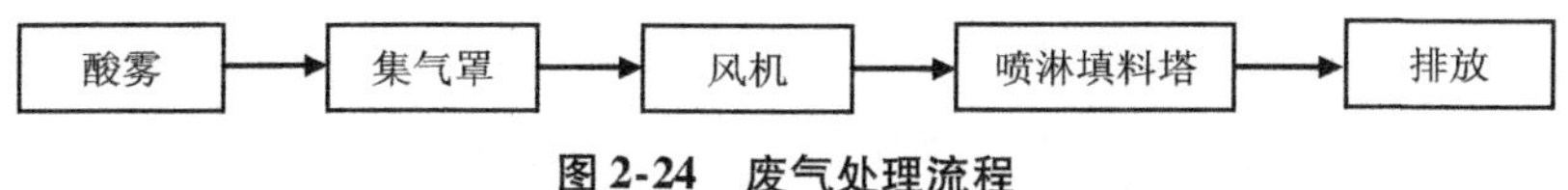

图 2-24　废气处理流程

采用喷淋填料塔可以增大气液接触时间和面积，在塔体内填充一定高度的填料，在填料下方装有填料支承板，在填料上方为填料压网，当填料层高度过高时可分成几段填充，两段之间装有液体再分布装置。填料塔一般按气液逆流操作，混合气体由塔底气体入口塔体，自下而上穿过填料层，最后从塔顶气体出口排出。

2）金属粉尘

各台打磨机各配备抽风机，进行操作时将含金属粉尘的废气抽出车间外，经过集中的水雾降尘吸附设施除尘后排放。

3）柴油燃烧尾气

某公司采购低硫优质柴油作为燃料，燃烧尾气引至高空排放。

④工艺废气的排放情况

根据广州市机电工业环境监测站出具的废气监测结果报告，某公司各工业废气排放情况见表 2-63。

表 2-63　工业废气排放监测数据

表一：电镀部电镀废气回收塔

样品编号	监测项目及分析结果			参数测定结果		
	氰化氢	氯化氢	硫酸雾	参数	单位	测定值
1	0.195	11.2	10.5	排气筒高度	m	15
				测点内径	cm	50×50
排放速率/(kg/h)	2.07×10^{-3}	0.119	0.112	烟气流速	m/s	14.5
				烟气流量	m^3/h	10 622

表二：电镀部车间 1t/h 锅炉废气（旧吊电线）

样品编号	监测项目及分析结果/(mg/m^3)			参数测定结果					
	烟尘	氮氧化物	二氧化硫	参数	单位	测定值	参数	单位	测定值
1	59.4	107	187	排气筒高度	m	15	烟气流量	m^3/h	1003
2	54.3	97	169	出口内径	cm	—	锅炉负荷	%	90
3	52.6	123	196	排烟温度	℃	—	含硫量	%	—

样品编号	监测项目及分析结果/（mg/m^3）			参数测定结果					
	烟尘	氮氧化物	二氧化硫	参数	单位	测定值	参数	单位	测定值
4	50.8	98	177	测点内径	cm	30	出力影响系数	—	1.7
平均浓度	54.3	106	182	烟气流速	℃	190	过量空气系数	—	—
排放量/（kg/h）	0.054	0.106	0.183	烟气流速	m/s	7.0	—	—	—
				换算浓度/（mg/m^3）	烟尘	76.9	氮氧化物 150	二氧化硫	256

表三：电镀部二车间1t/h锅炉废气（新吊电线）

样品编号	监测项目及分析结果/（mg/m^3）			参数测定结果					
	烟尘	氮氧化物	二氧化硫	参数	单位	测定值	参数	单位	测定值
1	66.3	139	209	排气筒高度	m	18	烟气流量	m^3/h	765
2	61.5	128	189	出口内径	cm	—	锅炉负荷	%	90
3	69.6	156	176	排烟温度	℃	—	含硫量	%	—
4	59.2	131	199	测点内径	cm	30	出力影响系数	—	—
平均浓度	64.2	138	199	烟气流速	℃	194	过量空气系数	—	1.5
排放量/（kg/h）	0.049	0.106	0.152	烟气流速	m/s	7.6	—	—	—
				换算浓度/（mg/m^3）	烟尘	66.9	氮氧化物 172	二氧化硫	249

表四：电镀部滚电组0.5t/h锅炉废气

样品编号	监测项目及分析结果/（mg/m^3）			参数测定结果					
	烟尘	氮氧化物	二氧化硫	参数	单位	测定值	参数	单位	测定值
1	51.5	89	149	排气筒高度	m	10	烟气流量	m^3/h	511
2	46.8	76	187	出口内径	cm	—	锅炉负荷	%	90
3	44.2	92	165	排烟温度	℃	—	含硫量	%	—
4	49.9	83	154	测点内径	cm	25	出力影响系数	—	1.8
平均浓度	48.1	85	164	烟气流速	℃	153	过量空气系数	—	—
排放量/（kg/h）	0.025	0.043	0.084	烟气流速	m/s	5.0	—	—	—
				换算浓度/（mg/m^3）	烟尘	72.2	氮氧化物 128	二氧化硫	246

表五：压铸部溶解炉废气

<table>
<tr><td rowspan="2">样品编号</td><td colspan="3">监测项目及分析结果/(mg/m^3)</td><td colspan="7">参数测定结果</td></tr>
<tr><td>烟尘</td><td>氮氧化物</td><td>二氧化硫</td><td>参数</td><td>单位</td><td>测定值</td><td colspan="2">参数</td><td>单位</td><td>测定值</td></tr>
<tr><td>1</td><td>34.2</td><td>1.34</td><td>92</td><td>排气筒高度</td><td>m</td><td>10</td><td colspan="2">烟气流量</td><td>m^3/h</td><td>913</td></tr>
<tr><td>2</td><td>27.9</td><td>1.34</td><td>87</td><td>出口内径</td><td>cm</td><td>—</td><td colspan="2">锅炉负荷</td><td>%</td><td>—</td></tr>
<tr><td>3</td><td>30.3</td><td>1.34</td><td>86</td><td>排烟温度</td><td>℃</td><td>—</td><td colspan="2">含硫量</td><td>%</td><td>—</td></tr>
<tr><td>4</td><td>36.8</td><td>1.34</td><td>79</td><td>测点内径</td><td>cm</td><td>40</td><td colspan="2">出力影响系数</td><td>—</td><td>—</td></tr>
<tr><td>平均浓度</td><td>32.3</td><td>1.34</td><td>86</td><td>烟气流速</td><td>℃</td><td>65</td><td colspan="2">过量空气系数</td><td>—</td><td>2.4</td></tr>
<tr><td rowspan="2">排放量/(kg/h)</td><td rowspan="2">0.029</td><td rowspan="2">1.18×10^{-3}</td><td rowspan="2">0.079</td><td>烟气流速</td><td>m/s</td><td>2.7</td><td colspan="2">—</td><td>—</td><td>—</td></tr>
<tr><td>换算浓度/(mg/m^3)</td><td>烟尘</td><td>43.1</td><td>氮氧化物</td><td>1.34</td><td>二氧化硫</td><td>115</td></tr>
</table>

对照广东省《大气污染物排放限值》（DB 44/T27—2001）及广东省《锅炉大气污染物排放标准》(DB 44/765—2010)，某公司各工艺废气排放口均符合标准要求达标排放。

（7）固体废物产生和排放情况

审核小组调查统计了某公司主要固体废物的产生部位、产生量及处置方式，具体内容见表2-64。

表2-64　固体废物产生情况一览表

序号	固体废物种类	污染物名称	产生工序
1	污泥	电镀废水污泥	污水处理站
2	办公、生活垃圾	一般生活垃圾、食余	生活办公废弃
3	工业固体废物	化学品包装、废弃油、废机油	生产作业中产生的废弃物
4	一般工业固体废物	边角料、包装废料	各工序产生

鉴于固体废物的特性，首先对固体废物进行分类。按照《一般工业固体废物贮存、处置场污染控制标准》（GB 18597—2001）和《危险废物贮存污染控制标准》（GB 28597）进行处理。公司近三年固体废物的处理情况可见表2-65。

某公司与有资质的危险废物处理单位签订了转运处理协议，对每一种危险固体废物的转运时间、条件以及相关保护措施等都有详尽规定。同时，公司保留转运联单记录。

表 2-65 近三年固体废物处置方法一览表

固体物名称	数量/t			主要成分	处置方法
	2008 年	2009 年	2010 年		
电镀废水污泥	198	215	200	铬、镍、氰	由有资质的危废回收商运走综合利用
办公、生活垃圾	40	42	39	一般生活垃圾、食余	交由市环卫部门处理
工业固体废物	10	10	12	化学品包装、废弃油、废机油	由有资质的危废回收商运走综合利用
一般工业废物	10	10	15	金属边角料、包装废料	交由回收商回收利用
合计	258	277	266	—	—

（8）噪声产生和排放情况

五金电镀加工企业在生产过程中，噪声是污染之一。某公司对噪声的产生、厂外噪声以及噪声的防护等进行调研和分析。

①噪声的产生

某公司的生产噪声产生的地点较多，可以分成机械运动噪声、机械冲击噪声等几大种类。而噪声产生点均在生产车间内，对外界的影响相对较少。噪声的产生与特点见表 2-66。

表 2-66 噪声的产生与特点

产生工序和设备	产生部位	特点
压铸部	压铸机	持续性，声量稳定，声量较大
振动部	抛光机、振动机	持续性，声量中等
吊电部	风机、水泵	持续性，声量中等
滚电部	风机、水泵	持续性，声量中等

②噪声的监测

在噪声方面，执行的标准是《工业企业厂界环境噪声排放标准》（GB 12348—2008）中 3 类标准。公司生产车间内都基本安装了降低噪声设施。某市环境保护局每年有定期对厂界噪声进行监测，近三年《噪声监测报告》情况见表 2-67，监测点的位置如图 2-25 所示。

表 2-67　近三年厂界外噪声情况　　单位：dB（A）

监测地点和编号		监测结果		标准 L_{ep}	
编号	监测点名称	昼间	夜间	昼间	夜间
采样时间：2009－4－20					
1	车间内	87.3	—	—	—
2	锅炉房	84	—	—	—
3	厂东面边界外 1m	55.7	—	60	—
4	厂南面边界外 1m	55.1	—	60	—
5	厂西面边界外 1m	56.9	—	60	—
6	厂北面边界外 1m	57	—	60	—
采样时间：2009－10－20					
1	车间 1	77.7	—	—	—
2	车间 2	73.2	—	—	—
3	厂东面边界外 1m	58.4	—	60	—
4	厂南面边界外 1m	58.1	—	60	—
5	厂西面边界外 1m	58.3	—	60	—
6	厂北面边界外 1m	59	—	60	—
采样时间：2010－1－13					
1	车间 1	79.3	—	—	—
2	车间 2	73.9	—	—	—
3	厂东面边界外 1m	54.6	—	60	—
4	厂南面边界外 1m	57.7	—	60	—
5	厂西面边界外 1m	55.2	—	60	—
6	厂北面边界外 1m	57.1	—	60	—
采样时间：2010－7－14					
1	生产车间内 1	74.7	—	—	—
2	生产车间内 2	75.8	—	—	—
3	厂东面边界外 1m	58.3	—	60	—
4	厂南面边界外 1m	58.3	—	60	—
5	厂西面边界外 1m	56.2	—	60	—
6	厂北面边界外 1m	55	—	60	—

监测地点和编号		监测结果		标准 L_{ep}/dB（A）	
编号	监测点名称	昼间	夜间	昼间	夜间
采样时间：2010－10－26					
1	厂东面边界外 1m	59.2	—	60	—
2	厂南面边界外 1m	58.8	—	60	—
3	厂西面边界外 1m	58.7	—	60	—
4	厂北面边界外 1m	59.3	—	60	—
采样时间：2011－1－12					
1	厂东面边界外 1m	58.4	—	60	—
2	厂南面边界外 1m	58.1	—	60	—
3	厂西面边界外 1m	58.3	—	60	—
4	厂北面边界外 1m	59	—	60	—
采样时间：2011－3－30					
1	废水处理池	72.9	—	—	—
2	生产 2 车间内	73.4	—	—	—
3	厂东面边界外 1m	59	—	60	—
4	厂南面边界外 1m	57	—	60	—
5	厂西面边界外 1m	56.4	—	60	—
6	厂北面边界外 1m	56.9	—	60	—
采样时间：2011－4－02					
1	生产车间内 1	83.3	—	—	—
2	生产车间内 2	86.4	—	—	—
3	厂东面边界外 1m	59	—	60	—
4	厂南面边界外 1m	57.2	—	60	—
5	厂西面边界外 1m	55.8	—	60	—
6	厂北面边界外 1m	56.5	—	60	—

从表 2-67 中的数据可见，某公司近年厂界四周噪声达标排放。某公司在车间内实施了一系列防治措施，例如，作业人员必须戴好耳塞等护具、安装隔音或消音设施等，并在厂界周围合理种树绿化，对噪声进行吸收，形成屏障，降低噪声。

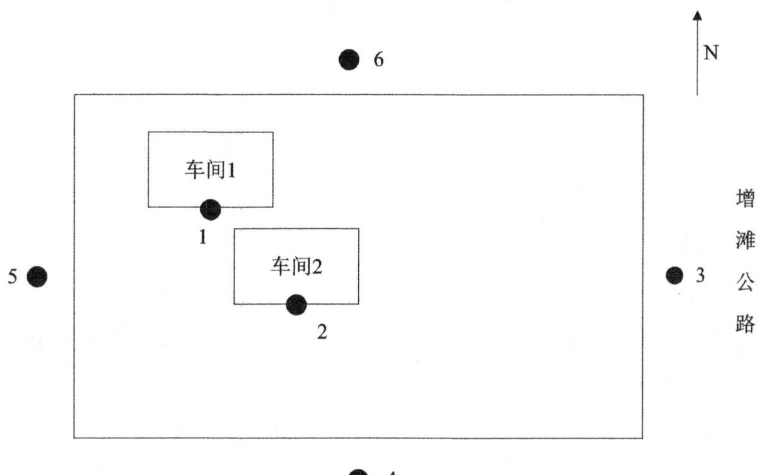

图 2-25 厂界噪声监测点示意图

(9) 环境污染事故应急处理方案

为了防止突发事件影响到周围的环境，某公司制定了《某公司突发事件应急预案》。《某公司突发事件应急预案》对可能发生的环境保护问题进行预测，制定了紧急事件发生后应采取的措施，确定了负责指挥和组织抢险的人员组成，并且配置了一定的器材用于处理紧急事故时使用。《某公司突发事件应急预案》的制定不仅可以提高员工处理意外事件的能力，还可以提醒员工做好日常工作，防止污染事故发生。

(10) 环保达标情况分析

①执行标准

某公司“三废”污染物排放执行以下标准：

1) 废水：《广东省水污染物排放限值》(DB 44/26—2001) 第一时段一级排放标准；《电镀污染物排放标准》(GB 21900—2008)。

2) 废气：《广东省大气污染物排放限值》(DB 44/27—2001) 第一时段二级排放标准及《广东省锅炉大气污染物排放标准》(DB 44/765—2010)。

3) 噪声：《工业企业厂界噪声标准》(GB 12348—2008) Ⅲ类，昼间 <65dB (A)，夜间 <55dB (A)。

②排污许可证内容

根据某市环境保护局下发的污染物排放许可证，某公司污染物允许排放量见表 2-68。

对照排污许可证，计算某公司 2010 年水污染物排放总量，结果见表 2-69。

表 2-68 排污许可证内容

<table>
<tr><td colspan="2">排污许可证编号</td><td colspan="5">4401832010010042</td></tr>
<tr><td colspan="2">排污类别</td><td colspan="5">废水、噪声</td></tr>
<tr><td colspan="2">有效期限</td><td colspan="5">至 2011 年 12 月 31 日</td></tr>
<tr><td colspan="2">废水排污口名称</td><td colspan="5">某公司废水排污口</td></tr>
<tr><td colspan="2">废水排污口编号</td><td colspan="5">WS－0600</td></tr>
<tr><td colspan="2">排放去向</td><td colspan="5">增江河（HC040000）</td></tr>
<tr><td colspan="2">废水排放执行标准</td><td colspan="5">广东省《水污染物排放限值》</td></tr>
<tr><td colspan="2">年废水排放量限值/(万 t/a)</td><td colspan="5">1.64</td></tr>
<tr><td colspan="2">主要污染物名称</td><td>COD_{Cr}</td><td>氨氮</td><td>BOD_5</td><td>SS</td><td>铜</td></tr>
<tr><td colspan="2">排放浓度限值/(mg/L)</td><td>80</td><td>10</td><td>20</td><td>70</td><td>0.5</td></tr>
<tr><td rowspan="2">有效期内各年允许排放量/(t/a)</td><td>污染物名称</td><td>COD_{Cr}</td><td>氨氮</td><td>铜</td><td>—</td><td>—</td></tr>
<tr><td>2011 年</td><td>1.31</td><td>1.64</td><td>0.008 2</td><td></td><td></td></tr>
<tr><td colspan="2">边界噪声最大噪声测点位置</td><td colspan="5">公司西面边界外 1m</td></tr>
<tr><td colspan="2">对应噪声源名称</td><td colspan="5">电镀生产车间</td></tr>
<tr><td colspan="2">噪声排放执行标准</td><td colspan="5">《工业企业厂界噪声标准》</td></tr>
<tr><td rowspan="2">厂界噪声限值/dB（A）</td><td>昼间</td><td colspan="5">65</td></tr>
<tr><td>夜间</td><td colspan="5">50</td></tr>
</table>

表 2-69 2010 年水污染物排放总量

序号	项目	排放浓度/(mg/L)	排放总量/(t/a)	总量要求/(t/a)	达标情况
1	废水排放总量	—	62 794	1.64	不达标
2	COD_{Cr}	57.78	3.628 2	1.31	不达标
3	氨氮	1.21	0.076 0	1.64	达标
4	铜	0.24	0.015 1	0.008 2	不达标

由表 2-69 可见，某公司 2010 年废水排放总量、COD_{Cr}排放总量及铜排放总量均未达标。从废水排放浓度监测报告中可见，公司废水排放浓度均达标，且 COD_{Cr}及铜离子的排放浓度已经属于较低的水平，因此，本轮清洁生产中，当务之急是提出并实施减少废水排放总量的有效措施，务求减少废水排放量，以满足排污总量的要求。

2.2.5　确定企业清洁生产水平

根据前期现状调研和现场考察的情况，选择现行有效的行业清洁生产评价指标体系或清洁生产标准进行水平评价。

①清洁生产标准

行业清洁生产标准，由环境保护部发布，通常从生产工艺与装备、资源能源利用、产品、污染物产生、废物回收利用和环境管理等 6 个方面，对行业的清洁生产水平给出阶段性的指标要求，一级代表国际清洁生产先进水平，二级代表国内清洁生产先进水平，三级代表国内清洁生产基础水平。一般认为，企业各项指标均达到三级及以上水平才能通过清洁生产审核，成为清洁生产企业。行业清洁生产标准对各项指标均提出了阶段递进的要求，但各项指标对于企业整体清洁生产水平的重要程度无法区分体现，且个别指标的落后会影响企业整体清洁生产水平的评定结果，如某指标为三级，其他各项指标均为一级，按照标准的评定方法，该企业仍属于三级水平。

②国家发展改革委发布的行业清洁生产评价指标体系

行业清洁生产评价指标体系，原由国家发展改革委发布，共发布了 30 个重点行业清洁生产评价指标体系。体系中的指标一般由定量评价指标和定性评价指标两部分构成，定量评价指标和定性评价指标分为一级指标和二级指标两个层次。一级指标为普遍性、概括性指标，包括资源与能源消耗指标、生产技术特征指标、产品特征指标、污染物指标、环境管理与安全卫生指标；二级指标隶属于一级指标，为反映行业企业清洁生产特点的、具代表性的、易于评价和考核的指标。每一项指标均设置相应的基准值和权重值，由此依据企业实际情况计算分数值，最终得出企业的清洁生产综合评价指数。所得指数大于或等于 80 分、小于 90 分，属于清洁生产企业；指数大于或等于 90 分，属于清洁生产先进企业。

行业清洁生产评价指标体系的加权平均综合评价指数计算方法能相对客观和全面地评价企业整体清洁生产水平，但是对各项指标没有提出限定要求，如个别指标落后于行业基本水平，却可能对企业清洁生产水平的评定结果影响不大。

③三部委联合发布的行业清洁生产评价指标体系

2013 年 6 月 5 日，由国家发展改革委、环境保护部和工业和信息化部联合发布实施了《清洁生产评价指标体系编制通则（试行稿）》，此后行业清洁生产评价指标体系将统一由三部委联合发布，并逐步替代此前发布的行业清洁生产评价指标体系和行业清洁生产标准。截至 2016 年 12 月 31 日，已发布实施 12 个行业的评价指标体系。

新发行的清洁生产评价指标体系，整合了清洁生产标准和原有清洁生产评价指标体系二者的优势，既设置了行业清洁生产水平的阶段性指标要求，又保留了加权平均的综合评价指数计算，并提出了“限定性指标”的概念，即对节能减排有重大影响或者法律法规明确规定必须严格执行的指标，从而保证了最终的评定结果更具客观性、全面性和代表性。

1）指标的组成

新发行的行业清洁生产评价指标体系由一级指标和二级指标组成。其中，一级指标包括生产工艺及装备指标、资源能源消耗指标、资源综合利用指标、污染物产生指标、产品特征指标和清洁生产管理指标六类指标，每类指标又由若干个二级指标组成，二级指标中的限定性指标一般采用“*”标识出。

2）指标的等级划分

根据行业的清洁生产技术、装备和管理水平，各项二级指标分为三个等级：Ⅰ级为国内清洁生产领先水平，一般是当前国内5%的企业能达到的水平；Ⅱ级为国内清洁生产先进水平，一般是当前国内20%的企业能达到的水平；Ⅲ级为国内清洁生产基本水平，一般是当前国内50%的企业能达到的水平。

3）定量指标和定性指标

根据清洁生产的原则要求和指标的可度量性，各项评价指标又可分为定量指标和定性指标两类。定量指标选取了有代表性的、能反映“节能”“降耗”“减污”和“增效”等有关清洁生产最终目标的指标，综合考评企业实施清洁生产的状况和企业清洁生产程度。定性指标根据国家有关推行清洁生产的产业发展和技术进步政策、资源环境保护政策规定以及行业发展规划等选取，用于考核企业对有关政策法规的符合性及其清洁生产工作实施情况。对于没有分等级的定性指标，当指标满足基准值要求时，可认定其达到Ⅰ级水平。

4）指标的权重

根据指标的重要程度，各项一级指标和二级指标均设置了权重。一级指标的权重之和为1，每个一级指标下的二级指标权重之和也为1。

5）评价方法

不同清洁生产指标由于量纲不同，不能直接比较，需要建立原始指标的隶属函数。

$$Y_{g_k}(x_{ij}) = \begin{cases} 100, x_{ij} \in g_k \\ 0, x_{ij} \notin g_k \end{cases}$$

式中：

x_{ij} ——第 i 个一级指标下的第 j 个二级指标；

g_k ——二级指标基准值，其中 g_1 为Ⅰ级水平，g_2 为Ⅱ级水平，g_3 为Ⅲ级水平；

$Y_{g_k}(x_{ij})$ ——二级指标 x_{ij} 对于级别 g_k 的隶属函数。

如公式所示，若指标 x_{ij} 属于级别 g_k，则隶属函数的值为100，否则为0。满足较高等级水平的指标必满足较低等级水平。例如，某指标 x_{21} 能满足Ⅱ级基准值，而不能达到Ⅰ级基准值，但必然能达到Ⅲ级基准值，即 $x_{21} \in g_2$ 同时 $x_{21} \in g_3$ ，而 $x_{21} \notin g_1$。

通过加权平均、逐层收敛可得到评价对象在不同级别 g_k 的得分 Y_{gk} ，如下所示。

$$Y_{gk} = \sum_{i=1}^{m}(w_i \sum_{j=1}^{n_i} \omega_{ij} Y_{gk}(x_{ij}))$$

式中：

w_i ——第 i 个一级指标的权重；

ω_{ij} ——第 i 个一级指标下的第 j 个二级指标的权重（其中 $\sum_{i=1}^{m} w_i = 1$, $\sum_{i=1}^{m} \omega_{ij} = 1$ ）；

m——一级指标的个数；

n_i ——第 i 个一级指标下二级指标的个数；

Y_{g1} ——等同于 Y_{I} ，Y_{g2} 等同于 Y_{II} ，Y_{g3} 等同于 Y_{III}。

6）等级划分

采用限定性指标评价和指标分级加权评价相结合的方法，在限定性指标达到Ⅲ级水平的基础上，采用指标分级加权评价方法，计算行业清洁生产综合评价指数。根据综合评价指数，确定清洁生产水平等级，如表 2-70 所示。

表 2-70　不同等级清洁生产企业综合评价指数

企业清洁生产水平	评定条件
Ⅰ级（国际清洁生产领先水平）	同时满足：——$Y_{\mathrm{I}} \geqslant 85$； 限定性指标全部满足Ⅰ级基准值要求
Ⅱ级（国内清洁生产先进水平）	同时满足：——$Y_{\mathrm{II}} \geqslant 85$； 限定性指标全部满足Ⅱ级基准值要求及以上
Ⅲ级（国内清洁生产基本水平）	同时满足：——$Y_{\mathrm{III}} = 100$； 限定性指标全部满足Ⅲ级基准值要求及以上

④没有对应的行业清洁生产评价指标体系或清洁生产标准

如果没有对应的行业清洁生产评价指标体系或清洁生产标准，则对比分析行业准入条件、产业政策、国内外同类工艺、同类装备、同类产品企业的物耗、能耗、产排污和管理水平等状况，或参照企业历史最佳水平进行客观分析比较。

在该情况下，水平评价中可选择设置（但不限于）以下指标：

生产工艺及装备指标（如工艺水平、设备先进性、自动化控制水平等）；

资源能源消耗指标（如单位产品综合能耗、单位产品取水量、单位产品原辅料消耗等）；

资源综合利用指标（如余热余压利用率、工业用水重复利用率、工业固体废物综合利用率等）；

污染物产生（排放）指标（如单位产品废水/COD_{Cr}/SO_2/重金属/其他特征污染物产生量或排放量等）；

产品特征指标（如产品合格率/上染率、有毒有害物质限量等）；

清洁生产管理指标（如环境法律法规执行情况、清洁生产管理制度、环境管理体系认证等）。

⑤分析评价结论

根据以上评价结果，从影响生产过程的八个方面出发，对企业的清洁生产潜力进行全面分析与评价。

⑥提出拟解决的主要问题

根据企业现状评估结果及清洁生产潜力，结合国家法规政策要求、企业发展、生存需求，理清并掌握企业清洁生产机会与潜力的总体状况，明确全厂本轮审核的总体方向、思路和审核主线，提出企业本次审核拟解决的主要问题。

根据以上案例可知，该企业限定性指标全部能满足Ⅲ级基准值要求以上，但不能全部满足Ⅱ级基准值要求以上，根据评价方法，计算 $Y_{\mathrm{III}}=100$。那么，该企业当前的清洁生产水平属于Ⅲ级（国内清洁生产基本水平）。

假设，该企业限定性指标全部能满足Ⅱ级基准值要求以上，但不能全部满足Ⅰ级基准值要求以上，则可以计算出 $Y_{\mathrm{II}}=67.75$。由于得分未达到 $Y_{\mathrm{II}}\geq 85$ 的要求，那么该企业当前的清洁生产水平仍不属于Ⅱ级（国内清洁生产先进水平）。

通过表 2-71 某电镀企业清洁生产水平评价表中的指标对比，可以发现该企业至少存在以下几点问题或可挖掘的清洁生产机会：

a. 可考虑增加镀液连续过滤装置等维护措施，减少镀液杂质，延长镀液寿命；

b. 安装了镍在线回收装置，镍利用率能达到Ⅰ级基准值，而铜、锌、装饰铬的利用率还有待提高，可进一步挖掘提高金属资源综合利用的措施；

c. 存在一定的节水空间，特别是清洗所耗用水量可进一步考虑节水和综合利用的措施，如增加清洗水在线回收设施、反渗透膜中水回用设施等；

d. 可进一步加强减少重金属污染物污染预防措施，例如，镀件缓慢出槽以延长镀液滴流时间（影响产品质量的除外）、挂具浸塑、科学装挂镀件、增加镀液回收槽、在线或离线回收重金属等；

e. 废水处理设施的运营和管理相对落后，可考虑增加自动加药装置、特征污染物（COD、铜离子等）自动监测装置等，提高自动化程度，加强废水处理异常的应急处理能力。

案例：某电镀企业清洁生产水平评估分析。

表 2-71　某电镀企业清洁生产水平评价表

序号	一级指标	一级指标权重	二级指标	单位	二级指标权重	Ⅰ级基准值	Ⅱ级基准值	Ⅲ级基准值	企业自评	函数值
1	生产工艺及装备指标	0.33	采用清洁生产工艺[①]		0.15	1. 民用产品采用低铬[⑨]或三价铬钝化 2. 民用产品采用无氰镀锌 3. 使用金属回收工艺 4. 电子元件采用无铅镀层替代铅锡合金	1. 民用产品采用低铬[⑨]或三价铬钝化 2. 民用产品采用无氰镀锌 3. 使用金属回收工艺		公司采用三价铬钝化，无镀锌工艺，不使用氰化物，使用镍在线回收装置，电镀产品中不涉及电子元件的电镀Ⅰ级	100
2			清洁生产过程控制		0.15	1. 镀镍、锌溶液连续过滤 2. 及时补加和调整溶液 3. 定期去除溶液中的杂质	1. 镀镍溶液连续过滤 2. 及时补加和调整溶液 3. 定期去除溶液中的杂质		镀镍溶液连续过滤；及时补加和调整溶液；定期去除溶液中的杂质 Ⅲ级	100
3			电镀生产线要求		0.4	电镀生产线采用节能措施[②]，70%生产线实现自动化或半自动化[⑦]	电镀生产线采用节能措施[②]，50%生产线实现半自动化[⑦]	电镀生产线采用节能措施[②]	电镀生产线使用高频开关电源，70%生产线实现半自动化 Ⅰ级	100

序号	一级指标	一级指标权重	二级指标	单位	二级指标权重	Ⅰ级基准值	Ⅱ级基准值	Ⅲ级基准值	企业自评	函数值
4	生产工艺及装备指标	0.33	有节水设施		0.3	根据工艺选择逆流漂洗、淋洗、喷洗，电镀无单槽清洗等节水方式，有用水计量装置，有在线水回收设施		根据工艺选择逆流漂洗、喷淋等，电镀无单槽清洗等节水方式，有用水计量装置	根据工艺选择逆流漂洗、喷淋等，电镀无单槽清洗，主要车间、电镀线有用水计量装置 Ⅲ级	100
5	资源消耗指标	0.10	*单位产品每次清洗取水量③	L/m^2	1	≤8	≤24	≤40	32.60 Ⅲ级	100
6 7	资源综合利用指标	0.18	锌利用率④	%	0.8/n	≥82	≥80	≥75	77 Ⅲ级	100
8			铜利用率④	%	0.8/n	≥90	≥80	≥75	78 Ⅲ级	100
9			镍利用率④	%	0.8/n	≥95	≥85	≥80	98 Ⅰ级	100
10 11			装饰铬利用率④	%	0.8/n	≥60	≥24	≥20	37 Ⅱ级	100
			硬铬利用率④	%	0.8/n	≥90	≥80	≥70	—	—
12			金利用率④	%	0.8/n	≥98	≥95	≥90	—	—
13			银利用率④（含氰镀银）	%	0.8/n	≥98	≥95	≥90	—	—
			电镀用水重复利用率	%	0.2	≥60	≥40	≥30	70.45% Ⅰ级	100

序号	一级指标	一级指标权重	二级指标	单位	二级指标权重	Ⅰ级基准值	Ⅱ级基准值	Ⅲ级基准值	企业自评	函数值
14	污染物产生指标	0.16	＊电镀废水处理率[10]	%	0.5	100			电镀废水全部处理达标排放 Ⅰ级	100
15			＊有减少重金属污染物污染预防措施[5]		0.2	使用四项以上（含四项）减少镀液带出措施		至少使用三项减少镀液带出措施	采用的措施有：镀槽间装导流板、槽上喷雾清洗、镍在线回收等三项 Ⅲ级	100
			＊危险废物污染预防措施		0.3	电镀污泥和废液在企业内回收或送到有资质单位回收重金属，交外单位转移须提供危险废物转移联单			电镀污泥和废液科学处理贮存，定期交由有资质的单位，并保留危险废物转移联单 Ⅰ级	100
16	产品特征指标	0.07	产品合格率保障措施[6]		1	有镀液成分和杂质定量检测措施、有记录；产品质量检测设备和产品检测记录	有镀液成分定量检测措施、有记录；有产品质量检测设备和产品检测记录		有镀液成分定量检测措施、有记录；有产品质量检测设备和产品检测记录 Ⅱ级	100
17	管理指标	0.16	＊环境法律法规标准执行情况		0.2	废水、废气、噪声等污染物排放符合国家和地方排放标准；主要污染物排放应达到国家和地方污染物排放总量控制指标			废水、废气、噪声等污染物排放符合国家和地方排放标准；主要污染物排放达到国家和地方污染物排放总量控制指标 Ⅰ级	100
18			＊产业政策执行情况		0.2	生产规模和工艺符合国家和地方相关产业政策			生产规模和工艺符合国家和地方相关产业政策 Ⅰ级	100

序号	一级指标	一级指标权重	二级指标	单位	二级指标权重	Ⅰ级基准值	Ⅱ级基准值	Ⅲ级基准值	企业自评	函数值
19	管理指标	0.16	环境管理体系制度及清洁生产审核情况		0.1	按照GB/T 24001建立并运行环境管理体系，环境管理程序文件及作业文件齐备；按照国家和地方要求，开展清洁生产审核	拥有健全的环境管理体系和完备的管理文件；按照国家和地方要求，开展清洁生产审核		按照GB/T 24001建立并运行环境管理体系，通过ISO 14001认证，环境管理程序文件及作业文件齐备；按照国家和地方要求，已通过第一轮清洁生产审核，现正在开展第二轮审核 Ⅰ级	100
20			*危险化学品管理		0.10	符合《危险化学品安全管理条例》相关要求			符合《危险化学品安全管理条例》相关要求 Ⅰ级	100
21			废水、废气处理设施运行管理		0.1	非电镀车间废水不得混入电镀废水处理系统；建有废水处理设施运行中控系统，包括自动加药装置等；出水口有pH自动监测装置，建立治污设施运行台账；对有害气体有良好净化装置，并定期检测	非电镀车间废水不得混入电镀废水处理系统；建立治污设施运行台账，有自动加药装置，出水口有pH自动监测装置；对有害气体有良好净化装置，并定期检测	非电镀车间废水不得混入电镀废水处理系统；建立治污设施运行台账，出水口有pH自动监测装置，对有害气体有良好净化装置，并定期检测	非电镀车间废水不混入电镀废水处理系统；已建立治污设施运行台账，出水口有pH自动监测装置，采用水喷淋和活性炭吸附串联的方法处理有毒有害废气，处理效果良好，定期检测均达标排放 Ⅲ级	100

序号	一级指标	一级指标权重	二级指标	单位	二级指标权重	Ⅰ级基准值	Ⅱ级基准值	Ⅲ级基准值	企业自评	函数值
22	管理指标	0.16	＊危险废物处理处置		0.1	危险废物按照 GB 18597 等相关规定执行			危险废物按照 GB 18597 等相关规定严格执行 Ⅰ级	100
23			能源计量器具配备情况		0.1	能源计量器具配备率符合 GB 17167 标准			公司所用能源为电源，已装配电表总表，车间和主要用能设备的用电计量器具配备率均符合 GB 17167 标准 Ⅰ级	100
24			＊环境应急预案		0.1	编制系统的环境应急预案并开展环境应急演练			已编制系统的环境应急预案，同时在当地环保部门备案，并定期开展环境应急演练 Ⅰ级	100

①带“＊”的指标为限定性指标。

②使用金属回收工艺可以选用镀液回收槽、离子交换法回收、膜处理回收、电镀污泥交有资质单位回收金属等方法。

③电镀生产线节能措施包括使用高频开关电源和/或可控硅整流器和/或脉冲电源，其直流母线压降不超过 10% 并且极杠清洁、导电良好、淘汰高耗能设备、使用清洁燃料。

④“每次清洗取水量”是指按操作规程每次清洗所耗用水量，多级逆流漂洗按级数计算清洗次数。

⑤镀锌、铜、镍、装饰铬、硬铬、镀金和含氰镀银为 7 个常规镀种，计算金属利用率时 n 为被审核镀种数；镀锡、无氰镀银等其他镀种可以参照“铜利用率”计算。

⑥减少单位产品重金属污染物产生量的措施包括：镀件缓慢出槽以延长镀液滴流时间（影响产品质量的除外）、挂具浸塑、科学装挂镀件、增加镀液回收槽、镀槽间装导流板，槽上喷雾清洗或淋洗（非加热镀槽除外）、在线或离线回收重金属等。

⑦提高电镀产品合格率是最有效减少污染物产生的措施，“有镀液成分和杂质定量检测措施、有记录”是指使用仪器定量检测镀液成分和主要杂质并有日常运行记录或委外检测报告。

⑧自动生产线所占百分比以产能计算；多品种、小批量生产的电镀企业（车间）对生产线自动化没有要求。

⑨生产车间基本要求：设备和管道无跑、冒、滴、漏，有可靠的防范泄漏措施、生产作业地面、输送废水管道、废水处理系统有防腐防渗措施、有酸雾、氰化氢、氟化物、颗粒物等废气净化设施，有运行记录。

⑩低铬钝化指钝化液中铬酸酐含量低于5g/L。

⑪电镀废水处理量应≥电镀车间（生产线）总用水量的85%（高温处理槽为主的生产线除外）。

⑫非电镀车间废水：电镀车间废水包括电镀车间生产、现场洗手、洗工服、洗澡、化验室等产生的废水。其他无关车间并不含重金属的废水为“非电镀车间废水”。

2.2.6　确定审核重点

根据前面的预审核情况，已基本明确企业现存的问题和薄弱环节，可从中确定出本轮清洁生产审核的重点。

①提出备选审核重点

该环节主要适用于工艺复杂、部门繁多、规模较大的企业，对工艺简单、部门划分清晰、产品单一的中小型企业，可省略备选审核重点，直接确定审核重点。

选择审核重点的基本原则如下：

a. 污染物产生量大、产生的污染物危害性大或处理处置难度大的环节或部位；

b. 原辅材料、资源或能源消耗量大的环节或部位；

c. 公众（包括企业员工、企业周边居民等）关注度高、反应强烈的环节或部位；

d. 有明显的清洁生产机会、采取措施易产生显著的环境效益或经济效益的环节或部位等。

审核重点可以是某一功能区域（厂区）、某一车间、某一工序（工段）、某一生产线、某一种物质（元素、资源、原辅材料、污染物）、某一能源（蒸汽、电）等，根据企业的实际状况、预审核和审核的要求来选取。

双超企业、环保重点监控企业应优先考虑能使企业达到污染物浓度和总量削减目标的环节或部位，高耗能企业、能耗重点监控企业应优先考虑有最大节能空间的环节或部位；双有企业则应把有毒有害物质的使用和排放、潜在环境风险控制等方面作为优先考虑。

②确定审核重点

提出审核重点后，通常采用简单比较法或权重总和计分排序法选取审核重点，一般为 1 个，必要时，可选取两个或更多。

a. 简单比较法（推荐）

根据各备选审核重点的产排污、资源能源消耗、清洁生产潜力等情况，进行对比和分析，通过简单的文字描述和计算过程，说明选取污染最严重、资源能源消耗量最大、清洁生产机会最明显的环节或部位为第一轮审核重点。

适用于工艺相对简单明了的中小型企业，一般情况下，优先采用此方法。

b. 权重总和计分排序法

对于生产过程复杂、原辅材料多样、资源能源种类多的企业，难以通过简单的文字描述和计算过程比较确定出审核重点。针对这种情况，采用权重总和计分排序法得到的结果则更加系统和客观，理论依据更加充分。

权重总和计分排序法是一种将定量数据与定性判断相结合的加权评分方法。对备选审核重点的评分通常考虑以下几个因素，且根据各因素的重要程度，赋予相应的权重值（W）：

废弃数量 $W=10$；

主要消耗 $W=7\sim9$；

环保费用 $W=7\sim9$；

废弃物毒性 $W=7\sim9$；

市场发展潜力 $W=4\sim6$；

车间积极性 $W=1\sim3$。

以上权重值为参考范围，审核时根据企业实际情况确定具体数值。废弃数量应选取企业最主要污染物的形式（废水产生量、VOCs 产生量、危废产生量等）。

审核小组针对各备选重点，根据企业实际情况和数据，对各备选审核重点的各个因素评分，分值（R）以 10 分为最高分，1 分为最低分。将各因素分值与权重值相乘（$R\times W$），并将各备选重点的各因素乘积相加（$\sum R\times W$），所得的和则为各备选审核重点总得分。最后，按总分排序，评分最高者为本轮审核重点。

以某铅蓄电池组装加工企业为例。该企业的生产工艺流程为：包板、极组焊接、机组入壳、穿壁焊接、热封盖片、加酸、充放电、丝印、包装入库。铅蓄电池行业是重要“涉重”行业，历史上曾出现多起严重的由铅污染引起的血铅事件，因此，对涉铅工序中铅的严格管控必然是清洁生产审核的重要考察点和关注点。所以，可以将所有主要涉铅工序作为审核重点，即包板、极组焊接、极组入壳和穿壁焊接等工序，或者将重金属铅作为审核重点。此外，传统的铅蓄电池需要使用大量的硫酸，生产过程中可能会产生一定量的硫酸雾和硫酸废液，对环境存在相应的风险。所以，也可以将涉酸工序（加酸、充放电）或硫酸作为第二个审核重点。

以某 PCB 防焊油墨生产企业为例。该企业的生产工艺流程为：投料、热融化、配料、研磨、分散、分装入库，年产 500t，主要污染物为生产过程中油墨挥发产生的有机废气和少量滴漏的废油墨，采用等离子体高级氧化和活性炭吸附串联处理有机废气。该企业规模小、生产工艺简单、产品单一，且各生产工序均可能产生有机废气和废油墨，所以可以考虑将该企业整厂作为一个审核重点（见表 2-72）。

表 2-72 某企业权重总和计分排序法确定审核重点分析表

因素	权重值 W（1~10）	备选审核重点					
		A 车间		B 车间		C 车间	
		R（1~10）	$R\times W$	R（1~10）	$R\times W$	R（1~10）	$R\times W$
废弃数量	10	10	100	5	50	2	20
主要消耗	9	8	72	10	90	9	81

因素	权重值 W（1～10）	备选审核重点					
		A 车间		B 车间		C 车间	
		R（1～10）	$R\times W$	R（1～10）	$R\times W$	R（1～10）	$R\times W$
环保费用	8	10	80	8	64	6	48
废弃物毒性	7	6	42	10	70	8	56
市场发展潜力	6	8	48	9	54	10	60
车间积极性	3	8	24	10	30	8	24
总分			366		358		289
排序		1		2		3	

某企业选出备选审核重点 3 个分别是：A 车间、B 车间和 C 车间。该企业主要污染形式为废水，A 车间、B 车间和 C 车间的废水产生量分别为 5 000 t/a、2 500 t/a 和 1 000 t/a。因此，A 车间得最高分 10 分，B 车间废水产生量为 A 车间的 50%，则得 5 分，C 车间为 20%，则得 2 分。其余各因素评分以此类推，必须严格按照实际数据计算得分，并最好在审核报告中体现明确的计算过程，无法获得定量数据的因素，集体讨论后打分，并最好在审核报告中体现打分依据。

总分最高的备选审核重点则确定为本轮审核重点，即 A 车间，而总分排第二的备选审核重点（B 车间），可考虑作为下一轮审核或持续清洁生产审核中的重点。此外，考虑 A 车间和 B 车间总分相差不大，必要时，也可以同时选为审核重点。

2.2.7　设立清洁生产审核目标

通过前期对企业实际状况的了解，分析企业清洁生产潜力，预测改进的机会和程度，设置定量化的指标作为目标。通过开展清洁生产限时达成，以此检验和考核清洁生产的成果，最终达到节能、降耗、减污、增效的实质目的。

（1）清洁生产审核目标设置原则

①通常包括针对全厂的总体清洁生产目标和针对审核重点的具体清洁生产目标。

②清洁生产目标指标设置应定量化、可操作并有激励作用。

③具有时限性，分为近期目标和远期目标，近期目标一般指到本轮审核基本结束并完成审核报告时为止，远期目标一般根据行业特点及国家或地方政策要求设置时限，即政策要求企业开展一轮清洁生产审核的周期，通常为 2～5 年。

④清洁生产目标应以节能、降耗、减污、增效为主。

（2）清洁生产审核目标设置依据

①根据外部的环境管理要求，比如达标排放、限期治理、能耗要求等。

②根据现行有效的行业清洁生产评价指标体系或清洁生产标准的要求，其中不满足三级标准（基本水平）的指标应作为目标达成。

③参照国内外同行业、同类工艺、同类装备、同类产品企业的水平。

④根据企业实际情况和历史最好水平等（见表 2-73）。

表 2-73　某连接器企业清洁生产目标

序号	项目	单位	现状（2015 年）	近期目标（2016 年）	远期目标（2020 年）
1	产品一次合格率	%	99.13	99.3	99.6
2	万元产值综合能耗	t 标准煤/万元	86 189.61	82 750	77 580
3	万元产值新鲜水耗	t/万元	6	5.5	5.0
4	水重复利用率	%	55	60	65

部分行业企业生产的产品，由于种类繁多复杂等原因，进行单位产品资源能源消耗分析对比时，如果产品市场售价相对稳定，且不适宜或不方便直接使用产品的体积、面积、重量等物理参数或件数进行统计和计算时，可使用产品产值作为基准值计算资源能源的消耗（见表 2-74）。

表 2-74　某纤维板企业清洁生产目标

序号	项目	单位	现状（2015 年）	近期目标（2018 年）	远期目标（2020 年）
1	单位产品木材量	kg/m^3	856.36	830	815
2	单位产品电耗	$kW \cdot h/m^3$	351.78	325	310
3	空气中木粉尘浓度	mg/m^3	2.5	1.4	1.0
4	甲醛释放量	mg/100g	E_1级	E_0级	E_0级

产品中的甲醛释放量是消费者关注度非常高的指标，同时该企业也有改进生产工艺技术、降低产品毒害物质含量和提高产品质量的意愿，所以，可将产品指标中的甲醛释放量作为一项清洁生产目标。然而，该企业对甲醛释放量目标的设置未严格遵循目标指标定量化的原则，且“E_0”的概念在国际上仍存在一定的争议，因此，建议使用相应标准的具体限值作为目标值（见表 2-75）。

表 2-75　某印制电路板企业清洁生产目标

序号	项目	单位	现状（2016 年）	近期目标（2017 年）	远期目标（2018 年）
1	单位产品综合能耗	kg 标准煤/m^2	25.23	23.77	22.71
2	COD 排放量	t/a	244.83	232	230
3	铜排放量	t/a	1.49	1.42	1.40
4	单位产品新鲜水用量	t/m^2	0.87	0.82	0.80
5	水重复利用率	%	62.75	65	70

该企业本轮审核重点为电镀车间，是企业能源消耗和污染物产生的主要环节，可考虑提出相应的节能和减排目标；通过预审核的水平衡分析可知，企业生产过程中产生的大量低浓度清洗废水直接进入废水处理站，造成废水处理负荷大、废水排放量大，应积极挖掘该类废水的重复利用价值，可考虑提出节水、提高水重复利用率的目标（见表 2-76）。

表 2-76　某陶瓷企业清洁生产目标

序号	项目	单位	现状（2014 年）	近期目标（2015 年）	远期目标（2016 年）
1	万元产值综合能耗	kg 标准煤/万元产值	1 350	1 200	1 000
2	SO_2 排放量	kg/m^2	0.052	0.048	0.040
3	粉尘排放量	kg/m^2	0.019	0.017	0.014
4	工艺废水回用率	%	82	90	95
5	平均优等品率	%	84	90	98

陶瓷行业是重点耗能行业，应设置相应的节能目标，其能耗主要为电和燃料，适宜使用综合能耗作为指标；能耗是陶瓷企业生产成本的重要组成部分，且该企业陶瓷产品规格种类较多，因此可使用万元产值综合能耗作为一项清洁生产目标。此外，还需考虑《建筑卫生陶瓷单位产品能源消耗限额》（GB 21252）等现行的相关能耗标准，如果未达标，可设置相应的限值要求为近期目标。陶瓷企业重点关注的污染物有 SO_2 和粉尘，可通过对比行业水平，设置相应的减排目标。该企业产品属于卫生陶瓷，根据《建筑卫生陶瓷行业准入标准》，“卫生陶瓷工艺废水回用率不低于 90%”，在不能达到准入标准的情况下，应将准入标准设置为近期目标达成。陶瓷产品的平均优等品率是产品质量控制的一项常用指标，反映了企业的生产工艺水平，提高平均优等品率符合清洁生产的理念。

2.3 审核

本阶段是对组织审核重点的原材料、生产过程及废弃物的产生进行审核。审核是通过对审核重点的物料平衡、水平衡及能量衡算，分析物料和能量流失的环节，找出污染物产生的原因。查找物料储存、生产运行与管理和过程控制等方面存在的问题，以及与国内外先进水平的差距，以确定清洁生产方案。

审核阶段工作流程见图 2-26。

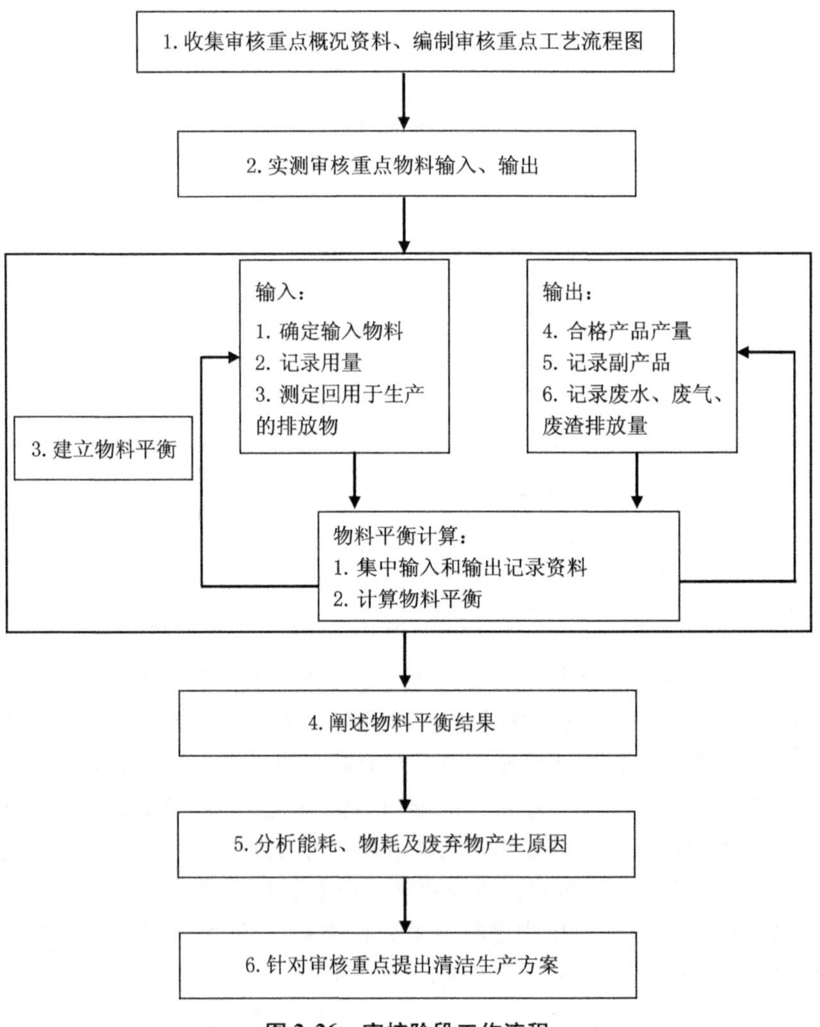

图 2-26 审核阶段工作流程

（1）审核重点概况

审核重点概况分析是对审核重点进行全面、深入分析的基础。在报告编制中，主要分为审核重点概况及审核重点工艺流程两小节。各小节所需阐述内容分别说明如下。

①审核重点概况

审核重点概况应包括工艺流程图及工序、原辅材料和产品等。

宜有图表：审核重点平面布置图。

案例：

精炼车间在制造部经理直接领导下组织生产，实行每天11h一班制作业。车间总人数13人，其中管理人员2人。精炼车间平面布置见图2-27、图2-28、图2-29，组织结构见图2-30。

各生产班组主要职责见表2-77。

②审核重点工艺流程

审核重点工艺流程应体现主要原辅物料、水、能源及污染物、废弃物的流入、流出和去向，并作全面合理的介绍和分析。

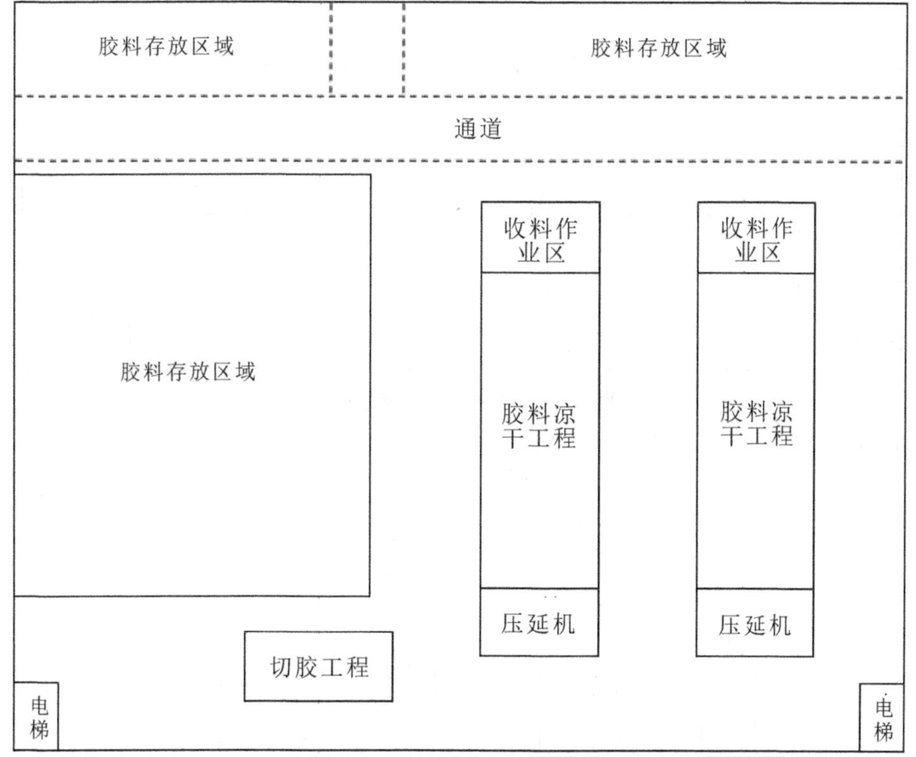

图2-27　精炼车间一楼平面图（低层）

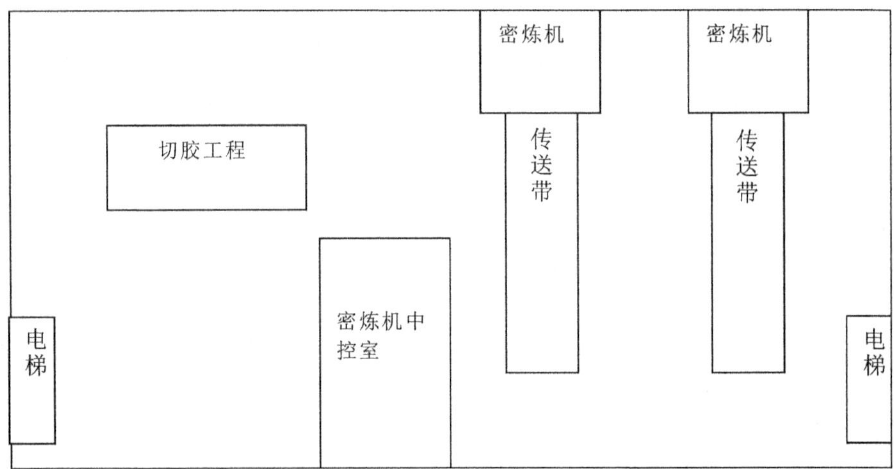

图 2-28 精炼车间一楼平面图（中层）

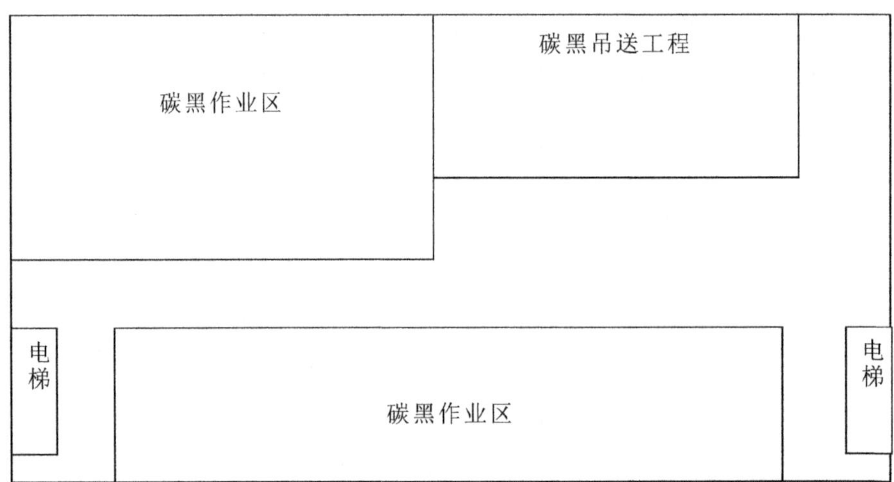

图 2-29 精炼车间二楼平面图

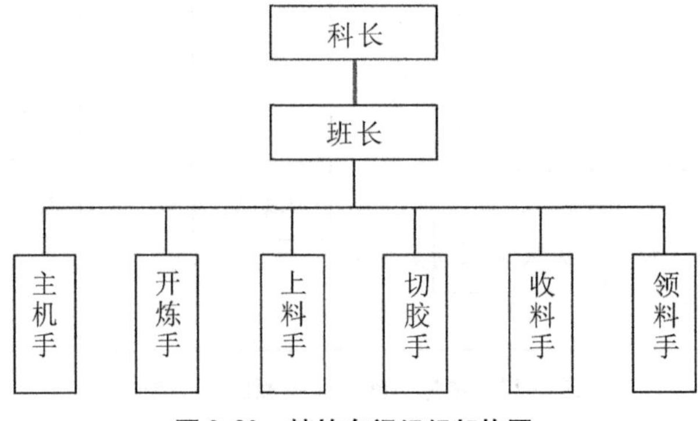

图 2-30 精炼车间组织架构图

表 2-77　精炼车间各生产班组主要职责

序号	班组	主要职能
1	主机手	负责密炼机的程序控制
2	开炼手	负责开炼机胶料的延压时间
3	上料手	负责将原材料、辅助料按所需量搬运到传送带上
4	切胶手	根据不同的胶料需求切割原材料分量
5	收料手	负责收取经过密炼工序的胶片和标示
6	领料手	负责从仓库领取所需物料和存放胶片

应有图表：审核重点生产工艺流程图。

宜有图表：审核重点各单元操作工艺流程图，审核重点单元操作功能说明表。

案例：

某公司精炼车间生产工艺流程如图 2-31 所示。

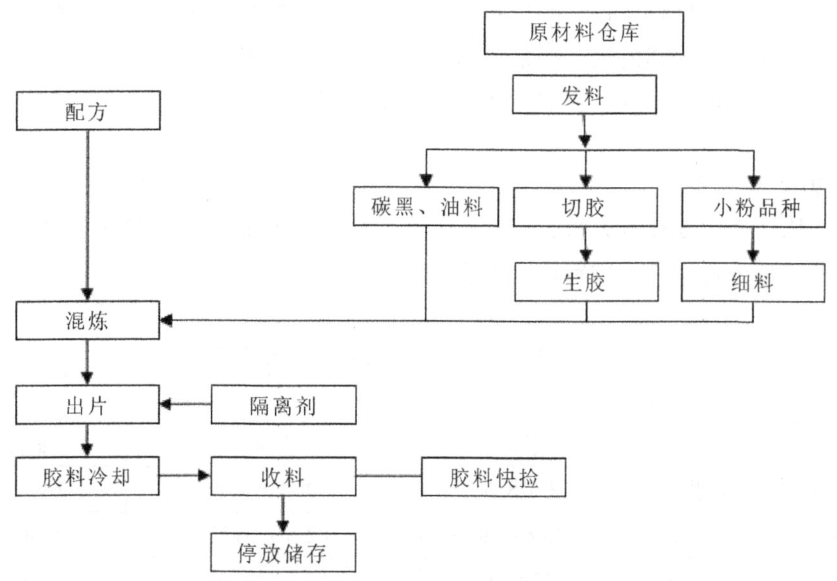

图 2-31　精炼生产工艺流程图

精炼工艺流程简要说明见表 2-78。

（2）物料平衡分析

实测审核重点原辅材料、水、重点污染因子和能源的输入和输出。应做到准备工作完善，监测项目、监测点、监测时间和周期等明确，监测方法符合相关要求，监测数据翔实可信。

审核重点的原辅材料、水、重点污染因子和能源输入输出数据的获得，对产品生产相对稳定的企业，可以从月报表中取得经核实准确的数据。对产品变化较大的

表 2-78 精炼车间工艺流程简要说明

序号	工艺名称	主要功能
1	发料	领取所需原材料
2	碳黑	加入适量的碳黑到密炼机
3	切胶	将原材料按所需的份量切割好
4	配方	加入各种化学剂使胶料产生不同特性
5	混炼	提高橡胶制品的物理机械性能，改善加工成型工艺，降低生产成本，需要在生胶或塑料胶中加入各种配合，这些配合剂有固体、液体等材料，将所加入的各种配合剂分散均匀，确保胶料的性质一致
6	出片	把混炼好的胶料压成胶片
7	胶料冷却	将高温的胶片冷却下来以便收取作业
8	收料	把冷却下来的胶片收取存放、标示

企业，应选择生产量相对较大的具有代表性的产品的数据。如数据不完整应进行实测，实测要在生产周期内生产正常的情况下进行，数据要有代表性。

宜有图表：审核重点主要输入输出物料统计表。

案例：

以 2014 年 5 月某精炼车间实际生产情况进行物料平衡核算和分析。审核小组成员及精炼生产主要技术人员，对精炼各个工序内主要原材料的输入、输出情况进行跟踪和统计分析。实测物料情况见表 2-79。

表 2-79 某精炼车间输入输出实测数据汇总 单位：kg

输入		输出	
名称	重量	名称	重量
3L/SCR5（天然胶）	4 628.6	100 号已促胶	1 562.5
SCR－10（天然胶）	13 672.9	102 号已促胶	4 248.2
丁苯胶 SBR－1712/4013	23 040	105 号已促胶	1 658
顺丁胶 BR 9000	7 142.9	108 号已促胶	9 328.5
KEP 435（三元乙丙胶）	233.1	270 号已促胶	11 860.8
普通无味精细内胎再生胶	22 400	350 号已促胶	25 264.5
丁基再生胶（RBU）	1 257.1	400 号已促胶	1 932.8
丁基 1751（丁基胶）	900	602 号已促胶	20 055.7
N220（碳黑）	17 142.9	603 号已促胶	43 052
N330（碳黑）	3 942.9	605 号已促胶	5 334

输入		输出	
名称	重量	名称	重量
N660（碳黑）	9 714.3	碳黑粉尘	35.4
白碳黑	5.7		
AL－09/1000#（轮胎油）	4 571.4		
PM－100（橡胶油）	254.3		
松焦油	1 132.7		
C－C（活性钙）	2 571.4		
轻质钙	5 142.9		
纳米 ZnO	2 000		
SA（硬脂酸）	1 142.9		
6PPD/4020（防老剂）	714.3		
RD/TMQ（防老剂）	571.4		
C5（石油树脂）	571.4		
C9（石油树脂）	1 300		
R－50/R－100（助剂）	571.4		
除味剂	7.1		
A－86（塑解剂）	857.1		
S8/S（同种）硫黄	171.4		
S－80（硫化剂）	1 142.9		
IS－60（不溶性硫黄）	221.4		
CZ（促进剂）	385.7		
M（促进剂）	7.1		
TT（促进剂）	14.3		
CTP（防老剂）	220		
汇总	127 651.5	汇总	124 332.4

（3）建立物料平衡

根据输入、输出物料实测数据建立重点物料、水、重点污染因子等平衡图和能源流向图，根据全厂实测数据建立全厂水平衡图；分析各物料平衡的结果是否符合清洁生产审核的要求、是否符合实际生产的情况，平衡误差分析。根据企业实际情况，建议实测并绘制审核期间的全厂水平衡图。

应有图表：审核重点物料平衡图。

宜有图表：审核重点水/特征污染因子平衡图。

案例：

物料平衡是为了准确地判断审核重点的物流量，定量地计算产品和废弃物的数量、成分以及去向，分析废物的产生量，分析减少排放量的可能性，为制定清洁生产方案提供数据支撑和科学依据。现针对精炼车间做具体的物料平衡分析。

根据表 2-79 实测数据，建立精炼车间总物料平衡图如图 2-32 所示。

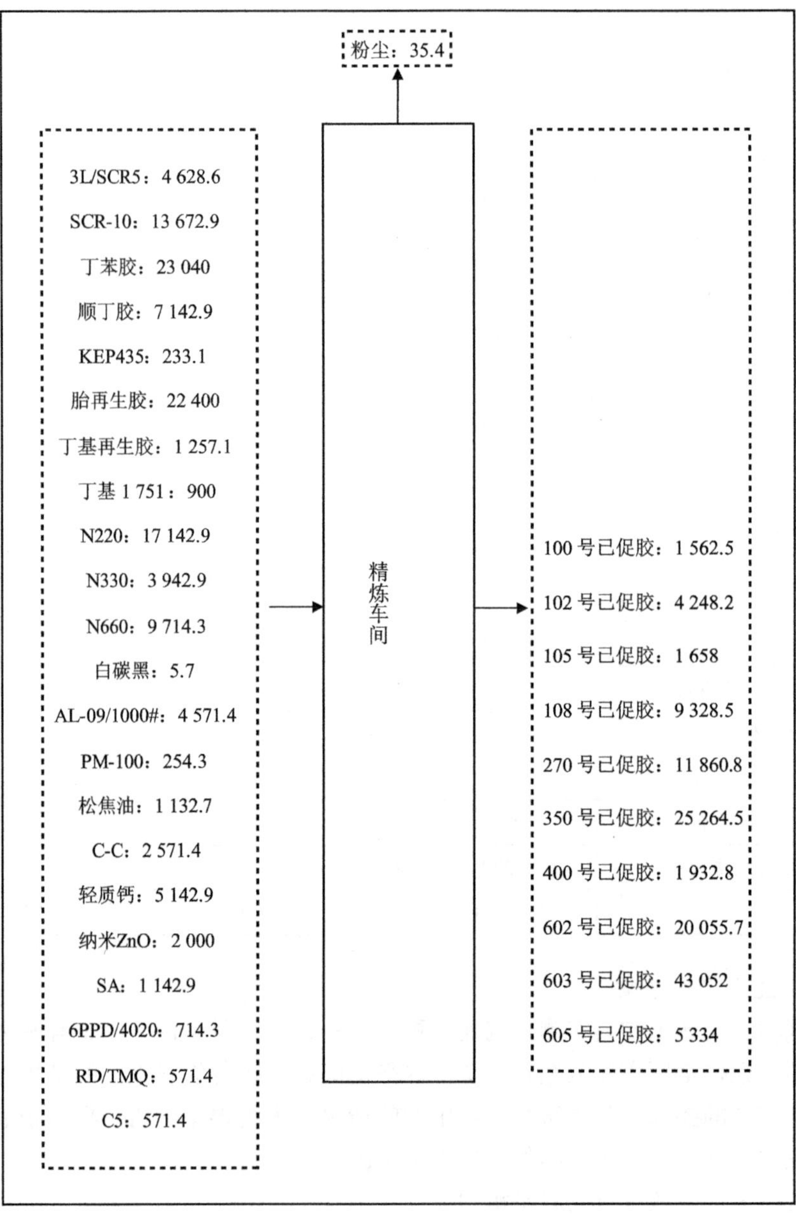

图 2-32 精炼车间物料平衡图

输入物料总量 $Q_{入}=127\ 651.5$ kg

输出物流总量 $Q_{出}=124\ 332.4$ kg

物料输入输出相对误差 = $(Q_{入}-Q_{出})\div Q_{入}\times100\%=2.60\%$

物料输入输出相对误差 $2.60\%<5\%$，物料输入与输出的误差在允许范围内，基本符合生产实际。

（4）阐述物料平衡结果

阐述平衡结果，找出物料流失，水、能源浪费和废弃物产生环节和部位。

①能耗、物耗以及废弃物产生原因分析

结合企业的实际情况，从影响生产过程的八个方面深入分析能耗、物耗及废弃物产生原因，为制定清洁生产方案提供科学依据。

案例：

清洁生产审核的总体思路就是判明废弃物产生部位，分析废弃物的产生原因，提出方案减少或消除废弃物。现在要针对每一种物料流失和废弃物产生部位进行分析，找出原因，方法是从生产过程中的原辅材料和能源、技术工艺、设备、过程控制、管理、员工、产品及废弃物八个方面着手。产排污原因分析见表2-80。

具体分析，精炼生产车间污染物产生的原因主要由以下几方面造成：

a. 生产设备。生产设备及除尘设施经过多年的运转，存在磨损、腐蚀、老化现象，导致了碳黑粉尘收集效果差、噪声大等情况。

b. 过程控制、管理和员工。精炼生产线生产员工的工作主动性有所欠缺，不能做到及时发现问题和解决问题。

表2-80　产排污原因分析

废弃物名称	原因分类							
	材料和能源	技术工艺	设备	过程控制	产品	废弃物特性	管理	员工
碳黑粉尘	√		√	√			√	√
噪声			√	√			√	√

②针对审核重点提出清洁生产方案

针对审核重点，根据能耗、物耗及废弃物产生原因分析，提出清洁生产方案。

宜有图表：针对审核重点提出的清洁生产方案。

案例：

通过对审核重点的全面调研和分析，发现了一些清洁生产的潜力和机会。通过发动员工提出合理化建议，经过审核小组筛选，针对审核重点产生了1个中/高费方案，详见表2-81。

表 2-81 针对审核重点提出的中/高费清洁生产方案

	方案名称	方案类型
	精炼车间增加布袋集尘机	中/高费方案

2.4 方案的产生和筛选

方案产生和筛选是企业进行清洁生产审核的第四个阶段。

本阶段的目的是通过方案的产生、筛选、研制，为下一阶段的可行性分析提供足够的中/高费清洁生产方案。

本阶段的工作重点是根据评估阶段的结果，制定审核重点的清洁生产方案；在分类汇总基础上（包括已产生的非审核重点的清洁生产方案，主要是无/低费方案），经过筛选确定出两个以上中/高费方案供下一阶段进行可行性分析；同时对已实施的无/低费方案进行实施效果核定与汇总；最后编写清洁生产中期审核报告。

2.4.1 方案的产生

清洁生产方案的数量、质量和可实施性直接关系到企业清洁生产审核的成效，是审核过程的一个关键环节，因而应广泛发动群众征集、产生各类方案。

（1）广泛采集，创新思路

在全厂范围内利用各种渠道和多种形式，进行宣传动员，鼓励全体员工提出清洁生产方案或合理化建议。通过实例教育，克服思想障碍，制定奖励措施以鼓励创造性思想和方案的产生。

（2）根据物料平衡和针对废弃物产生原因分析产生方案

进行物料平衡和废弃物产生原因分析的目的就是要为清洁生产方案的产生提供依据。因而方案的产生要紧密结合这些结果，只有这样才能使所产生的方案具有针对性。

（3）广泛收集国内外同行业先进技术

类比是产生方案的一种快捷、有效的方法。企业应组织工程技术人员广泛收集国内外同行业的先进技术，并以此为基础，结合本企业的实际情况，制定清洁生产方案。

（4）组织行业专家进行技术咨询

当企业利用本身的力量难以完成某些方案的产生时，可以借助于外部力量，组织行业专家、能源专家、环保专家等进行技术咨询，这对启发思路、解决问题将会很有帮助。

（5）全面系统地产生方案

清洁生产涉及企业生产和管理的各个方面，虽然物料平衡和废弃物产生原因分析将大大有助于方案的产生，但是在其他方面可能也存在着一些清洁生产机会，因而可从影响生产过程的8个方面（8要素）全面系统地产生方案。

①原辅材料和能源。原材料和辅助材料本身所具有的特性，例如，毒性、难降解性等，在一定程度上决定了产品及其生产过程对环境的危害程度，因而选择对环境无害的原辅材料是清洁生产所要考虑的重要方面。同样，作为动力基础的能源，也是每个企业所必需的，有些能源（如煤、油等的燃烧过程本身）在使用过程中直接产生废弃物，而有些则间接产生废弃物（例如，一般电的使用本身不产生废弃物，但火电、水电和核电的生产过程均会产生一定的废弃物），因而节约能源、使用二次能源和清洁能源也将有利于减少污染物的产生。

②技术工艺。生产过程的技术工艺水平基本上决定了废弃物的产生量和状态，先进而有效的技术可以提高原材料的利用效率；减少废弃物的产生，结合技术改造预防污染是实现清洁生产的一条重要途径。

③设备。设备作为技术工艺的具体体现，在生产过程中也具有重要作用，设备的适用性及其维护、保养等情况均会影响废弃物的产生。

④过程控制。过程控制对许多生产过程是极为重要的，例如，化工、炼油及其他类似的生产过程，反应参数是否处于受控状态并达到优化水平（或工艺要求），对产品的利率和优质品的得率具有直接的影响，因而也就影响废弃物的产生量。

⑤产品。产品的要求决定了生产过程，产品性能、种类和结构等的变化往往要求生产过程作相应的改变和调整，因而也会影响废弃物的产生，另外产品的包装、体积等也会对生产过程及其废弃物的产生造成影响。

⑥废弃物。废弃物本身所具有的特性和所处的状态直接关系到它是否可现场再利用和循环使用。“废弃物”只有当其离开生产过程时才称其为废弃物，否则仍为生产过程中的有用材料和物质。

⑦管理。加强管理是企业发展的永恒主题，任何管理上的松懈均会严重影响废弃物的产生。

⑧员工。任何生产过程，无论自动化程度多高，从广义上讲均需要人的参与，而员工素质的提高及积极性的激励也是有效控制生产过程和废弃物产生的重要因素。

当然，以上8个方面的划分并不是绝对的，虽然各有侧重点，但在许多情况下存在着相互交叉和渗透的情况，例如，一套大型设备可能就决定了技术工艺水平；过程控制不仅与仪器、仪表有关系，还与管理及员工有很大的联系，等等。唯一的目的就是为了不漏过任何一个清洁生产机会。对于每一个废弃物产生源都要从以上 8 个方面进行原因分析，这并不是说每个废弃物产生源都存在 8 个方面的原因，这可能是其中的一个或几个。

通过 8 要素产生清洁生产无/低费方案和中高费方案举例如表 2-82、表 2-83、表 2-84 所示。

表 2-82 清洁生产无/低费方案

序号	分类	方案
1	原辅材料和能源	不宜订购过多原料，特别是一些会损坏、易失效或难以储存的原料；对原料的进料、仓储、出料进行计量管理，堵塞各种漏洞和损失；对进厂的原料进行检验，对供货进行质量控制；使用清洁能源
2	技术工艺	增添必要的仪器、仪表和自动检测指示装置，提高生产工艺的自动化水平；对生产工艺进行局部调整；调整辅助剂、添加剂的投入等
3	设备	改进并加强设备定期检查和维护，减少“跑冒滴漏”；及时修补、完善输热和输气管道的隔热保温
4	过程控制	选择在最佳配料比下进行生产；增加和校准检测计量仪表；改善过程控制及在线监控；调整优化反应的参数，如温度、压力等
5	产品	改进包装及其标志或说明；加强库存管理；包装材料便于回收利用或处理、处置
6	废弃物	对液体废弃物采取沉淀、过滤后进行收集的措施；对固体废弃物采取清洗、挑选后回收的措施；对蒸汽采取冷凝回收的措施
7	管理	清洁作业，避免杂乱无章；车间物品规范摆放；减少物料流失并及时收集；严格岗位责任制及操作规程
8	员工素质	加强员工技术与环境意识的培训；采用各种形式的精神与物质激励措施

表 2-83 清洁生产中高费方案

序号	分类	方案
1	原辅材料和能源	使用清洁能源，如天然气的使用；环保原辅材料的替代
2	技术工艺	节能新工艺的替代，如数码印花；自动化工艺的引入，如自动配送系统、自动包装系统等；技术工艺的调整
3	设备	更换节能先进新设备，如更换低浴比染缸等；设备改造，如电机节能改造、空压系统技术改造等

序号	分类	方案
4	过程控制	安装废水、废气在线监控等
5	产品	增加或更换产品种类，如生产环保 UV 漆等
6	废弃物	废物或废资源、中间产品的回收利用，如中水回用、冷却水或冷凝水回用、烟气余热利用、高温废水余热利用等；废弃物处理，如锅炉烟气除尘脱硫脱销、废水处理站改造、废气的收集处理等
7	管理	完善生产现场管理，如 ISO 体系认证、推行 6S 现场管理等
8	员工素质	加强培训和奖惩制度的制定等

表 2-84　重点行业主要清洁生产方案汇总

序号	行业	关键改造点/方案
1	化工	提高生产设备自动化水平（如手动改为自动），采用密闭一体化生产技术设备，使用环保型涂料、油漆、油墨、胶黏剂等原辅料（水基型、非有机溶剂型、低有机溶剂型），使用低毒、低挥发性有机溶剂，统一收集挥发性有机物废气并净化处理等
2	水泥	新型干法回转窑燃烧系统（窑头窑尾）节煤改造、回转窑炉体保温、大功率电机变频节能（节电）、回转窑余热发电（高温低温余热）、烟气除尘脱硫、烟气脱硝、车间粉尘有效收集治理等
3	建筑陶瓷	辊道窑炉节能改造（余热利用、炉体保温等）、球磨机变频节能（节电）、喷雾干燥塔烟气除尘脱硫、窑炉烟气除尘脱硫脱硝、喷雾干燥塔下料口粉尘收集、压机粉尘收集、瓷砖包装自动化改造等
4	纺织印染	低浴比染色设备（气流机替代溢流机）、染缸保温、平幅洗水、湿开幅、染料自动配送系统、数码印花、丝光淡碱液回收、中水回用（超滤反渗透）、冷凝水回用、锅炉烟气除尘脱硫（脱硝）、锅炉烟气余热利用、定型机余热利用、高温废水余热利用等
5	电镀	电镀线改造（手动改自动）、无氰电镀（镀锌、碱铜、金银）、镀铬或铬钝化（六价铬替代）、镍（铬）在线回用、废水分质分流收集处理、废水处理站改造（增加生化处理工艺）、中水回用（超滤反渗透）、逆流漂洗、镀槽防漏水、地面防腐防渗漏、酸碱等废气收集治理、高频开关电源替代可控硅整流器等
6	印制电路板	镍在线回用（或单独收集处理）、氰化物单独收集处理、中水回用（超滤反渗透）、镀铜线半封闭抽风收集酸废气、酸碱蚀刻废液铜回收、铜粉回收、酸碱废气收集处理、有机废气（线路印刷、丝印阻焊、文字印刷工序）收集处理（活性炭吸附）等

2.4.2 方案分类及汇总

对所有的清洁生产方案，无论是已实施的还是未实施的，无论是属于审核重点的还是不属于审核重点的，均按原辅材料和能源替代、技术工艺改造、设备维护和更新、过程优化控制、产品更换或改进、废弃物回收利用和循环使用、加强管理、员工素质的提高以及积极性的激励8个方面列表简述其原理和实施后的预期效果。

设置表格，分类汇总方案，表格形式举例如表2-85所示。

表2-85 清洁生产方案汇总表

方案类型	方案编号	方案名称	方案简介	投资/万元	环境效益	经济效益
原辅材料和能源替代	1－01					
	1－02					
	……					
设备维护与更新	2－01					
	2－02					
	……					
技术工艺改造	3－01					
	3－02					
	……					
过程优化控制	4－01					
	4－02					
	……					
废弃物回收利用和循环使用	5－01					
	5－02					
	……					
产品更换或改进	6－01					
	6－02					
	……					
加强管理	7－01					
	7－02					
	……					
员工素质的提高以及积极性的激励	8－01					
	8－02					
	……					

2.4.3　方案筛选

在进行方案筛选时可采用两种方法：一是用比较简单的方法进行初步筛选；二是采用权重总和计分排序法进行筛选和排序。

（1）初步筛选

初步筛选是要对已产生的所有清洁生产方案进行简单检查和评估，从而分出可行的无/低费方案、初步可行的中/高费方案和不可行方案三大类。其中，可行的无/低费方案可立即实施；初步可行的中/高费方案供下一步进行研制和进一步筛选；不可行的方案则搁置或否定。

①确定初步筛选因素：初步筛选因素可考虑技术可行性、环境效果、经济效益、实施难易程度以及对生产和产品的影响等几个方面。

a. 技术可行性。主要考虑该方案的成熟程度，例如，是否已在企业内部其他部门采用过或同行业其他企业采用过，以及采用的条件是否基本一致等。

b. 环境效果。主要考虑该方案是否可以降低废弃物的数量和毒性，是否能改善工人的操作环境等。

c. 经济效果。主要考虑投资和运行费用能否承受得起，是否有经济效益，能否降低废弃物的处理处置费用等。

d. 实施的难易程度。主要考虑是否在现有的场地、公用设施、技术人员等条件下即可实施或稍作改进即可实施，实施的时间长短等。

e. 对生产和产品的影响。主要考虑方案的实施过程中对企业正常生产的影响程度以及方案实施后对产量、质量的影响。

②进行初步筛选：在进行方案的初步筛选时，可采用简易筛选方法，即组织企业领导和工程技术人员进行讨论来决策。方案的简易筛选方法基本步骤如下：第一，参照前述筛选因素的确定方法，结合本企业的实际情况确定筛选因素；第二，确定每个方案与这些筛选因素之间的关系，若是下面影响关系，则打“√”，若是反面影响关系则打“×”；第三，综合评价，得出结论，具体参照表2-86。

表2-86　方案简易筛选方法

筛选因素	方案编号				
	F	F	F	……	F
技术可行性	√	×	√	……	√
环境效果	√	√	√	……	×
经济效果	√	√	×	……	√
实施的难易程度	√	√	√	……	×

筛选因素	方案编号				
	F	F	F	……	F
对生产和产品的影响	√	√	×	……	√
结　论	√	×	×	……	×

（2）权重总和计分排序

权重总和计分排序法适合于处理方案数量较多或指标较多相互比较有困难的情况，一般仅用于中/高费方案的筛选和排序。

方案的权重总和计分排序法基本同模块一审核重点的权重总和计分排序法，只是权重因素和权重值可能有些不同。权重因素和权重值的选取可参照以下执行。

①环境效果，权重值 $W=8\sim10$。主要考虑是否降低对环境有害物质的排放量及其毒性；是否减少了对工人安全和健康的危害；是否能够达到环境标准等。

②经济可行性，权重值 $W=7\sim10$。主要考虑费用效益比是否合理。

③技术可行性，权重值 $W=6\sim8$。主要考虑技术是否成熟、先进；能否聘请到有经验的技术人员；国内外同行业是否有成功的先例；是否易于操作维护等。

④可实施性，权重值 $W=4\sim6$。主要考虑方案实施过程中对生产的影响大小；施工难度，施工周期；工人是否易于接受等。

具体方法参见表2-87。

表2-87　方案的权重总和计分排序

权重因素	权重值（W）	方案得分								
		方案1		方案2		方案3		……	方案 n	
		R	$R\times W$	R	$R\times W$	R	$R\times W$		R	$R\times W$
环境效果										
经济可行性										
技术可行性										
可实施性										
总分（$\sum R\times W$）	—									
排　序	—									

（3）汇总筛选结果

按可行的无/低费方案、初步可行的中/高费方案和不可行方案列表汇总方案的选结果。

清洁生产方案筛选结果汇总可参考表2-88汇总。

表2-88　清洁生产方案筛选结果汇总表

筛选结果	方案编号	方案名称
可行的无/低费方案	1－01	
	1－02	
	……	
初步可行的中/高费方案	2－02	
	2－03	
	……	
不可行方案	3－01	
	3－02	
	……	

2.4.4　研制方案

经过筛选得出的初步可行的中/高费清洁生产方案，因为投资额较大，而且一般对生产工艺过程有一定程度的影响，因而需要进一步研制，主要是进行一些工程化分析，从而提供两个以上方案供下一阶段作可行性分析。

（1）研制方案的原则

一般来说，筛选出来的每一个中/高费方案进行研制和细化时都应考虑以下几个原则。

①系统性。考察每个单元操作在一个新的生产工艺流程中所处的层次、地位和作用，以及与其他单元操作的关系，从而确定新方案对其他生产过程的影响，并综合考虑经济效益和环境效果。

②闭合性。尽量使工艺流程对生产过程中的载体，如水、溶剂等，实现闭路循环。

③无害性。清洁生产工艺应该是无害（或至少是少害）的生态工艺，要求不污染（或轻污染）空气、水体和地表土壤；不危害操作工人和附近居民的健康；不损坏风景区、休憩地的美学价值；生产的产品要提高其环保性，使用可降解原材料和包装材料。

④合理性。合理性旨在合理利用原料，优化产品的设计和结构，降低能耗和物

耗，减少劳动量和劳动强度等。

（2）方案研制的内容

方案的研制内容包括以下四个方面。

①方案的工艺流程详图；

②方案的主要设备清单；

③方案的费用和效益估算；

④编写方案说明。

对每一个初步可行的中/高费清洁生产方案均应编写方案说明，主要包括技术原理、主要设备、主要的技术及经济指标、可能的环境影响等。

（3）研制方案说明

按照方案的研制原则，对每一个初步可行的中/高费方案进行研制分析，并编写出各个方案的具体说明，主要包括技术原理、主要设备、主要的经济及技术指标、可能的环境影响等。经研制后的方案说明可用表 2-89 形式表达，举例说明。

表 2-89 中高费方案研制说明表

方案编号	方案名称	方案说明	
2－16	球磨机安装节能变频器	方案要点	对球磨机加装节能变频设备，以节约生产用电
		主要设备	球磨机，节能变频器
		主要技术经济指标	总投资 80 万元，有效节约生产电费
		可能的环境影响	节约生产用电，间接减排二氧化碳
2－20	窑炉尾气脱硫系统改造	方案要点	将原脱硫系统改造为双碱法脱硫系统，以保证尾气满足《陶瓷工业污染物排放标准》（GB 25464—2010）表 5 新标准限值的要求
		主要设备	脱硫剂制备系统、脱硫循环系统、供液系统、电气系统、非标管道及支架工程等
		主要技术经济指标	总投资 84.87 万元
		可能的环境影响	保证尾气满足新标准要求，达标排放，环境效益明显
……		方案要点	
		主要设备	
		主要技术经济指标	
		可能的环境影响	

（4）确定进行可行性分析的中/高费方案

对于经研制的初步可行的中/高费方案，因投资较大，对生产及环境的影响较大，需进行下阶段的可行性分析后，方可推荐实施。

2.4.5 继续实施无/低费方案

实施经筛选确定的可行的无/低费方案，必要情况下可制订无/低费方案的实施计划，并以列表形式表达汇总。

2.4.6 核定并汇总无/低费方案实施效果

对已实施的无/低费方案，包括在预审核和审核阶段所实施的无/低费方案，应及时核定其效果并进行汇总分析。核定及汇总内容包括方案序号、名称、实施时间、投资、运行费、经济效益和环境效果。

已实施的无/低费方案实施效果可以以表格形式进行汇总，并针对实施效果明显的无/低费方案进行重点描述。

效果显著的无/低费方案的介绍举例：

①蒸汽控制阀加装保温层。硫化机控制蒸汽管理路阀门没装保温层造成车间温度高、浪费热能资源，加大了维修管理时的难度，容易发生烫伤。经技术人员深入调研，对控制蒸汽阀门加装保温层，一方面降低能耗，另一方面降低硫化车间温度，改善生产、维修人员作业环境。每天少用蒸汽约200kg/台机，可省40元/（d·台），每机台每月省1 200元，每年大约省150万元。

②对油罐包扎隔热层（如图2-33所示）。因油料储油罐需要蒸汽进行加热，消耗大量蒸汽，通过对油罐表面进行隔热包扎后，每月可以节约蒸汽40t，每年共节约成本5.232万元。

图2-33 包扎隔热层的油罐

表 2-90　无/低费方案实施效果核定与汇总表

方案类型	方案编号	方案名称	方案简介	实施时间	投资/万元	运行费/万元	实施效果	
							环境效益	经济效益
原辅材料和能源替代	1-01	工艺配方的改变	减少三聚投放，提高浆料流速	2016.01	0	0	无	减少三聚的耗用约21t/a，同时提高了浆料流速，改善了浆料的质量，三聚单价按照0.6万元/t计算，平均每年节约12.6万元配方成本
	1-02	渗花料配方温度的调节	通过对渗花料配方中各高、中、低温砂的配比调配，稳定了窑炉的烧成温度，从而减少窑炉反复升温对煤气造成不必要的浪费	2016.03	0	0	减少酚水产生量8.45t/a，减少焦油产生量7.6t/a；（SO_2酚水产生按照5%，焦油按照4.5%计算，煤的含硫量按0.3%计算）	平均节约煤约0.02kg/m^2，按照每年生产849万m^2计算，节约煤块约169t/a，煤块按照800元/t计算，节约成本约13.58万元/a
设备维护与更新	2-01	对喷雾塔输送带头至下料挡板处，打磨上油漆	各输送带的槽钢重新打磨上防锈漆后，再上一层中灰漆，预防空气及粉料对槽钢的直接接触，从而使槽钢腐蚀生锈后的铁锈落到粉料中形成杂质缺陷	2016.05	1	0.1	间接使工作场所更加亮丽、整洁	有效地预防砖坯杂质缺陷的产生，提高砖坯的优等率约0.2%，可增加效益约10.20万元/a
	2-04	重新粘贴粉箱标示牌	对粉箱标示牌的掉漆及粉箱上下标示牌进行更换、增加，有效地预防错误的发生	2016.02	0.2	0.05	间接使工作场所更加整洁、一目了然	有效的预防的员工因粉箱标示不清而用错料、进错箱等事故发生

方案类型	方案编号	方案名称	方案简介	实施时间	投资/万元	运行费/万元	实施效果	
							环境效益	经济效益
设备维护与更新	2-08	改装煤气气站煤渣下料斗	通过对煤气发生炉的煤渣下料斗的改装，使其为氧化层的热化学反应带来优越条件，加速燃烧	2016.03	0.52	0	减少煤焦油的产生约0.84t/a（按现在焦油的产率为3.8%计算）	使整个煤气发生系统更加趋于稳定，同时加速煤块的燃烧，节能降耗，平均每年可节约煤块约220t，折合人民币约17.6万元
	……							
合计			共　个方案	—	1.72	1.72		

2.5 方案的确定

2.5.1 中/高费方案评估

进一步评估经过筛选得出的初步可行的中/高费方案。方案的评估主要包括技术评估、环境评估、经济评估，分布说明如下。

（1）技术评估

技术评估包括以下内容：

①所采用的工艺技术路线和设备在经济上是否合理；技术是否先进、适用；

②技术引进或设备进口要符合我国国情，引进技术后要有消化吸收能力；

③资源和能源利用率是否合理；

④生产过程是否安全可靠；

⑤工艺技术或设备是否成熟（有无实施先例）。

宜有图表：中/高费方案技术可行性分析表

案例：见表2-91。

表2-91　中/高费方案技术可行性分析汇总

方案编号和名称	技术可行性分析
A02 熔铸炉改用清洁能源	使用管道天然气和电代替生物质作为熔铸炉燃料，技术已经相当成熟，不存在技术问题
B01 公司废气处理设施改造	喷漆工序、静电喷粉固化工序产生的有机废气，锌压铸熔铸炉及铝压铸熔铸炉会产生一定的尾气均采用相应的成熟技术进行收集处理，技术可行
B02 新增生活污水处理设施	新增的生活污水处理设施设计处理流量为 12.5m^3/h，采用 A/O 法进行处理，技术可行
B03 生产废水处理设施改造	为了更好地对废水进行处理和回用，公司决定对清洗废水及喷漆废水进行分类收集、分类处理和回用，技术可行

（2）环境评估

环境评估主要包括以下内容：

①资源和能源消耗是否减少；是否可利用再生资源；

②废弃物排放量的变化；特别强调对污染物排放总量的变化；

③是否使用毒性大、危害严重的原料；

④污染物组分的毒性及其降解情况；

⑤污染物是否会产生二次污染；

⑥操作环境对人员健康的影响；

⑦废弃物的复用、循环利用和再生回收。

宜有图表：中/高费方案环境可行性分析表。

案例：见表2-92。

表2-92 中/高费方案环境可行性分析汇总

方案编号和名称	环境可行性分析
A02 熔铸炉改用清洁能源	改用清洁能源后减少 SO_2 排放 0.43t/a，减少粉尘排放 11.31t/a
B01 公司废气处理设施改造	VOCs 减排 0.51t /a
B02 新增生活污水处理设施	减少 COD_{Cr} 排放 9.28t/a、减少 BOD_5 排放 3.88t/a、减少 SS 排放 2.79t/a、减少氨氮排放 1.81t/a
B03 生产废水处理设施改造	减少 COD_{Cr} 排放 3.56t/a、减少 BOD_5 排放 1.01t/a、减少 SS 排放 0.75t/a

（3）经济评估

经济评估是以项目投资所能产生的效益为评价内容，通过分析比较，选择效益最佳的方案，为投资决策提供依据。经济评估的方法主要采用现金流量分析和财务动态获利性分析方法。

主要经济评估指标为：

①总投资费用 = 建设投资 + 建设期利息 + 流动资金 - 补贴

②净现金流量 = 现金流入 - 现金流出（利润 + 折旧）

③投资偿还期 = 总投资费用/净现金流量

④净现值 = 项目经济寿命期内（或设备折旧年限内）将每年的净现金流量按规定的贴现率折算到同一时间（一般为投资期初）的现值总和

⑤内部收益率 = 项目在经济寿命期内（或设备折旧年限内），各年净现金流量现值累积为零时贴现率。

对于可行的方案，上述各项指标具体应为：

投资偿还期 < 基准年限（由项目具体情况决定），净现值 >0；内部效益率 > 基准收益率（或行业收益率，或银行贷款利率）；当有多个方案比较时，应选择内部收益率最大值者。

宜有图表：中/高费方案经济评估指标汇总表。

案例：见表2-93。

表 2-93 中/高费方案经济评估指标汇总

经济评估指标	方案名称			
	A02 熔铸炉改用清洁能源	B01 公司废气处理设施改造	B02 新增生活污水处理设施	B03 生产废水处理设施改造
总投资 *I*/万元	103	87	150	62
年运行费用总节省金额 *P*/万元	-414.17	0	0	0
新增设备折旧费 *D*/万元	—	—	—	—
净利润 *E*/万元	—	—	—	—
年增现金流量 *F*/万元	—	—	—	—
投资偿还期 *N*/年	—	—	—	—
净现值 NPV/万元	—	—	—	—
净现值率/%	—	—	—	—
内部收益率 IRR/%	—	—	—	—

2.5.2 推荐可实施中/高费方案

汇总列表比较各投资方案的技术、环境、经济评估结果，确定最佳可行的推荐中/高费方案。

应有图表：中/高费方案可行性分析结果表。

案例：

本次审核共产生了 4 个中/高费方案，对其进行了可行性分析，分析结果见表 2-94。

表 2-94 中/高费方案可行性分析结果

方案名称	技术评估结果简述	环境评估结果简述	经济评估结果简述	结论
A02 熔铸炉改用清洁能源	使用管道天然气和电代替生物质作为熔铸炉燃料，技术已经相当成熟，不存在技术问题	改用清洁能源后减少 SO_2 排放0.43t/a，减少粉尘排放 11.31t/a	每年增加燃料成本 414.17 万元	此方案技术、环境均可行，经济不可行，总体可行

方案名称	技术评估结果简述	环境评估结果简述	经济评估结果简述	结论
B01 公司废气处理设施改造	喷漆工序、静电喷粉固化工序产生的有机废气，锌压铸熔铸炉及铝压铸熔铸炉会产生一定的尾气均采用相应的成熟技术进行收集处理，技术可行	VOCs 减排 0.51t /a	主要目的是减少废气排放，没有经济效益	此方案技术、环境均可行，经济不可行，总体可行
B02 新增生活污水处理设施	新增的生活污水处理设施设计处理流量为 12.5m^3/h，采用 A/O 法进行处理，技术可行	减少 COD_{Cr}排放 9.28t/a、减少 BOD_5 排放 3.88t/a、减少 SS 排放 2.79t/a、减少氨氮排放 1.81t/a	主要目的是减少污染物排放，没有经济效益	此方案技术、环境均可行，经济不可行，总体可行
B03 生产废水处理设施改造	为了更好的对废水进行处理和回用，公司决定对清洗废水及喷漆废水进行分类收集、分类处理和回用，技术可行	减少 COD_{Cr}排放 3.56t/a、减少 BOD_5 排放 1.01t/a、减少 SS 排放 0.75t/a	主要目的是减少污染物排放，没有经济效益	此方案技术、环境均可行，经济不可行，总体可行

方案 A02 熔铸炉改用清洁能源、B01 公司废气处理设施改造、B02 新增生活污水处理设施、B03 生产废水处理设施改造能有效减少污染物的产生和排放，对保护环境有较大的积极作用，虽然经济可行性分析均不可行，但四个方案仍全部推荐实施。

2.6　方案的实施

本节主要包括组织方案实施、无/低费方案实施情况汇总、中/高费方案实施情况汇总、已实施方案效果汇总、已实施方案对企业的影响、清洁生产目标完成情况、清洁生产水平评价（审核后）等内容，说明阐述如下。

2.6.1　组织方案实施

中/高费方案的实施应有详细合理的统筹规划，有实施进度表；有合理有效的筹措资金，保证性强。对于未实施完成的中/高费方案应说明原因及下一步计划。

宜采用甘特图形式制订实施进度表。

应有图表：中/高费方案实施进度表。

案例：见表 2-95。

通过统计，5 项中/高费方案共投资 231.5 万元，主要来自公司自筹资金。资金到位后，在公司领导的主持下，按计划实施了各项中/高费方案。方案实施计划见表 2-95。

表 2-95　中/高费方案实施进度表

方案名称	工作任务	2014 年										2015 年										责任部门
		3	4	5	6	7	8	9	10	11	12	1	2	3	4	5	6	7	8	9	10	
A01 生物质锅炉替换重油锅炉	方案设计、筹措资金	■	■																			清洁生产小组
	设备采购		■	■																		
	工程施工			■																		
	安装调试			■																		
	试运行			■	■																	
	验收				■																	
	正常生产				■																	
E01 精炼车间增加布袋集尘机	方案设计、筹措资金			■	■																	清洁生产小组
	设备采购				■	■																
	工程施工					■																
	安装调试					■																
	试运行					■	■															
	验收						■															
	正常生产						■															
E02 BOM（自动硫化机）区加装降温排气罩	方案设计、筹措资金		■	■																		清洁生产小组
	设备采购			■																		
	工程施工			■																		
	安装调试			■	■																	
	试运行				■	■																
	验收					■																
	正常生产					■																

方案名称	工作任务	2014年										2015年										责任部门
		3	4	5	6	7	8	9	10	11	12	1	2	3	4	5	6	7	8	9	10	
E03 UTC（缓冲胶）胎面覆胶工程	方案设计、筹措资金			■	■																	清洁生产小组
	设备采购				■	■																
	工程施工					■	■															
	安装调试						■	■														
	试运行							■														
	验收							■														
	正常生产							■	■													
E04 增加硫化有机废气处理设施	方案设计、筹措资金							■	■													清洁生产小组
	设备采购									■	■											
	工程施工											■	■	■								
	安装调试													■	■	■						
	试运行																■	■				
	验收																	■	■			
	正常生产																		■	■	■	

2.6.2　无/低费方案实施情况汇总

汇总已实施的无/低费方案的成果。

应有图表：无/低费方案实施情况表。

宜有图表：典型清洁生产无/低费方案实施前后图表。

案例：

按照边审核、边实施、边见效的原则，31 项无/低费方案均已全部实施。无/低费方案共投资 19.925 万元，创收经济效益 6.074 万元/a，节电 3.12 万 kW · h/a，节水 150t/a，减少标签报废 1 200 个/a，减少报废帘布胶 1 200kg/a，减少产品报废 360kg/a，减少不良品产出 972 条/a，减少固体废物排放 0.34t/a，节省油墨 120kg/a。

无/低费方案实施效果汇总见表 2-96。

表 2-96 无/低费方案实施效果的核定与汇总

序号	方案编号	方案名称	实施时间	投资/万元	环境效益	经济效益
1	A02	合理采购原辅料	2014-3	0	减少原辅材料损耗	提高产品质量，加强资金周转
2	C01	废品集中回收	2014-3	8	减少废品随意堆放对环境造成的影响	规范废品管理，增加重复利用率
3	D01	改善挡风圈	2014-4	0.05	减少效圈报废数量	延长效圈使用寿命，提高效率，节约因更换时间所浪费电能约720元/a
4	D02	钢丝口径改为双条口径	2014-4	6.8	节电3万kW·h/a	提高产能，节省电费2.16万元/a
5	D03	取消帘纱截断前刺孔装置	2014-5	0.02	减少不良品报废	提升产品质量
6	D04	贴标后加装标签盒	2014-3	0.01	减少因操作原因导报废标签1 200个/a	提高工作效率，节约标签费用约120元/a
7	D05	改善胎面刺孔缩小孔径	2014-5	0.025	减少不良品约72条/a	提升产品合格率，节约成本约960元/a
8	D06	改变盖胶卷取工位调整程序	2014-5	0.15	减少报废帘布胶420kg/a	节约成本0.21万元/a
9	D07	卷取工位刹车装置分三段式	2014-4	0.08	减少报废帘布胶180kg/a	每月可节约成本0.09万元/a
10	D08	精炼开炼机增加挡板	2014-4	0.03	减少600kg/a胶料混入杂质，导致后工序产品报废	减少不良产品产出，可节约成本0.96万元/a
11	D09	开炼机翻胶装置前移	2014-4	0.02	翻胶装置前移后可降低能耗	降低作业难度，提高工作效率
12	E04	盖胶手动投料改输送线自动投料	2014-5	0.45	可减少因帘布胶厚度不均导致的产品报废360kg/a	减少胶料分布不匀，节约成本0.36万元/a

序号	方案编号	方案名称	实施时间	投资/万元	环境效益	经济效益
13	E05	内胎硫水加装内压积水处理管	2014－5	0.3	减少240条/a内胎报废	提升产品质，节约0.12万元/a
14	E06	制作烘烧箱处理半成品水分	2014－5	0.1	减少产生外胎不良品约60条/a	提升产品质，每月能节约0.18万元/a
15	E07	改善拉伸膜卷膜机	2014－5	0.02	减少固体对环境污染，减少固体废物240kg/a	回收膜筒，节约0.084万元/a
16	E08	内胎押出线加装干风口	2014－5	0.06	将胎管水分排清，可减少后工序不良品产出600条/a	改善前工序的半成品合格率，提高经济效益，可节约成本约0.144万元/a
17	E09	盖胶刺孔装置加装一倍刺孔针	2014－6	0.22	减少不良品报废	提升产品质量
18	E10	加装胎面回收料显示仪	2014－6	0.38	能提醒操作员操作情况，了解胶料回收量，避免多产造成能源浪费	提高工作效率，减少人为统计误差
19	E11	改善胎面划线装置	2014－5	0.03	提高油墨利用率，节省油墨120kg/a，节电0.12万kW·h/a	节约0.086万元/a
20	E12	改善喷粉机采用不锈钢挡板	2014－3	0.36	减少喷粉机喷洒粉末的外漏	减少部分对车间环境改善投入资金
21	E13	改善帘纱钢吊挂方式	2014－4	0.2	节约能源消耗	减少打滑，提高效率，加强安全预防
22	E14	加强设备维护	2014－3	0.3	减少因物料流失对环境的污染	提高设备的使用率和生产效益
23	F01	统一改善台车标示牌	2014－4	0.12	减少错用生胎从而导致报废	提高员工工作效率

序号	方案编号	方案名称	实施时间	投资/万元	环境效益	经济效益
24	F02	加强节水工作	2014－3	0	减少废水产生，降低污水排放量，节水150t/a	节省费用1.3万元/a
25	F03	校验蒸汽管道压力表	2014－3	0	减少蒸汽泄漏	节约成本
26	F04	公司推行“6S”管理	2014－3	0.7	提高环保意识	提升公司内部竞力
27	F05	防止跑冒滴漏	2014－3	0	避免物料“跑冒滴漏”	节约原辅材料
28	F06	办公用纸重复利用	2014－3	0	减少固体废物排放0.1t/a	节约费用0.2万元/a
29	G01	提高整体管理水平	2014－3	0.5	提升管理水平	增加效益
30	G02	制定清洁生产管理制度	2014－3	1	完善环保制度	没有经济效益
31	G03	加强岗前培训	2014－3	0	保障安全稳定生产	增强员工意识，提高效益
合计				19.925	节电3.12万kW·h/a，节水150t/a，减少标签报废1 200个/a，减少报废帘布胶1 200kg/a，减少产品报废360kg/a，减少不良品产出972条/a，减少固体废物排放0.34t/a，节省油墨120kg/a	节约费用6.074万元/a

2.6.3 中/高费方案实施情况汇总

汇总已实施的中/高费方案的成果。

应有图表：已实施的中/高费清洁生产方案汇总表。

宜有图表：典型清洁生产中/高费方案实施前后图表。

案例：

按照中/高费方案实施计划安排，到目前为止，5 项中/高费方案共计投资 231.5 万元，取得经济效益 138.614 万元/a，每年可减少 SO_2 排放 1 710.32kg，可减少氮氧化物排放 694.8 kg，减少碳黑粉末 354kg/a，减少有机废气排放 1t/a，具有较好的环境效益和经济效益。

中/高费方案环境效益和经济效益情况汇总见表 2-97。

表 2-97 中/高费方案汇总

方案编号和名称	环境效益	经济效益
A01 生物质锅炉替换重油锅炉	每年可减少 SO_2 排放 1 710.32kg、可减少氮氧化物排放 694.8 kg	每年节约费用 127.44 万元
E01 精炼车间增加布袋集尘机	一年可减少 354kg 碳黑粉末对车间环境的污染	每年节约费用 0.17 万元。通过改善工作环境从而减少或避免因工作环境的问题导致离职或调岗，稳定员工流动性，提高员工工作积极性和生产效率
E02 BOM（自动硫化机）区加装降温排气罩	吸走由硫化工作时产生的大量热气，再由冷风机把车间外的新鲜空气补进来，对车间的空气进行冷热交替和改善工作环境	降温排气罩降温效果良好、单位能耗低，在节约能源基础上以最低消耗达到较好的效果，从而为员工提供在此行业相对较好的工作环境，稳定人员流动率和产能产生一定的帮助
E03 UTC（缓冲胶）胎面覆胶工程	当使用 UTC 胎面覆胶工程后，能明显减少汽油的使用量，降低车间的安全隐患，为员工提供一个安全工作环境。同时每年能减少 1t 有机废气排放	此方案共投资 53 万元，每年节约费用 11 万元，可以提高工作效率、延长胎面保存期限
E04 增加硫化有机废气处理设施	此方案实施前硫化工序有机废气没有进行处理。通过本轮清洁生产增加有机废气处理设施，可有效减少有机废气排放	此方案共投资 22.5 万元，包括设备、收集管道等费用。此方案为环保类方案，没有经济效益

2.6.4 已实施方案效果汇总

统计企业实施本轮所有已实施清洁生产方案实际取得的效益（以年度计）。

应主要针对实施后中/高费方案进行环境效益和经济效益分析。包括实施前后的变化，实际效果与预计效果的差异及分析，是否能够达到预期效果，若未达到，分析其原因及可能新的清洁生产方案等。进行效益分析时应有合理统计依据与明确的计算过程。

应有图表：已实施方案经济效益和环境效益汇总表。

案例：

本轮清洁生产审核的36个方案，已全部实施完成。公司共投资251.425万元，创收经济效益144.688万元/a。通过方案的实施，节电3.12万kW·h/a，节水150t/a，减少报废标签1 200个/a，减少报废帘布胶1 200kg/a，减少报废产品360kg/a，减少不良品产出972条/a，减少固体废物排放0.34t/a，节省油墨120kg/a，减少SO_2排放1 710.32kg/a，减少氮氧化物排放694.8kg/a，减少碳黑粉末354kg/a，减少有机废气排放1t/a，达到了节能、降耗、减污、增效的目的。

已实施方案经济效益和环境效益汇总见表2-98。

表2-98 已实施方案的经济效益和环境效益汇总

方案编号	方案名称	投资/万元	环境效益	经济效益
A01	生物质锅炉替换重油锅炉	118	每年可减少SO_2排放1 710.32kg、氮氧化物排放694.8 kg	节约费用127.44万元/a
A02	合理采购原辅料	0	减少原辅材料损耗	提高产品质量，加强资金周转
C01	废品集中回收	8	减少废品随意堆放对环境造成的影响	规范废品管理，增加重复利用率
D01	改善挡风圈	0.05	减少效圈报废数量	延长效圈使用寿命，提高效率，节约因更换时间所浪费电能720元/a
D02	钢丝口径改为双条口径	6.8	节电3万kW·h/a	提高产能，节省电费2.16万元/a
D03	取消帘纱截断前刺孔装置	0.02	减少不良品报废	提升产品质量
D04	贴标后加装标签盒	0.01	减少因操作原因导报废标签1 200个/a	提高工作效率，节约标签费用约120元/a

方案编号	方案名称	投资/万元	环境效益	经济效益
D05	改善胎面刺孔缩小孔径	0.025	减少不良品约72条/a	提升产品合格率，节约成本约960元/a
D06	改变盖胶卷取工位调整程序	0.15	减少报废帘布胶420kg/a	节约成本0.21万元/a
D07	卷取工位刹车装置分三段式	0.08	减少报废帘布胶180kg/a	每月可节约成本0.09万元/a
D08	精炼开炼机增加挡板	0.03	减少600kg/a胶料混入杂质，导致后工序产品报废	减少不良产品产出，可节约成本0.96万元/a
D09	开炼机翻胶装置前移	0.02	翻胶装置前移后可降低能耗	降低作业难度，提高工作效率
E01	精炼车间增加布袋除尘器	18	一年可减少354kg碳黑粉末对车间环境的污染	节约费用0.17万元/a
E02	BOM（自动硫化机）区加装降温排气罩	20	吸走由硫化工作时产生的大量热气，再由冷风机把车间外的新鲜空气补进来，对车间的空气进行冷热交替，改善工作环境	降温排气罩降温效果良好、单位能耗低，为员工提供较好的工作环境，稳定人员流动率和产能产生一定的帮助
E03	UTC（缓冲胶）胎面覆胶工程	53	当使用UTC胎面覆胶工程后，能明显减少汽油的使用量，降低车间的安全隐患，为员工提供一个安全工作环境。同时每年能减少1t有机废气排放	此方案共投资53万元，每年节约费用11万元，可以提高工作效率、延长胎面保存期限
E04	增加硫化有机废气处理设施	22.5	此方案实施前硫化工序有机废气没有进行处理。通过本轮清洁生产增加有机废气处理设施，可有效减少有机废气排放	没有经济效益
E05	盖胶手动投料改输送线自动投料	0.45	可减少因帘布胶厚度不均导致的产品报废360kg/a	减少胶料分布不匀，节约成本0.36万元/a
E06	内胎硫水加装内压积水处理管	0.3	减少报废内胎240条/a	提升产品质，节约0.12万元/a

方案编号	方案名称	投资/万元	环境效益	经济效益
E07	制作烘烧箱处理半成品水分	0.1	减少外胎不良品约60条/a	提升产品质，每月能节约0.18万元/a
E08	改善拉伸膜卷膜机	0.02	减少固体废物240kg/a	回收膜筒，节约0.084万元/a
E09	内胎押出线加装干风口	0.06	将胎管水分排清，可减少后工序不良品产出600条/a	改善前工序的半成品合格率，提高经济效益，可节约成本约0.144万元/a
E10	盖胶刺孔装置加装一倍刺孔针	0.22	减少不良品报废	提升产品质量
E11	加装胎面回收料显示仪	0.38	能提醒操作员操作情况，了解胶料回收量，避免造成能源浪费	提高工作效率，减少人为统计误差
E12	改善胎面划线装置	0.03	提高油墨利用率，节省油墨120kg/a，节电0.12万kW·h/a	节约0.086万元/a
E13	改善喷粉机采用不锈钢挡板	0.36	减少喷粉机喷洒粉末的外漏	减少部分对车间环境改善投入资金
E14	改善帘纱钢吊挂方式	0.2	节约能源消耗	减少打滑提高效率加强安全预防
E15	加强设备维护	0.3	减少因物料流失对环境的污染	提高设备的使用率和生产效益
F01	统一改善台车标示牌	0.12	减少错用生胎从而导致报废	提高员工工作效率
F02	加强节水工作	0	减少废水产生，降低污水排放量，节水150t/a	节省费用1.3万元/a
F03	校验蒸汽管道压力表	0	减少蒸汽泄漏	节约成本
F04	公司推行“6S”管理	0.7	提高环保意识	提升公司内部竞力
F05	防止跑冒滴漏	0	避免物料“跑冒滴漏”	节约原辅材料

方案编号	方案名称	投资/万元	环境效益	经济效益
F06	办公用纸重复利用	0	减少固体废物排放 0.1t/a	节约费用 0.2 万元/a
G01	提高整体管理水平	0.5	提升管理水平	增加效益
G02	制定清洁生产管理制度	1	完善环保制度	没有经济效益
G03	加强岗前培训	0	保障安全稳定生产	增强员工意识，提高效益
汇总		251.425	节电 3.12 万 kW·h/a，节水 150t/a，减少标签报废 1 200 个/a，减少报废帘布胶 1 200kg/a，减少产品报废 360kg/a，减少不良品产出 972 条/a，减少固体废物排放 0.34t/a，节省油墨 120kg/年，减少 SO_2 排放 1 523.6 kg/a，减少碳黑粉末 2 400kg/a	创收经济效益 162.294 万元/a

2.6.5　已实施方案对企业的影响

考察审核后企业各项生产指标水平（物耗、能耗和水耗等）、有毒有害物质使用情况、产排污情况等的影响。

应有图表：审核前后企业各项指标对比表。

案例：

（1）审核前后各生产指标对比

审核后公司各生产指标与审核前对比情况见表 2-99。

表 2-99　审核前后公司各项指标对比

	总量			单耗		
	单位	2013 年	2015 年 8—9 月	单位	2013 年	2015 年 8—9 月
外胎	条	363 706	101 495	—	—	—
外胎	t	1 154.77	236.45	—	—	—

	总量			单耗		
	单位	2013 年	2015 年 8—9 月	单位	2013 年	2015 年 8—9 月
内胎	条	443 093	99 012	—	—	—
内胎	t	112.67	40.225	—	—	—
总产量	t	1 267.44	276.68	—	—	—
生产用水	t	3 087	641.90	t/t	2.44	2.32
市电	万 kW·h	208	44.82	万 kW·h/t	0.164	0.162
柴油	t	1.05	0.2	t/t	0.000 8	0.000 7
帘子布	t	78.61	16.88	kg/t	62.02	61.01
钢丝	t	52.36	11.23	kg/t	41.31	40.59
天然胶	t	154.1	32.08	kg/t	121.58	115.94
丁苯胶	t	206.39	43.8	kg/t	162.84	158.31
再生胶	t	173.89	38.02	kg/t	137.20	137.42
顺丁胶	t	75.81	16.18	kg/t	59.81	58.48
丁基胶	t	11.38	2.22	kg/t	8.98	8.02
包装材料	t	67.38	12	kg/t	53.16	43.37
防焦剂	t	2.3	0.37	kg/t	1.81	1.34
促进剂	t	4.88	1.01	kg/t	3.85	3.65
橡胶油	t	57.8	10.2	kg/t	45.60	36.87
硫黄粉	t	3.68	0.79	kg/t	2.90	2.86
纳米氧化锌	t	16.52	3.29	kg/t	13.03	11.89
助剂	t	10.15	2	kg/t	8.01	7.23
石油树脂	t	16.52	3.39	kg/t	13.03	12.25
防老剂	t	10.85	2.26	kg/t	8.56	8.17
硬脂酸 SA	t	9.02	1.8	kg/t	7.12	6.51
硫化剂 S-80	t	10.16	2.13	kg/t	8.02	7.7
防护蜡	t	5.25	1.16	kg/t	4.14	4.19

由表 2-99 可看出，审核后单位产品能耗、物耗较审核前均有所降低。

（2）水的供给与消耗

公司用水主要来源于自来水，按用途主要分为生活用水、生产用水。生活用水主要为办公楼洗手间用水等，生产用水主要包括锅炉冷却水及其他生产工序的冷却水。

表 2-100 审核前后产品产量汇总

	总量/t			单耗/（t/t）		
	单位	2013 年	2015 年 8—9 月	单位	2013 年	2015 年 8—9 月
外胎	条	363 706	101 495	—	—	—
外胎	t	1 154.77	236.45	—	—	—
内胎	条	443 093	99 012	—	—	—
内胎	t	112.67	40.225	—	—	—
总产量	t	1 267.44	276.68	—	—	—

表 2-101 近年公司用水情况

	总量/t		单耗/(t/t)	
	2013 年	2015 年 8—9 月	2013 年	2015 年 8—9 月
生产用水	3 087	642	2.44	2.32
生活用水	363	35	—	—
总用水量	3 450	677	—	—

审核后水平衡图见 2-34。

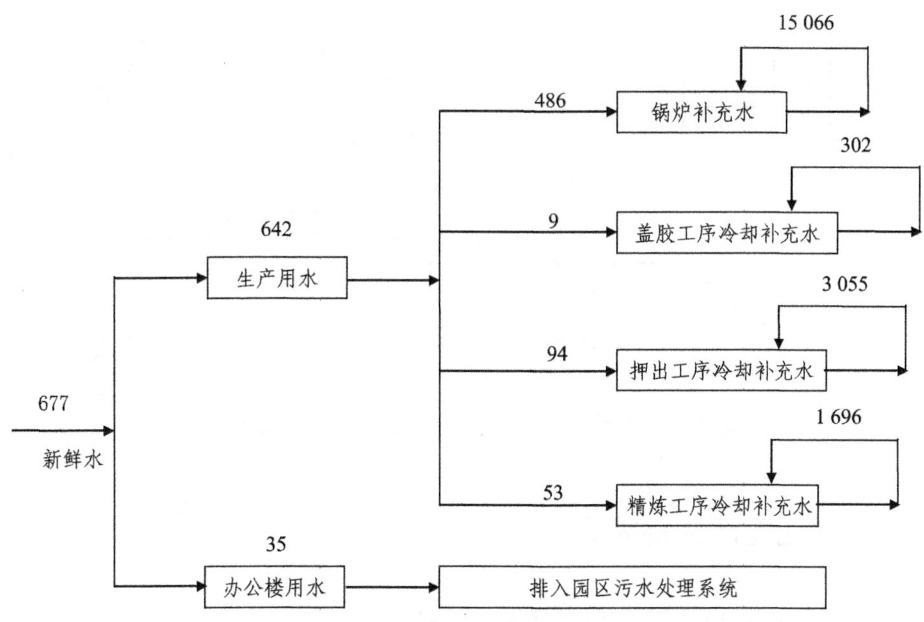

图 2-34 审核后公司水平衡情况

(3) 能源的供给与消耗

公司消耗的能源包括电、生物质、天然气及柴油。生物质、天然气主要用于锅炉，柴油主要用于叉车，公司其他生产工序及生活部门均用电（见表2-102）。

表2-102 近三年能源消耗情况

	总量			单耗		
	单位	2013年	2015年8—9月	单位	2013年	2015年8—9月
市电	万kW·h	208	41.82	万kW·h/t	0.164	0.151
重油	t	213	—	t/t	0.168	—
生物质	t	—	110.96	kg/t	—	401.041
天然气	万m^3	—	0.103	m^3/t	—	3.723
柴油	t	1.05	0.12	t/t	0.000 8	0.000 7
综合能耗	t标准煤	561.45	116.51	kg标准煤/t	443	421

注：电折标系数为1.229 t标准煤/万kW·h，重油折标系数为1.4286 t标准煤/t，生物质折标系数为0.5729 t标准煤/t，天燃气折标系数为13.3 t标准煤/万m^3，柴油折标系数为1.4571 t标准煤/t。

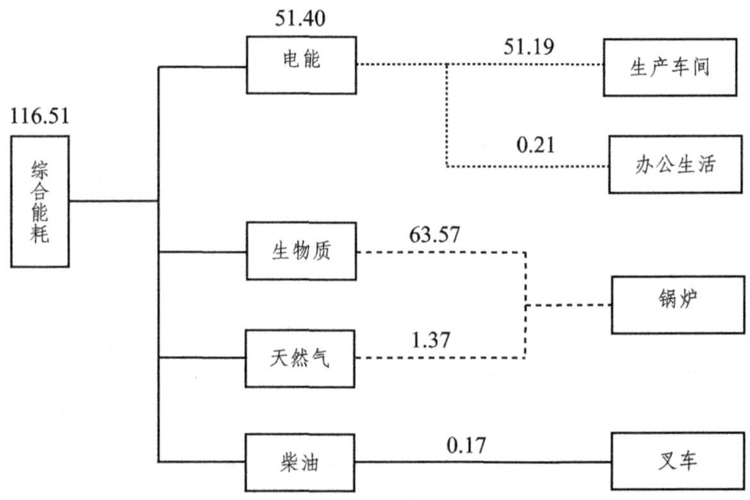

图2-35 审核后公司能源流向情况（单位：t标准煤）

2.6.6 清洁生产目标完成情况

分析企业方案实施后清洁生产目标完成情况。

应有图表：清洁生产目标完成情况。

案例：

本轮清洁生产实施至2015年10月底，清洁生产方案均已实施完毕，实施前后清洁生产目标完成情况见表2-103。

表2-103 清洁生产目标完成情况汇总

序号	名称	审核前（2013年）	近期目标（2015年10月）	审核后（2015年8—9月）	完成情况
1	单位产品SO_2排放量（kg/t产品）	1.44	1.10	0.072	完成
2	单位产品综合能耗（kg标准煤/t三胶）	443	430	421	完成

2.6.7 清洁生产水平评价（审核后）

对方案实施后的企业进行清洁生产水平评价，并应给出详细评价依据及说明。必要时给出方案实施后的审核重点物料平衡分析。

应有图表：企业清洁生产水平评价表（审核后）。

案例：

国家发展和改革委员会发布的《轮胎行业清洁生产评价指标体系（试行）》适用于以天然及合成橡胶为主要原料生产轮胎的企业。在实施清洁生产审核前，根据此标准评价公司的清洁生产现状水平。

公司生产的内外胎均属于斜交胎。

根据《轮胎行业清洁生产评价指标体系（试行）》对公司清洁生产水平进行评价，定量评价、定性评价分别具体见表2-104、表2-105。

表2-104 审核后公司清洁生产水平定量评价

<table>
<tr><th>序号</th><th colspan="3">评价指标</th><th>权重</th><th>单位</th><th>评价基准值</th><th>实际情况</th><th>得分</th></tr>
<tr><td>1</td><td rowspan="3">资源与能源消耗指标</td><td>综合能耗</td><td>斜交胎</td><td>27</td><td>kg标准煤/t三胶</td><td>1 450</td><td>200.12</td><td>27</td></tr>
<tr><td>2</td><td>橡胶消耗量</td><td>斜交胎</td><td>5.5</td><td>t三胶/t产品</td><td>0.50</td><td>0.48</td><td>5.5</td></tr>
<tr><td>3</td><td colspan="2">新鲜水消耗量</td><td>4.5</td><td>t/t三胶</td><td>26</td><td>2.32</td><td>4.5</td></tr>
</table>

序号	评价指标		权重	单位	评价基准值	实际情况	得分
4	产品特征指标	外胎综合合格率	4	%	99	99.7	4
5	污染物产生指标	废水量	6	t/t 产品	4.5	—	—
6		废水 COD	2	kg/t 产品	0.65	—	—
7		废水 pH	1		6~9	—	—
8		废气量	9.25	m^3/t 产品	1 300	1 230	9.25
9		碳黑粉尘量	17.16	kg/t 产品	0.016	0.015	17.16
10		废气中非甲烷总烃	2.65	kg/t 产品	0.4	0.33	2.65
11		恶臭	2.65		20	15	2.65
12		固体废物产生量	5.29	t/t 产品	0.05	0.042	5.29
13	资源综合利用指标	水循环利用率	7	%	95	97.3	7
14		固废回收利用率	7	%	97	97.8	7
15	健康安全指标	劳保投入	2	元/（人·a）	1 000	920	1.84
16		职业病发病率	2	%	0.01	0	2
17		千人负伤率	4	%	0.1	0	4
总分							99.84

注 1. 由于公司生产过程中不产生废水，生活污水排入园区污水处理系统进行集中处理，因此公司没有废水直接外排。污染物产生指标中废水量、废水 COD、废水 pH 三项为缺项。

2. 根据评价指标体系要求，相应对废气量、碳黑粉尘量、废气中非甲烷总烃、恶臭、固体废物产生量五项二级指标的权重值进行了修正。

表 2-105　审核后公司清洁生产水平定性评价

一级指标	指标分值	二级指标	指标分值	备注	实际情况	得分
1. 生产技术特征指标	40	载重子午线轮胎	40	定性评价指标无评价基准值，其考核按对该指标的执行情况给分。技术特征指标中对于生产载重子午线轮胎或承用/轻卡子午线轮胎的企业指标分值直接选用 40 分；	—	—
		承用、轻卡子午线轮胎	40		—	—
		斜交胎	20		斜交胎	20
2. 环境管理体系建立及清洁生产审核	25	建立环境管理体系并通过认证	15		已建立环境管理体系但未通过认证	5
		开展清洁生产审核	10		已经开展	10

一级指标	指标分值	二级指标	指标分值	备注	实际情况	得分
3. 贯彻执行环境保护法规的符合性	25	建设项目环保“三同时”执行情况	5	对于既生产载重子午线轮胎、承用/轻卡子午线轮胎又生产斜交胎的企业，可根据产量计算其生产技术特征指标分值。分值 = 载重子午线轮胎年产量（万条）/轮胎年总产量（万条）×40 + 承用/轻卡子午线轮胎年产量（万条）/轮胎年总产量（万条）×40 + 斜交胎年产量（万条）/轮胎年总产量（万条）×20	执行环保“三同时”	5
		建设项目环境影响评价制度执行情况	5		执行环境影响评价制度	5
		老污染源限期治理项目完成情况	5		无老污染源	5
		污染物排放总量控制情况	10		污染物未超总量排放	10
4. 资源综合利用指标	10	子午线轮胎和大型工程轮胎翻新情况	5		公司生产的主要为斜交胎，没有子午线轮胎和大型工程轮胎	5
		废旧橡胶综合利用情况	5		废旧橡胶能循环综合利用的均进行了综合利用	5
总分						75

审核后公司清洁生产综合评价指数为：

$$P = 0.7 \times P_1 + 0.3 \times P_2 = 92.39$$

式中：

P——企业清洁生产的综合评价指数，其值在 0～100；

P_1、P_2——分别为定量评价指标考核总分值和定性评价指标中各考核总分值。

本评价指标体系将轮胎行业企业清洁生产水平划分为两级，即国内清洁生产先进水平和国内清洁生产一般水平。对达到一定综合评价指数的企业，分别评定为清洁生产先进企业或清洁生产企业。

根据目前我国轮胎行业的实际情况，不同等级的清洁生产企业的综合评价指数列于表 2-106。

表 2-106 轮胎行业不同等级的清洁生产企业综合评价指数

清洁生产企业等级	清洁生产综合评价指数
清洁生产先进企业	$P \geq 90$
清洁生产企业	$80 \leq P < 90$

审核后公司清洁生产综合评价指数为92.39≥90，这表明公司达到了清洁生产先进企业水平。

2.7 持续清洁生产

持续清洁生产是企业清洁生产审核的最后一个阶段。目的是使清洁生产工作在企业内长期、持续地推行下去。本阶段工作重点是建立推行和管理清洁生产工作的组织机构、建立促进实施清洁生产的管理制度、制订持续清洁生产计划以及编写清洁生产审核报告。

2.7.1 建立和完善清洁生产组织

清洁生产是一个动态的、相对的概念，是一个连续的过程，因而须有一个固定的机构、稳定的工作人员来组织和协调这方面工作，巩固已取得的清洁生产成果，并使清洁生产工作持续地开展下去。

一般可在原清洁生产审核小组的基础上进行调整，成立持续清洁生产小组成为公司的持久清洁生产组织机构，并明确职责。

案例：见表2-107。

表2-107 持续清洁生产小组人员名单

序号	人员	小组职务	公司职务	职责
1		组长	总经理	统筹公司清洁生产审核工作
2		副组长	总经理助理	协助组长，做好厂内持续清洁生产工作
3		成员	厂长	负责整个清洁生产技术审核
4		成员	总经办主任	协助组长，持续清洁生产计划和组织工作的实施
5		成员	经理	负责持续清洁生产中产品品质方面的工作
6		成员	厂长助理	做好与清洁生产相关的标准化推行方面的持续清洁生产工作

（1）明确任务

企业清洁生产组织机构的任务有以下四个方面：

①组织协调并监督实施本次审核提出的清洁生产方案；

②经常性地组织对企业职工的清洁生产教育和培训；

③选择下一轮清洁生产审核重点，并启动新的清洁生产审核；

④负责清洁生产活动的日常管理。

（2）落实归属

清洁生产机构要想起到应有的作用，及时完成任务，必须落实其归属问题。企业的规模、类型和现有机构等千差万别，因而清洁生产机构的归属也有多种形式，各企业可根据自身的实际情况具体掌握。可考虑以下几种形式：

①单独设立清洁生产办公室，直接归属厂长领导；

②在环保部门中设立清洁生产机构；

③在管理部门或技术部门中设立清洁生产机构。

不论是以何种形式设立的清洁生产机构，企业的高层领导要有专人直接领导该机构的工作，因为清洁生产涉及生产、环保、技术、管理等各个部门，必须有高层领导的协调才能有效地开展工作。

（3）确定专人负责

为避免清洁生产机构流于形式、确定专人负责是很有必要的。该职员须具备以下能力：

①熟练掌握清洁生产审核知识；

②熟悉企业的环保情况；

③了解企业的生产和技术情况；

④较强的工作协调能力；

⑤较强的工作责任心和敬业精神。

2.7.2　建立和完善清洁生产管理制度

清洁生产管理制度包括把审核成果纳入企业的日常管理轨道、建立激励机制和保证稳定的清洁生产资金来源。

（1）把审核成果纳入企业的日常管理

把清洁生产的审核成果及时纳入企业的日常管理轨道，是巩固清洁生产成效、防止走过场的重要手段，特别是通过清洁生产审核产生的一些无/低费方案，如何使它们形成制度显得尤为重要。

①把清洁生产审核提出的加强管理的措施文件化，形成制度；

②把清洁生产审核提出的岗位操作改进措施，写入岗位的操作规程，并要求严格遵照执行；

③把清洁生产审核提出的工艺过程控制的改进措施，写入企业的技术规范。

（2）建立和完善清洁生产激励机制

在奖金、工资分配、提升、降级、上岗、下岗、表彰、批评等诸多方面，充分与清洁生产挂钩，建立清洁生产激励机制，以调动全体职工参与清洁生产的积极性。

案例：

××企业清洁生产激励制度

1. 目的

为鼓励公司各部门员工在日常生产中提出好建议，持续改善各部门的生产效率，特制定本制度。

2. 适用范围

适用于全公司提出有关清洁生产合理化建议的部门和员工。

3. 职责

3.1 各部门员工对自己工作范围内的细节提出改善建议。

3.2 各部门主管对员工提出的建议进行评估，并把具有可行性的建议上报“清洁生产领导小组”审批；审批通过后，制订实施方案的计划，监测实施结果并形成评价意见。

3.3 “清洁生产领导小组”对各部门送来的改善建议进行审批，并保证财政投入用于方案实施。

4. 内容

4.1 合理化建议的收集

员工在本部门内提出清洁生产合理化建议并填写《合理化建议表》，递交至各自部门主管。建议内容需列明该方案所需投入的设备及投资，并对实施效果进行初步估算。

4.2 合理化建议的评估

4.2.1 各部门主管每月一次对本部门提交的建议进行评审，对认为可以执行的建议立即报送“清洁生产领导小组”予以审批。

4.2.2 “清洁生产领导小组”对各部门上报的建议进行评估，根据评估结果和实际情况予以批准实施。

5. 奖励

5.1 对提出建议的员工，经“清洁生产领导小组”裁定所提建议与清洁生产有关的，不论该建议采纳与否，每条建议均奖励10元。

5.2 对于经“清洁生产领导小组”审批予以采纳的建议，每条建议奖励该方案收益的2%。

5.3 相同或类似的建议只奖励一次；若有多人提出相同或类似建议的，只对先提出建议的员工进行奖励。

5.4 若员工所提建议内容在公司以前生产过程中已经实施或已计划实施的，不予以奖励。

6. 其他：本制度从批准之日起实施。

（3）保证稳定的清洁生产资金来源

清洁生产的资金来源可以有多种渠道，如贷款、集资等，但是清洁生产管理制度的一项重要作用是保证实施清洁生产所产生的经济效益，全部或部分地用于清洁生产和清洁生产审核，以持续滚动地推进清洁生产。建设企业财务对清洁生产的投资和效益单独建账。

2.7.3　制订持续清洁生产计划

清洁生产并非一朝一夕就可完成，因而应制订持续清洁生产计划，使清洁生产有组织、有计划地在企业中进行下去。持续清洁生产计划应包括：

（1）清洁生产审核工作计划：指下一轮的清洁生产审核。新一轮清洁生产审核的起动并非一定要等到本轮审核的所有方案都实施以后才进行，只要大部分可行的无/低费方案得到实施，取得初步的清洁生产成效，并在总结已取得的清洁生产的经验的基础上，即可开始新的一轮审核。

（2）清洁生产方案的实施计划：指经本轮审核提出的可行的无/低费方案和通过可行性分析的中/高费方案。

（3）清洁生产新技术的研究与开发计划：根据本轮审核发现的问题，研究与开发新的清洁生产技术。

（4）企业职工的清洁生产培训计划：为了持续推进清洁生产工作，有必要对各级领导和员工进行深入的清洁生产知识的宣传和培训工作。持续清洁生产小组负责组织对公司各部门领导进行不定期的清洁生产相关知识的培训，由公司各车间主任负责组织对公司员工的不定期清洁生产培训。持续清洁生产培训计划见表2-108。

表2-108　持续清洁生产培训计划

序号	培训内容	培训对象	培训时间及培训讲师	培训方式
1	①开展清洁生产的意义 ②清洁生产相关法律、政策 ③清洁生产审核相关知识 ④清洁生产审核程序与技巧 ⑤行业清洁生产发展状况 ⑥行业先进清洁生产技术的发展及应用 ⑦员工清洁生产意识的提高方法 ⑧企业清洁生产管理	各部门经理 车间主管	每季度一次	集中学习、讨论

序号	培训内容	培训对象	培训时间及培训讲师	培训方式
2	①清洁生产意识的提高 ②如何防止“跑冒滴漏” ③工艺操作的精细化控制 ④员工的环保、安全教育	车间员工	每周例会，车间主管	会议强调

2.8 总结

结论包括以下内容：审核结束时企业能耗、物耗和产污、排污现状所处水平及其真实性、合理性评价；是否达到所设置的清洁生产目标；已实施的清洁生产方案的成果总结；拟实施的清洁生产方案的效果预测；本轮清洁生产审核工作中企业还存在的问题及持续改进建议。

企业在开展清洁生产审核的过程中，在“节能、减排、减污、增效”的原则下，严格按照清洁生产的审核准备、预审核、审核、方案产生和筛选、方案的确定、方案实施和持续清洁生产七大步骤开展工作，并根据自身情况，投入了大量的人力、物力和时间，产生并实施了多项收效显著的无/低费方案和数项改造方案，提高了生产效率、资源及能源利用率，提高了内部的管理能力和完善了管理制度，改善了厂容厂貌，获得了较大的环境与社会效益，在积累清洁生产相关经验的同时，增强了持续深入开展清洁生产的信心。此外，公司也发现了在实施过程中存在着一些问题和不足，需要进一步的加强和完善。

2.8.1 清洁生产审核结果及真实性评价

小结审核后企业能耗、物耗和产污、排污现状所处水平，及各项数据来源，必要时，提供审核前后相应数据的对比表。

案例：见表2-109。

表2-109 审核前后原辅材料和能源消耗情况

指标	产量	原料	新鲜水	电单耗	煤单耗	综合能耗
单位	t/月	t/ t 瓷	m^3/ t 瓷	kW · h/ t 瓷	kg/ t 瓷	kg 标准煤/ t 瓷
审核前	17 962	1. 13	1. 17	241. 41	215. 04	246. 18

指标	产量	原料	新鲜水	电单耗	煤单耗	综合能耗
审核后	28 444	1.09	0.94	177.43	208.96	224.62
变化率/%	58.36	-3.54	-19.66	-26.50	-2.83	-8.76

注：综合能耗为各种能源折标总和；审核前是指2010年生产数据，审核后是指2012年生产数据。

2.8.2　清洁生产审核目标完成情况

直接用表格形式体现本轮清洁生产审核目标完成情况，如表2-110所示。

表2-110　清洁生产目标完成情况表一览表

目标内容	审核前（2010年）	审核后（2012年）	近期目标（2012年底）	目标完成情况
单位产品原料消耗/(t/t瓷)	1.13	1.09	1.11	完成
单位产品耗电量/(kW·h/t瓷)	241.41	177.43	235.0	完成
单位产品耗煤量/(kg/t瓷)	215.04	208.96	213.0	完成
单位产品综合能耗/(kg标准煤/t瓷)	246.18	224.62	243.0	完成

2.8.3　清洁生产方案成果总结

本轮清洁生产审核期间，企业实施无/低费清洁生产方案及中/高费清洁生产方案的数量、总投资额、直接经济效益及方案完成情况。所有方案实施后的环境效益和经济效益可以表格形式汇总，如表2-111所示。

表2-111　清洁生产审核效益汇总

环境效益		经济效益/万元	
节水	0.35万t	节约水费	0.7
节电	113.2万kW·h	节约电费	88.2
节煤	2 029t/a	节约购煤成本	162.32
节约原料	262.7万t	节约原料成本	23.4
废弃物回收利用	24 453.1t	节约生产成本	233.44
减少酚水、煤焦油产生量	16.89t	提高优等品率，提高产值	409.74
减排二氧化硫	1.62t	节约人工成本	60
减排粉尘	8.62t		

2.8.4 清洁生产水平提升

参考行业清洁生产评价体系，在清洁生产审核后进行对标自评，评价企业在开展清洁生产审核后最终所能达到的清洁生产水平情况。可以表格形式对比审核前后清洁生产水平情况及提升情况，如表2-112所示。

表2-112 审核前后清洁生产水平自评结果

时间段		定量评价指标	定性评价指标	综合评价指标	企业清洁生产等级
审核前	2010年	91.44	52.0	79.61	国内清洁生产先进企业
审核后	2012年	93.2	81.0	89.54	国内清洁生产先进企业

2.8.5 问题与建议

企业在开展清洁生产审核过程中所遇到的问题及经验分享，对进一步完善审核工作，推进企业“节能、降耗、减污、增效”工作提出有效建议。

2.9 清洁生产审核报告附件材料

按照《关于印发广东省清洁生产审核报告编制范本的通知》（粤经信节能〔2010〕739号）要求，审核报告应附上以下附件材料（注意材料与实际情况的一致性及时效性）：

①企业污染物排放许可证副本复印件；

②企业审核前后由县级以上环保监测部门出具的污染物排放监测报告复印件；

③固体废物处理处置合同及转移联单复印件；

④企业清洁生产管理制度和激励机制复印件；

⑤清洁生产技术服务单位人员名单及资质证明材料复印件；

⑥凡列入各级政府监管的重点耗能企业提供节能目标完成情况证明；

⑦*企业环保守法证明；

⑧*企业环境管理体系认证证书复印件；

⑨*企业环境标志产品证书复印件。

注：带“＊”为可附，其他为必附

此外，为了更全面地体现企业的开展清洁生产审核工作的情况，还会附上以下附件资料：

①企业法人营业执照；

②环评批复及环保验收文件；

③企业突发环境事件应急预案（或备案证明）；

④工作场所职业健康检测；

⑤企业其他荣誉证书；

⑥企业实施的中/高费方案实施证明材料（合同/协议、技术方案、发票/收据等）。

模块三　清洁生产审核方法及技巧

3.1　清洁生产审核的筹划及准备

筹划与组织是清洁生产审核方法学的第一阶段。它是开展清洁生产审核的基础，也是工作的开端。该阶段重点工作包括：

①项目前期准备。

②获得领导的承诺与参与。

③组建清洁生产领导小组和工作小组。

④设置培训课程。

⑤发动员工参与，克服思想障碍。

3.1.1　项目准备工作要充分

俗话说“磨刀不误砍柴工”，要顺利完成一个项目，前期准备工作是否充分往往能起到事半功倍的效果，因此我们在开展清洁生产审核之前，有针对性地做好前期准备工作显得尤为重要。

（1）了解项目基本情况

清洁生产审核对象根据审核类型、层级、区域、行业、类别等方式进行分类，在项目开展前期，需对确定该项目的各类情况，再有针对性地做好准备工作。

①审核类型不同

可分为自愿性清洁生产审核和强制性清洁生产审核。自愿性审核与强制性审核，在标准运用、审核流程、工作思路、侧重点、报告编制等方面均有所不同。

在部分地区，自愿性清洁生产审核与强制性清洁生产审核没有做严格区分，两者有交叉，例如，佛山地区，强制性清洁生产审核在通过评估后可以转为自愿性清洁生产审核。

表 3-1 自愿性清洁生产审核和强制性清洁生产审核工作区别

序号	项目	自愿性审核	强制性审核	备注
1	清洁生产标准运用	清洁生产评价指标体系	清洁生产技术标准	目前部分行业已统一评价标准
2	工作流程	分一步走，即按照审核流程完成审核工作即可提交申请验收	分两步走，即需先评估，在完成所有中/高费方案实施等工作后在申请验收	各地略有差异
3	工作思路	从降低成本，提高效益入手	从污染源出发，寻找全过程减污的措施	
4	审核侧重点	以满足环保要求为基本前提，实现节能、降耗、增效目标	以污染物达标排放、总量减排、有毒有害原材料削减为目标，审核结果就是要满足环保的要求	

由于各地政策的不同，因此在审核之前需掌握清楚项目所在地市的清洁生产审核规定。

②层级不同

以广东省为例，早期强制性清洁生产审核分为省级和市级，即省级由省环保厅组织评估验收，市级由市环保局组织评估验收，目前评估验收工作已全部下放到市级。自愿性清洁生产审核，仍然分为省级和市级，即“广东省清洁生产企业”和“××市清洁生产企业”。

因此，对于自愿开展清洁生产审核的企业，审核咨询人员应该明确该项目是要达到省级标准还是市级标准。应该鼓励有条件的企业申报省级清洁生产企业。

③项目所在区域

区域可以指项目所在行政区域，也可以是项目在某环境功能区或者园区，不同的行政区域、功能区或园区需参照标准、规定会有所不同。

对行政区域来讲，往往评估验收方法有所不同。

对于不同的功能区来讲，往往执行的标准不同。

对于在园区的企业，可能是集中供热和集中污水处理，因此审核时不需要关注污水处理、锅炉等对象。

④行业特性

清洁生产审核的对象可以是工业企业、农业、餐饮服务业等，不同产业开展清洁生产审核，需要采用不同的方法。例如：

第一产业，以蔬菜种植为例，其生产过程的时间性不强，很难在短时间内掌握一个产品的生产周期；除了节水、节材，减少农药残留或降低毒性也是重要的目标。

第三产业，以酒店为例，清洁生产审核重点是节水、节能，减少“五常”用品的使用。

第二产业在清洁生产审核比重中分量最大。结合环保等方面的要求，需要了解是否涉重企业、是否为国控/省控污染源企业；结合行业分类，应了解企业所属的细分行业，如建材行业就包括陶瓷、玻璃、水泥、铝型材等行业。结合产业政策，看是否为淘汰落后产能。

⑤企业基本信息

项目前期能掌握企业的信息都比较有限，可以通过其他的途径掌握企业宏观信息，包括：

查阅企业网站，了解企业发展历程、荣誉、产品类型等信息；

各职能部门网站发布有关企业的信息。

通过掌握企业的一些对外宣传信息或行政发布的通知通告，有利于有针对性地做好准备工作，有利于增进跟企业的有效沟通。

（2）掌握企业负责人对审核工作的预期

与企业负责人进行沟通对话，引导企业重视清洁生产审核工作。企业开展清洁生产审核的预期主要有以下几种：

主动型：

- 企业自愿开展，想获得荣誉和奖励。
- 企业想提高自身。
- 同行开展了，自己不能落后。

被动型：

- 如果不主动开展，后果会怎样……
- 已经列入强制审核了，不得不开展。

（3）收集相关法规及资料

在开展清洁生产审核过程中，需要对照的标准及参考的资料主要包括行业污染物排放标准、产业政策、清洁生产标准、能源消耗限额等。

行业污染物排放标准：国家或省制定的行业污染物排放标准，例如，《纺织染整工业水污染物排放标准》（GB 4287—2012）、《陶瓷工业污染物排放标准》（GB 25464—2010）、广东省地方标准《家具制造行业挥发性有机化合物排放标准》（DB 44/814—2010）。

产业政策：行业准入、省市有关行业整治文件等，例如，《印染行业准入条件》

（工消费〔2010〕93 号）。

清洁生产标准：包括清洁生产技术标准、清洁生产评价指标体系。

能源消耗限额：能源消耗限额、水耗限额，包括国家级和省级能耗限额和水耗限额，例如，《建筑卫生陶瓷单位产品能源消耗限额》（GB 21252—2013）、《广东省塑料注塑制品单位产品能源消耗限额》（征求意见稿）、《造纸产品取水定额》（GB/T 18916.5—2002）。

其他有关资料：包括产品质量标准、行业术语、绿色环保产品标准等。

3.1.2　如何获取企业负责人的信任与支持

企业清洁生产审核工作要达到预期的效果，顺利圆满完成审核工作，从一开始就要取得企业老板的信任与支持，因此要善于从企业老板关注点和角度看问题，往往能起到较好的效果。

（1）从节省成本入手，阐述清洁生产审核的效益

成本控制是企业管理最重要的工作之一，企业生产过程中往往存在一些看得见的浪费，但却没有得到企业老板和管理人员的重视，分析其原因，主要有以下两点：

①思想观念没有转变，认为有些浪费是必不可少的。

②不知道浪费造成的损失有多大。

案例："跑冒滴漏" 造成的浪费。

①漏油造成的损失

电机波箱或传动链条漏油是很多企业存在的现象，图 3-1 是某企业生产现场漏油状况，据统计该企业一年因机油泄漏造成的经济损失高达 4 万元。

②压缩空气泄漏

"跑冒滴漏" 不仅浪费资源和生产成本，而且容易造成安全隐患、产品质量等问题。以压缩空气泄漏为例，一个直径为 1mm 的小孔常年在漏气而没有得到维修，如果一个厂存在 20 个小漏空的话，一年可能造成 2 万 ~ 4 万元的经济损失。

因此，将企业看得见的浪费直接跟企业负责人汇报，并估算其浪费的价值，往往可以快速引起企业老板的注意和重视。

（2）善于挖掘企业的亮点

要善于看到企业做的好的地方，通过表扬企业一些好的做法，拉近与企业管理人员的距离，挖掘企业的亮点可以从以下几个方面入手：

①企业获得的荣誉。

②产品特点及优势。

③现场管理水平较好。

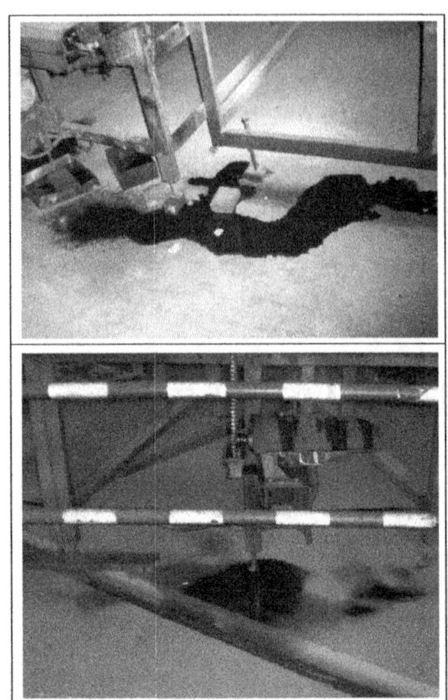

图 3-1 企业机油泄漏图

图 3-2 管道压缩空气泄漏图

表 3-2 压缩空气泄漏损失

泄漏孔径/mm	空气泄漏量/(m^3/h)	相当于功率损失/kW	年损失成本/元
0.1	0.04	0.004	20
1	4.3	0.43	2 300
3	42	4.2	22 000
5	120	12	63 000

注：每年按 8 760h 计算，电费按 0.6 元/kW · h 计算。

④工艺、设备先进。
⑤企业执行力较好。

3.1.3 第一次下厂做什么

与企业项目负责人交流，初步了解企业基本情况，确定总体工作思路和方向
主要工作内容：
①快速考察企业现场、设备、工艺、环保治理设施等。
②了解企业用能、取水等情况。
③了解企业车间布置、周边环境情况。
④了解企业管理及架构情况。
⑤与企业项目负责人进行简单的沟通交流，确定工作方式方法。

3.1.4 如何做好宣传教育

(1) 有针对性地设置培训内容

清洁生产培训是开展清洁生产审核第一阶段重要工作之一，通过培训可以很好地转变企业对清洁生产的看法。在启动培训前，根据企业的实际情况充分做好培训内容很关键，往往可以起到事半功倍的效果。培训内容的设置，应考虑以下几个要点。
①从浪费、增效等课程入手，调动企业对清洁生产工作的积极性。
②从对标分析入手帮助企业找出与行业标杆、历史最好水平的差距。
③从现场管理入手，利用企业现场图片打动企业管理人员。
④围绕验收标准，帮助企业找出差距。
⑤根据企业需求，增加培训课程。
一般企业开展清洁生产培训时，可以开展如表3-3所示培训。

表3-3 企业清洁生产审核培训一览表

序号	培训项目	内容	培训对象	适合企业
1	清洁生产审核工作计划及过程	介绍清洁生产审核工作计划、审核基本步骤及申报基本要求	审核小组和领导小组	所有
2	清洁生产概述	1. 清洁生产起源与发展 2. 清洁生产含义 3. 清洁生产与企业关系 4. 企业清洁生产主要方向及内容	班组长以上员工	所有

序号	培训项目	内容	培训对象	适合企业
3	清洁生产思路与方法	1. 清洁生产审核思路 2. 生产要素分析法	班组长以上员工	所有
4	清洁生产法规与标准	1. 清洁生产验收、评估管理办法 2. 清洁生产评价指标体系、技术标准 3. 能耗限额标准、行业准入制度等	审核小组及以上人员	所有
5	水和能源管理	1. 节能、节水的意义 2. 水和能源的管理 3. 节水和节能的常见做法	审核小组及以上人员	高耗水、高耗能企业
6	现场管理	1. 现场管理意义 2. 现场管理主要工作	班组长以上人员	现场管理水平一般的企业
7	如何挖掘清洁生产潜力	介绍挖掘清洁生产潜力的几种方法	班组长以上人员	所有
8	巩固清洁生产成本的方法	建立制度 完善考核	审核小组及以上人员	所有

（2）采用多种形式开展宣教

开展宣教的方式有：横幅、黑板报、讲座、班前班后会议、企业报刊宣传发放宣传手册、网站等电子信息平台。如图 3-3 所示。

（3）培训应逐渐深入、目标性强

清洁生产培训应该是一个渐进的过程，根据工作的推进需要，对企业了解深度开展培训工作，主要遵循以下几个原则：

①因人而异的原则，管理人员的培训和员工的培训侧重点有所不同，针对员工的培训应该是案例、图片为主，用实际案例启发员工。

②根据工作推进由浅入深的原则，前期的培训往往是宏观层面的内容比较多，随着工作的深入，可以就某个问题展开培训和讨论，如《如何控制生产过程粉尘》。

③阶段性工作总结也是培训的好时机，可以深化企业管理人员对清洁生产的认识，如预审核小结，是提出问题的好机会。

（4）启动会议很重要

企业高层领导发表动员讲话，对推行清洁生产审核工作做出具体部署，要求全

图 3-3　企业宣传形式图

体员工人人参与，宣传提升环境保护意识，改变思想观念、统一认识，集中精力全面排查薄弱环节，努力攻克难点难关，对照审核标准挖掘潜力，全力保证清洁生产工作的推行（如图 3-4 所示）。

会议公布清洁生产审核领导小组和工作小组，明确责任和分工。

由清洁生产审核专家介绍清洁生产工作的意义，清洁生产的重要性、实现途径、方法及目标向与会人员进行了深入浅出的讲解。

图 3-4　企业清洁生产启动会议

3.2 现场诊断、评价，清洁生产潜力的挖掘

3.2.1 现场诊断方法和技巧

在预审核过程中对企业整个操作区和生产现场进行总体调查，收集企业和单元操作的实际信息。现场诊断主要采取的方式有以下几种：

看：查看现场记录单，观察员工操作和设备运转情况；

问：与车间管理人员及操作人员进行现场交流，充分获取现场无记录的信息；

记：将重要信息、现象用文字、图片等形式记录下来；

测：采用一些简单、便携式的仪器记录调查对象参数，如噪声、照度、pH 值、表面温度等。

现场诊断应分单元进行，每个单元均是调查对象。对于重点单元应进行深入调查，重点单元包括：主要产排污环节、涉重环节、耗能大设备、运行故障率高的工序等。

在调查诊断之前须做好充分准备，尤其是对于新工艺、新技术要提前查阅相关资料，设置好调查表格和记录项目。

调查诊断也应该是分阶段、分步骤逐层深入，尤其是在完成基本调查诊断的基础上开展深入诊断。

3.2.2 环保手续诊断

3.2.2.1 企业基本环保文件要求

目前，国家和地方政府对环境保护工作制定一系列的标准和法规，制定许多具体的要求。因此，企业在建设、投产和扩产等阶段都必须办理一定的环保手续，必须获得当地环保部门的批准或许可。在通常的情况下，企业应该有基本的环境保护文件。否则就是环保手续不齐全。基本的环境保护文件可见表 3-4。由于每个地方政府的要求不同，应有的环保文件也有一定的不同。

表 3-4　基本的环境保护文件

序号	文件名称	出具单位
1	新建环境评价报告书（表）	具有相应环评资质单位
2	环境评价报告的批复	当地环保部门
3	新建项目环保验收	当地环保部门或自主验收
4	改建、扩建项目环境评价	具有相应环评资质单位
5	改建、扩建项目的批复	当地环保部门
6	改建扩建项目环保验收	当地环保部门或自主验收
7	污染物排放许可证	当地环保部门

此外，各地方还会根据本地的环境保护要求，发出一些特殊的有针对性的文件。对此，也要给予注意。

获得各种环境保护文件后，要对照文件核对和了解企业的一些情况。表 3-5 是通过文件可以获得信息和环保文件运用情况。

表 3-5　环保文件的用途

序号	文件	用途
1	新建环境评价报告书（表）、环境评价报告的批复	检查企业的原辅材料、生产工艺、生产规模、生产设备、环保设施、污染物处理和排放、危废转移等是否符合要求
2	环境治理设施设计报告、环境治理设施验收报告	核对环保设施是否符合设计要求和处理要求
3	改建、扩建项目环境评价，改建、扩建项目的批复、新建、改建、扩建项目环保设施设计	企业新建、改建和扩建项目是否符合要求
4	例行检测报告、污染物量核对表、排污费缴纳通知书	企业平时污染物治理水平、统计排污总量以及了解污染物排放浓度情况
5	排污许可证	企业污染物排放的种类、总量和浓度限值情况
6	其他环保文件	了解企业执行和遵守环保法律法规的情况

污染物检测报告：按污染物类型分，可分为废水、废气、噪声、车间空气检测报告和其他特殊检测报告（如污泥重金属含量检测等）。其中检测项目分常规项目和特征污染物。

根据检测方式划分，可分为四种类型：项目验收监测报告（包括环评审批项目和环保治理设施工程验收项目）、日常检测报告、监督性检测报告和在线监测数据。

查阅污染物检测报告时，应结合企业污染物产生和治理情况的变化（如发生燃料或原料替换、污染物收集方式改进、污染物治理设施改造等），分析企业污染物排放情况的变化，包括排污浓度和排污总量，分析污染物是否达标排放。

3.2.2.2 企业环保手续的常见问题

（1）项目未批先建

部分企业不了解环保手续的重要性，在项目投建之前没有向相关环保部门申报建设项目的环评审批手续。由于缺少建设项目环境影响评价资料，项目后续的环评审批、验收意见、排污许可证也无法正常取得。如果项目没有相关环评审批文件而投产运行，则属于“未批先建”类的违规项目，违反国家环境保护、环境影响评价等法律法规要求。

（2）项目久试未验

由于对环保验收流程不了解，部分企业在项目投产运行后没有进行项目的环保验收。如果项目只取得环评审批，而没有通过环保验收，则属于“久试未验”类的违规项目，也不符合国家环境保护等法律法规要求。

（3）不重视排污许可证的申办及更换

不同行业产生不同的环境污染物。在项目环评审批过程中，环保部门确定项目各类污染物排放的限值要求，对污染物的产排污情况进行核算，并结合区域环境质量保护、行业污染物控制等要求，下发污染物排放量给审批项目。因此，企业应注意解读环保验收批文，按批文要求申请排污许可证。此外，排污许可证在有效期内使用，企业应根据国家和地方的排污许可证管理办法更换排污许可证。

（4）危险废物未按要求处置

部分企业没有按环保要求委托有资质单位处置危险废物，缺失危险废物处置合同和转移联单。有些企业的危险废物管理流于形式，只有第三方处置合同，缺少转移联单。危险废物的处置合同和转移联单两者相辅相成，缺一不可。

（5）疏于监管污染物排放情况

受传统经营观念的影响，部分企业不重视污染物达标排放的监管，误以为没有收到环保投诉和处罚就说明厂里的污染物达标排放。其实不然。重点排污企业应建立自行监测方案，定期委托第三方检测各类污染物的排放量，确保污染物排放浓度和排放总量符合环保审批部门要求。

3.2.3 环保治理设施诊断

3.2.3.1 废气治理设施

(1) 废气治理设施类型

①炉窑废气

1) 锅炉废气

锅炉废气是部分企业主要大气污染物之一，企业使用的锅炉一般可分为蒸汽锅炉、热载体锅炉、热水锅炉，是企业热源供应中心。锅炉常见的燃料有煤、生物质燃料、天然气、重油、柴油等，其燃烧后产生污染物主要有二氧化硫、颗粒物、氮氧化物，燃煤、生物质和重油等高污染燃料的锅炉均需要配备相应废气治理设施，可分为脱硫、除尘和脱硝三部分。

2) 窑炉废气

窑炉是陶瓷、铝型材、玻璃、冶金等行业的主要生产设备之一。各类炉窑废气主要污染物情况如表3-6所示。

表3-6 炉窑废气特点

行业类型	窑炉类型	燃料类型	主要污染物
陶瓷	辊道窑	油、水煤气、天然气	二氧化硫、颗粒物、氮氧化物
	梭式窑	天然气	氮氧化物
	隧道窑	天然气、油	二氧化硫、颗粒物、氮氧化物
	熔块炉	油、水煤气	二氧化硫、颗粒物、氮氧化物
铝型材	熔铸炉	油、天然气、煤（煤转气）	二氧化硫、颗粒物、氮氧化物
	棒炉	煤、生物质、天然气、液化气	二氧化硫、颗粒物、氮氧化物
	时效炉	柴油、天然气、液化气	氮氧化物
玻璃	倒焰窑	油、天然气	二氧化硫、颗粒物、氮氧化物
冶金	熔炼炉	电、油	颗粒物、氮氧化物、重金属

②工艺废气

1) 有机废气

在生产过程中，由于原材料分解、挥发，或者合成时会产生大量的有机废气，其中原材料分解以塑料制品加工行业为主，原材料挥发以油漆、胶水制造和使用行业为主。另外，一些化工原料在合成过中也会产生一定量的有机废气。这些行业产生的有机废气浓度从几毫克每立方米到几千毫克每立方米，需要经相应治理后才能向外排放。

各类有机废气基本特点如表 3-7 所示。

表 3-7 有机废气产生特点

序号	行业类型	产生工序	产生特点
1	油漆制造	分散、研磨、包装	浓度高、排放量大
2	印刷	印刷、复合、调配	浓度高、排放量大
3	表面喷涂	喷漆、固化	浓度高、排放量大
4	塑料制造	挤压	浓度低、风量大
5	化工合成	投料、合成	浓度低、风量小

2）颗粒物

在生产过程中，由于原辅材料摩擦、预处理、调配、分选、输送、投料等工序会产生一定量的粉尘，这类粉尘主要成分与原辅材料基本一致，部分产生点浓度可能较高。

主要行业粉尘产生情况如表 3-8 所示。

表 3-8 粉尘产生特点

序号	行业类型	产生工序	产生特点
1	陶瓷	喂料机、塔下筛、粉料中转提升、压机、刷坯、施釉、打蜡	粉尘产生点较多、局部浓度较高
2	铝型材	搓灰炉、抛光	金属粉尘
3	水泥	破碎、投料、包装、输送	粉尘产生点较多、局部浓度较高
4	家具制造	开料、打磨	粉尘产生点较多、局部浓度较高、易燃
5	金属制品	抛光	金属粉尘
6	纺织	络筒、整经、分条、纺纱、磨毛、烧毛、浆染	产生点较多，以棉尘为主，易燃

3）恶臭

由于原辅材料、厌氧消化等产生的含有甲烷、硫化氢等恶臭物质，会对嗅觉产生一定的刺激性，一般恶臭会伴随其他气体一起释放。

4）酸碱雾

金属表面处理（酸洗、抛光、除油）过程中使用的硫酸、盐酸、硝酸、氢氧化钠等物质时，会产生一定量的酸雾或者碱雾，以无组织排放为主，部分工序产生浓度较高，对职业健康和环境危害较大。

主要行业酸碱雾产生情况见表3-9。

表3-9　酸碱雾产生特点

序号	行业类型	产生工序	产生特点
1	铝型材	酸雾：酸洗、氧化 碱雾：抛光、除油	浓度较高、无组织排放
2	金属制品	酸雾：酸洗 碱雾：除油	浓度较低、无组织排放
3	电镀	酸雾：酸洗 碱雾：除油	浓度较高、无组织排放

5）铬酸雾

在镀铬、钝化等表面处理过程中由于铬酸挥发到空气中形成的微滴，铬酸雾不仅会造成环境污染，而且严重危害现场操作工人的身体健康，因此对铬酸雾的收集、治理显得尤为重要。

主要行业铬酸雾产生治理情况如表3-10所示。

表3-10　铬酸雾产生特点

序号	行业类型	产生工序	产生特点
1	铝型材	粉末喷涂前钝化工序	浓度较低、无组织排放
2	电镀	镀铬工序	装饰铬浓度较低 硬铬浓度较高

（2）废气治理设施诊断

①诊断内容

1）查看设计方案：了解治理工艺流程、原理、设计参数等。

2）掌握废气收集状况：敞开式、半封闭、全密封、压力、风量、智能化。

3）了解处理能力：风量、去除效率、年运行时间。

4）处理工艺：完整性、合理性、有效性。

5）主体设施完好情况：新旧程度、跑冒滴漏、噪声。

6）运行管理：运维记录、操作规程、控制参数、管道标示、排放特征、现场管理等。

7）在线控制及监控情况：配置、记录、管理。

8）达标排放情况。

②废气治理设施常见问题

1）废气收集不合理，存在未收集、收集不完全等问题（如图3-5所示）。

涂料存放桶未加盖，导致挥发性有机物随意扩散	集气罩密封性较差，排烟风机未正常工作或风量和风压较小，导致烟气严重泄漏

烟气直排，未收集处理	酸碱雾收集效果极差

收集罩过高，无法有效收集	收集罩面积过小

图3-5　废气收集问题

2）工艺不合理，或未按要求设置污染物削减设施，不能有效削减污染物排放（如图 3-6 所示）。

 酸雾、碱雾共用一套治理设施，且未配备 pH 在线监控	 简易滤袋，无法有效去除粉尘
 仅采用水喷淋，无法有效去除 VOC	 单一活性炭吸附不满足 VOC 治理要求

图 3-6　工艺问题

3）治理设施运行维护不当（如图 3-7 所示）。

 “跑冒滴漏”严重	 现场管理较乱

图 3-7　治理设施运行维护问题

4）排放口不规范（如图 3-8 所示）。

未满足 GB/T 16157—1996、HJ/T 397—2007 和 HJ/T 75—2007 等标准要求

图 3-8 排放口不规范问题

3.2.3.2 废水治理设施

（1）废水治理设施类型

①含重金属废水。含镍废水、含铬废水等。

②一般生产废水。按行业分类，可分印染废水、制革废水、电镀废水等。按污染种类，可分含酚废水、含氰废水、酸碱废水等。

（2）废水治理设施诊断

①诊断内容

1）查看设计方案：了解治理工艺流程、原理、设计参数等；

2）废水收集状况：第一类污染物单独收集、明渠明管、雨污分流、清污分流；

3）处理工艺：完整性、合理性、有效性；

4）处理能力：处理量，去除效率、年运行时间；

5）主体设施完好情况：新旧程度、跑冒滴漏、防腐防渗；

6）运行管理：运维记录、操作规程、控制参数、管道标示、排放特征、现场管理等；

7）在线控制及监控情况：配置、记录、管理；

8）回用情况：回用工艺、回用去向；

9）排放去向：自然水体、市政管网、集中污水处理厂；

10）达标排放。

②废水治理设施常见问题

1）涉重废水分类收集不清晰，管道未标识，导致混排现象严重（如图 3-9 所示）。

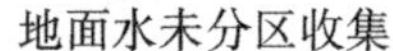

地面水未分区收集

管道、阀门未标识，容易造成错误操作

图 3-9　废水收集问题

2）工艺不合理，对某些特征污染物去除效率低（如图 3-10 所示）。

高浓度 COD 废水仅采用简单化学沉淀处理

图 3-10　工艺不合理问题

3）设施残旧，运行维护不当（如图 3-11 所示）。

收集池严重腐蚀，存在较大环境风险隐患

现场管理混乱，部分防腐材料损坏

图 3-11　设施和运行问题

3.2.3.3 危险废物

（1）管理要求

危险废物是指列入国家危险废物名录或根据国家规定的危险废物鉴别标准和鉴别方法认定的具有危险特性的固体废物。危险废物的特性包括腐蚀性、毒性、易燃性、反应性和感染性。

判定依据：

①判断该物质是否属于固体废物，依据《固体废物鉴别标准通则》（GB 34330—2017）进行判别。

②经判断属于固体废物的，依据《国家危险废物名录》（2016 版）进行判断，列入该名录的可直接判定为危险废物。

③如未列入，按照国家规定的危险废物鉴别标准和鉴别方法予以认定。危险废物管理要求如表 3-11 所示。

表 3-11 危险废物管理要求

序号	项目		具体要求	备注
1	制订管理计划及申报登记		制订危险废物管理计划，并申报危险废物的种类、产生量、流向、贮存、处置等相关资料	一般可登录省级固体废物管理平台进行填报
2	贮存	贮存场所管理	设置专用的危险废物贮存场所，做好防渗漏、防扬散、防溢流、防雨等措施	
		标识	盛装危险废物的容器和包装物，以及生产、收集、贮存、运输、处置危险废物的设施、场所，必须设置危险废物识别标识	
		分类存放	危险废物与非危险废物必须分开贮存，不能混堆； 除常温常压下不水解、不挥发的固体危险废物，其他危险废物必须装入容器内；无法装入常用容器的危险废物可用防漏胶袋等盛装； 不相容（相互反应）的危险废物不能在同一容器内混装，必须分开存放，并设有隔离间隔断； 装载液体、半固体危险废物的容器内须留足够空间，容器顶部与液体表面之间保留 100mm 以上的空间	

<table>
<tr><th>序号</th><th colspan="2">项目</th><th>具体要求</th><th>备注</th></tr>
<tr><td>2</td><td>贮存</td><td>台账</td><td>建立危险废物出入库台账，如实记录和规范记录危险废物出入库和贮存情况，包括名称、种类、数量、来源、出入库时间、去向、交接人签字等内容</td><td></td></tr>
<tr><td rowspan="2">3</td><td rowspan="2">处置</td><td>自行处置</td><td>需取得有关部门的审批</td><td></td></tr>
<tr><td>委外处置</td><td>与有危险废物处理资质单位签订合同；
按照规定流程进行申报和转移</td><td>资质应包括危险废物经营许可证和专项处理资格</td></tr>
</table>

（2）危险废物管理常见问题

①未全部识别危险废物。

部分企业认为废矿物油和含油废抹布不是危险废物，列入豁免清单，这是对危险废物管理错误的认识，如图3-12所示。

图3-12 将废矿物油作为一般固体废物管理

②危险废物堆放不规范，如图3-13所示

一般固体废物与危险废物混在一起

堆放过高

图3-13 危险废物堆放不规范

③堆放场所不规范，如图 3-14 所示

过于简陋，不能防风、防雨、防盗

无防泄漏措施

不能防渗漏、防流失

不能防风、防雨、防盗

图 3-14 堆放场所不规范

3.2.3.4 其他环境风险设施

企业日常生产过程还需要做好必要的环境风险防范工作，加强对环境风险单元的管控，例如，化学品使用与存储场所、危险废物暂存场所、反应装置，防止突发环境事件的发生，该项工作应包括以下几个方面。

（1）设置必要的围堰

围堰是一级防控措施，可以防止可能发生含有对水环境有污染物的泄漏、漫流而造成对外部环境的污染。围堰的设置应满足“装得下、装得稳”的基本要求，还需根据实际情况做好防腐防渗。

（2）做好防腐、防渗

对于化学品、油类等具有腐蚀性或容易泄漏造成环境污染的物质在存放过程中应加强管控，其中防腐、防渗是对这类物质管理的基本要求。对于涉及酸、碱操作单元或装置同样应该做好防腐蚀工作。

（3）设置足够容量的事故应急池

事故应急池是企业收集事故废水的最后一道防控设施，其容积、位置和管理均应符合相关规范的要求。

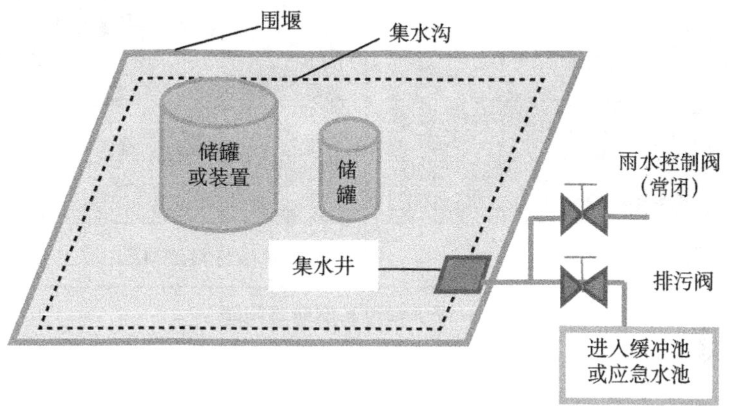

图3-15　装置围堰设置示意图

 化学品设置防泄漏盘	 铬酸雾处理装置设置围堰，并做好防腐防渗
 利用铁托盘防渗漏	 设置环形沟、收集井

图3-16　围堰设置示意图

图 3-17 是一些常见的防腐防渗问题：

煲模工序未做防腐防渗

防腐防渗材料破损

图 3-17 常见防腐防渗问题

3.2.4 供电系统诊断

（1）诊断方法及思路

审核人员可以参照《评价企业合理用电导则》《电力变压器经济运行》《三相配电变压器能效限定值及节能评估值》《容积式空气压缩机能效限定值及节能评估值》《中小型三相异步电动机能效限定值及能效等》《交流电气传动风机（泵类、空气压缩机）系统经济运行通则》等相关标准评价企业用电情况，供电系统诊断包括以下几个层面：

①供电输电部分的分析，变压器的型号和运行模式、发电机的运行状态、电网的布局和损耗。

②耗电设备运行分析，主要电耗设备的运行效率、全厂耗电设备的状况、电力负荷分配合理性、减少无功损耗。

③非生产用电的分析，空调以及照明等用电情况。

企业电力消耗系统示意图如图 3-18 所示，可以看出，减少任何一种消耗均能减少总电能消耗。

供电耗电系统节电措施如下：

①变压器和输电线路节电的主要要点如下：

1）新安装变压器采用高效节能的变压器；

2）电力系统设计要使变压器处于经济运行负荷；

3）低压侧功率因数补偿应使功率因数大于 0.90 以上；

4）输电线路的最大电压降应该低于 5%，以保证线路损耗低于 5%；

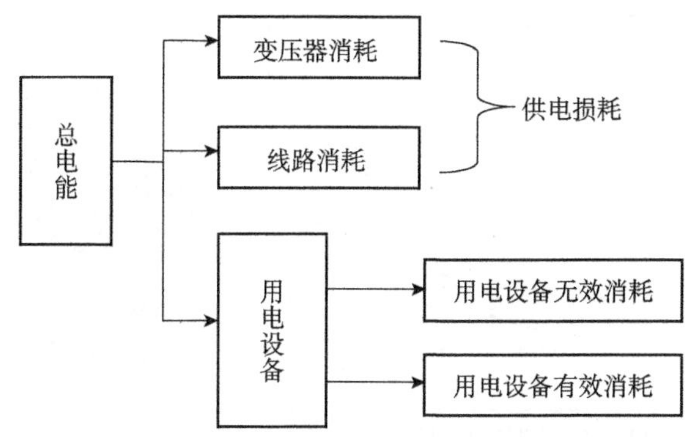

图 3-18　企业电力消耗系统示意图

5）低压配电房要接近最大负荷中心，尽量减短低压输电的距离，必要时应该增加新的高压电房。

②电机节能的重点工作应该是：

对电机应用情况进行数据收集，对电机实际运行负载率和功率因数进行测试和计算，并根据具体情况确定电机系统能效提升方案，淘汰低效电机。

③空气压缩机系统节电主要从下面几个方面入手：

1）做好供气和用气的平衡，合理安排空压机运行台数，提高空压机负载率；

2）做好空压机日常保养，及时清理过滤器和对机器润滑，做好空压机房通风，根据设备手册进行保养，使排气温度维持在规定水平；

3）经常检查和维护系统管道的泄漏，泄漏 $1Nm^3$ 压缩空气就损失 0.11kW · h 电能，即损失 0.09 元；

4）避免压缩空气的不当使用，如用压缩空气清洁；

5）如果高压应用不多建议对高压供气采取单独供气，降低整个压缩机供气管网供气压力，既减少了空压机本身的电耗，也减少管道损失和泄露损失；

6）应该对空压机的摩擦热进行回收利用，可以提高空压机综合效率。

（2）案例分析

案例：通过数据统计分析发现设备不合理用电问题。

以某合成革生产企业为例，通过对主要用电设备用电量结构进行统计分析后，可以发现空气压缩机的用电量是不合理的，再进一步分析发现空压机属于淘汰落后设备，应尽快淘汰，如图 3-19 所示。

案例：通过测试发现设备用电效率低。

某企业在用空压机设备包括活塞式空气压缩机和螺杆式空气压缩机，通过测试可以发现不同类型空压机电效率，如表 3-12 所示。

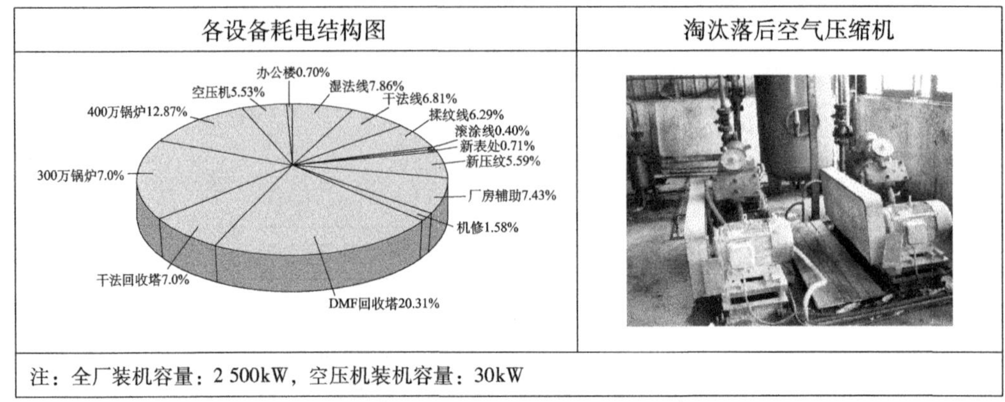

图 3-19 设备不合理用电问题

表 3-12 某企业空气压缩机能效测试结果

序号	监测项目	单位	监测结果		标准要求
			5#活塞机	2#螺杆机	
1	电能利用率	%	41.06	84.83	≥60
2	电动机负载率	%	82.37	68.99	≥40
3	吸气量	m^3/min	6.29	14.21	
4	排气压力	Pa	0.52	0.60	
5	单耗	$kW \cdot h/m^3$	0.194	0.084	

从测试结果可以看出：

①5#活塞式空气压缩机电能利用率不合格，其效率明显低于2#螺杆式空气压缩机。

②对比两种空压机的效率和单耗，在相同的供气压力情况下，如使用螺杆式可比活塞式节约电能0.11$kW \cdot h/m^3$，节电率56.70%。

3.2.5 供热系统诊断

（1）诊断方法与思路

审核师可以参照《评价企业合理用热导则》《工业锅炉经济运行》《设备及管道保温技术通则》《工业窑炉燃烧节能评价方法》等标准评价企业用热情况。供热耗热系统是由锅炉、热载体锅炉、供汽管网以及耗热设备等组成。供热耗热系统分析可以分成三个方面：

①设备的合理性分析，包括锅炉型号的选择、热载体锅炉型号的选择、蒸汽管网的布局、染色机的保温等。

②耗热设备运行状况分析，分析蒸汽锅炉的产汽率和热效率、热载体锅炉的供热量和热效率、蒸汽的压力、蒸汽管道和阀门的保温、疏水阀的状态等。需要对主要耗热设备，如染色机、热定型机的热利用率进行检测。

③系统的余热利用分析，冷凝水的量和回用程度、锅炉烟气的余热利用情况、热定型机废气余热利用等。

通过分析，尤其是通过供热、耗热设备热效率的检测，用数据说明热能的利用情况。根据对约 30 家纺织印染企业耗能设备的检测，其结果可以用于描述纺织印染企业的能源利用状况以及耗能设备的能效情况，如表 3-13 所示。

表 3-13　纺织印染企业各环节热效率情况

项目	加工转化	分配输送	生产	辅助生产	企业
范围	72.9% ~88.27%	65.83% ~79.95%	23.47% ~60.42%	21.2% ~60%	20.3% ~48.9%
平均值	78.93%	68.70%	39.62%	45.96%	30.56%

整个热能系统可以简单地用图 3-20 表述。

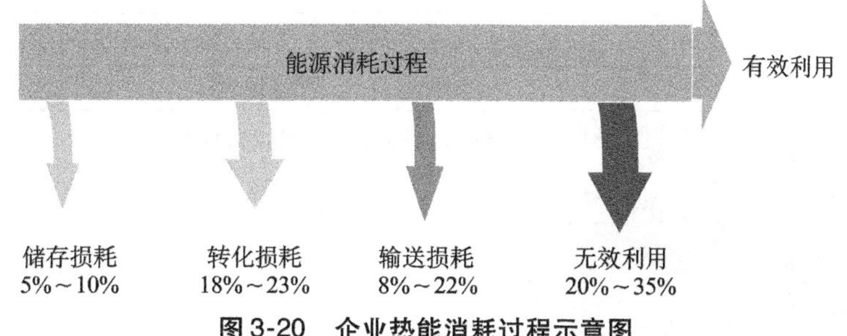

图 3-20　企业热能消耗过程示意图

由图 3-20 可见，要提高热能的利用效率，方针应该是尽可能提高转化率，采取有效措施减少输送损耗，重点在减少无效损耗，如表 3-14 所示。

（2）案例分析

①管道保温

由于操作温度的要求以及能源成本不断增加，有效的绝热处理已经变得越来越引起人们的注意。蒸汽的生产、输配和使用过程需要进行绝热处理，这样可以保证工艺需求得到满足，使锅炉中产生的蒸汽可以在满足所需的温度和压力的情况下成功传送至需求处。为保证能源损失在设计允许范围内，对绝热系统做正确的设计和选择是非常必要的。

②蒸汽泄漏

蒸汽泄漏是很多企业常见的能源浪费现象，包括管道破损、阀门松动、疏水阀失灵等原因造成的泄漏，图 3-22 是一些常见的蒸汽泄漏现象。

表 3-14 供热耗热系统常见节能措施

类　型	措施	具体做法
提高能源转化效率措施	锅炉选型	使锅炉运行负荷达到额定负荷
	提高锅炉燃烧效率	燃料的种类
		燃料燃烧方式和状况
	减少燃料消耗	提高进风温度
		提高进水温度
		控制空气过量系数
	烟气余热回收和利用	加热助燃风
		提高给水温度
减少输送损耗	蒸汽管道的走向	
	蒸汽的压力与流量	
	管道与阀门的保温	
减少无效损耗	减少耗热设备的散热损失	加强保温或密封
	耗热设备尾气的损失	尾气余热利用
	耗热设备排水的损失	高温废水余热回收利用

	供热管道阀门未保温，造成热量散失
	该企业蒸汽管道存在两个问题：第一，蒸汽管道设在地面容易损坏保温层；第二，保温层的外包材料吸水性大，产生热能损耗较大

图 3-21 管道保温问题

图 3-22 蒸汽泄漏

③耗热设备改造，如图 3-23 所示。

改造前：立式干布机	改造后：箱式干布机

立式干布机的热利用率达不到30%，而箱式干布机的热效率可以达到38%～42%。	

图 3-23 耗热设备改造

④废热回收

应该注意到所有可能回用的热能，并根据其潜在价值对废热进行分级，如表 3-15 所示。

表3-15 废热的来源

序号	来源	利用等级	具体案例
1	废气中的热量	温度越高，热回收潜在价值越大	蒸汽锅炉烟气余热：量大、温度在130～230℃，可用于产生热水、热空气等； 热载体锅炉烟气余热：量大、温度在240～290℃，可用于产生蒸汽、热水和热空气； 定型机尾气余热：量大、温度在130～160℃，可用于产生热水、热空气
2	蒸汽流中的热量	同上，但当浓缩时，潜热也可被回收	
3	通过对流和辐射从设备外部流失的热量	等级较低，收集可用于加热某些空间和预热空气	空压机换热油余热：量一般，温度在45～75℃，可产生45～55℃热水
4	冷凝水的热损失	等级较低，可以通过换热器回收加热新鲜水	冷凝水余热：量大、温度在80～95℃，可直接回用
5	离开操作单元产品（或废物）存储的热量	等级由温度而定	流化床锅炉煤渣余热：量一般，温度在450～620℃，可用于产生热水
6	单元操作释放气体或液体的热量	等级由温度而定，可用换热器回收	高温染色废水余热：量大、温度在60～80℃，可回收余热产生50～60℃热水
案例1：锅炉烟气余热回收			采用热管蒸汽发生器对1台9 400 MW热载体锅炉排放的烟气进行余热利用，可将烟气热量回收并产生蒸汽，产汽量约15 t/d，蒸汽温度180℃，蒸汽压力0.55 MPa，每年可节约标准煤约417.86 t标准煤
案例2：定型机废气余热回收			一般定型机内所需热风温度为180～200℃，其中织物热升温所需热能约为30%，烘箱散热损失占5%～8%，排气热能占整体烘箱热能消耗的40%～46%，还有织物含水量蒸发耗热占16%～25%，一套余热回收装置预计可节约5%～8%的能耗，年可节约100～130t用煤量

案例 3：炉渣余热回收		循环流化床锅炉煤渣温度高达 950℃高温，利用该套装置，可将炉渣的温度可从 950℃降到 50℃，每吨高温炉渣可回收热值约 950 kJ/kg，预计每年可节约标准煤 198.89t 标准煤
案例 4：空压机余热利用		空压机工作过程，约输入电能的 80% 变成热量，剩余的约 20% 变成最终的压缩空气能。1 台螺杆式空压机，装机功率为 75kW，每小时可将 0.5m^3 的水从 25℃加热至 70℃
案例 5：高温废水余热回收		将 80℃以上的高温废水通过高效热交换器加热自来水，产生的热水温度为 60～65℃，可用于染色车间生产中每天可产生 60～65℃热水（60℃热水焓值为 251.09 kJ/kg）约 80 m^3/d，常温水以 25℃（焓值为 104.77 kJ/kg）计算，则每天回收的热量为 11 705.6 kJ，年产生经济效益 25 万元

3.2.6　供水耗水系统诊断

3.2.6.1　思路及方法

（1）正确认识用水的成本

水在生产过程中主要有两种用途：一种是作为介质，如清洗、冷却、升温；另一种是进入产品，如饮料生产。因此，水的消耗量不仅与废水的产生量和排放量有着密切的关系，而且与能源、资源消耗有着密切的关系。企业用水成本应该包括以下几方面：

①购水的成本；

②自制水处理费用；

③水处理的电力消耗；

④用于水处理的化学药剂；

⑤水处理设备维护费用；

⑥生产中水加热和冷却费用；

⑦各种设备折旧费用；

⑧水处理过程中的费用。

以某印染企业为例，用水成本可达 18 元/t，是取水成本的 27.6 倍，此外还不包括工艺用水过大导致染料、助剂浪费。如表 3-16 所示：

表 3-16 某印染企业用水成本表

序号	项目名称	费用/（元/t）	备注
1	来水费用	0.65	
2	水输送的电力消耗	0.24	
3	输送设施维护费用	0.02	
4	水加热过程消耗	8.5	以升到 90℃ 为例
5	水冷却过程消耗	6.5	
6	废水处理费用	2	
7	废水排放过程费用	0.18	
8	合计	18.09	

（2）重视“跑冒滴漏”

“跑冒滴漏”是企业最常见的浪费水资源的现象，但往往得不到大多数企业老板和管理人员的重视，其中一个最重要的原因就是企业根本不知道漏失水量，如表 3-17 和表 3-18 所示。

表 3-17 渗漏水量的估计值（1）

滴漏量		漏失量			
单位	数量	单位	数量	单位	数量
滴/s	1	L/min	0.0227	L/d	32.70
滴/s	2	L/min	0.0454	L/d	65.38
滴/s	3	L/min	0.0681	L/d	98.12
滴/s	4	L/min	0.0910	L/d	131.04
滴/s	5	L/min	0.0113	L/d	162.72

表 3-18 渗漏水量的估计值（2）

水管漏洞尺寸/mm	水损失/（m^3/d）	水损失/（m^3/a）
0.5	0.4	140
1	1.2	430

水管漏洞尺寸/mm	水损失/（m^3/d）	水损失/（m^3/a）
2	3.7	1 300
4	18	6 400
6	47	17 000

（3）节水思路

①作为产品用水

产品用水过程如图 3-24 所示。

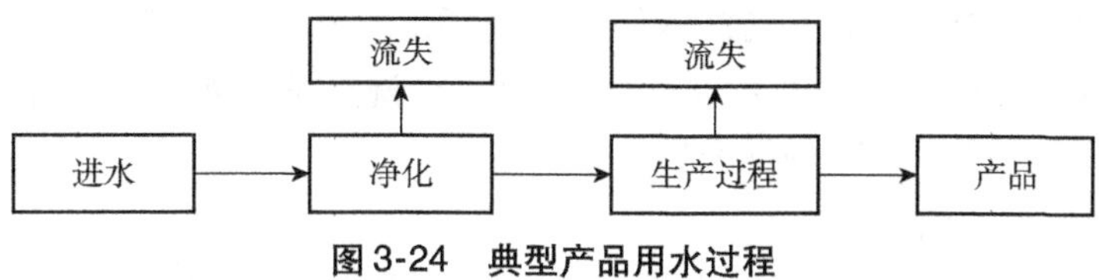

图 3-24　典型产品用水过程

节水空间 = 进水量 − 产品带走的水量

主要流水环节：蒸发和“跑冒滴漏”。

节水方案：杜绝跑冒滴漏，减少蒸发量或者增加蒸发水回收装置。

②作为冷却补水

利用水与介质的温差，对介质进行热交换，达到给介质冷却的目的。

冷却水在循环过程中，除温度会发生变化外，化学性质也可能发生变化。冷却水系统需要消耗电力，如图 3-25 所示。

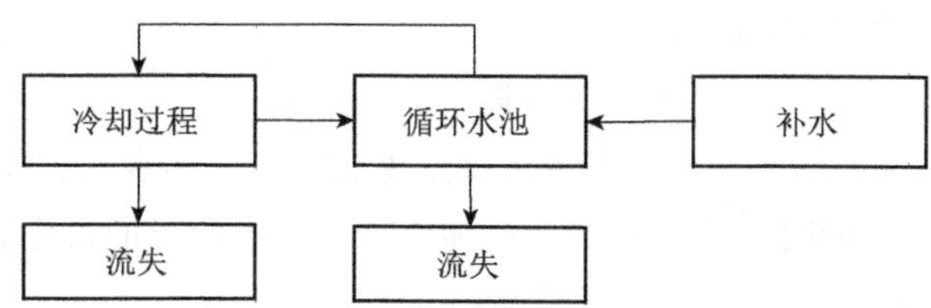

图 3-25　典型冷却循环水系统

清洁生产要求：冷却水必须循环利用，不得直接排放。

节水空间 = 补水量

水流失环节：蒸发、管道“跑冒滴漏”、定期排放水质不符合要求的沉淀水。

节水方案：

1）杜绝“跑冒滴漏”；

2）减少蒸发量、增加蒸发水回收装置；

3）排放水处理后回用。

③作为清洗用水（如图 3-26 所示）。

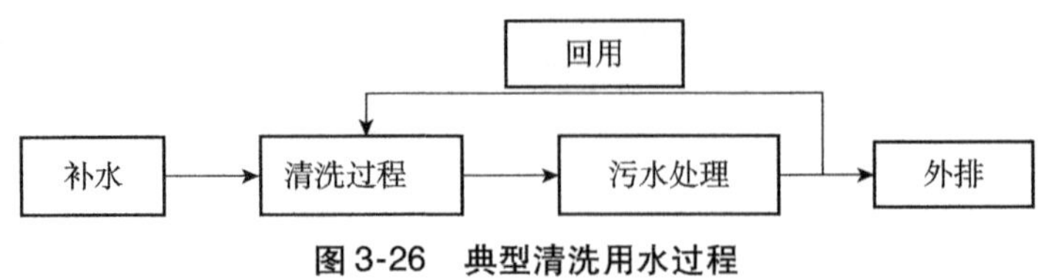

图 3-26 典型清洗用水过程

要确定清洗水节水思路，就需要正确认识以下三个问题：

1）“洗干净”的标准是什么

工件完成清洗后，表面通常会附着一层“带出液”，带出液的成分，决定清洗的质量，因为带出液成分就是清洗水的成分（指溶解在水中，或者悬浮在水中的成分，能够迅速沉淀的成分除外），所以，可以用清洗后清洗水的成分来判定“清洗的质量”，作为“洗干净”的标准！

2）用多少水可以洗干净

用“清洗后清洗水的成分”作为控制参数，研究两个问题：

a. 清洗水量与清洗方式的关系，找到最节水的清洗方式；

b. 清洗水量与需要清洗工件表面污物的关系，采用清洗前减少工件表面污物的方法，减少清洗水量。

3）用什么水可以洗干净

高品质的水也是需要耗费处理费才能够生产出来的，用超过清洗质量需要的水作为清洗水，也是一种浪费。

用清洗干净时出水品质，可以分析出用什么质量的水就可以达到清洗要求

因此，清洗水节水空间为：

水资源消耗量 = 补水量

清洗水成本 = 补水成本 + 污水处理成本 + 回用水处理成本

清洁生产方案：同时实现水资源节约和清洗水成本两方面目标。

（4）案例分析

广东江门某线路板生产企业年产线路板 500 多万 m^2，其中线路板镀铜总面积达到 490 万 m^2/a，2010 年该企业将电镀生产线升级为自动化，并对原有电镀件清洗工序进行改造，将原有直流式清洗改为多级串联逆流清洗（如图 3-27 所示）。

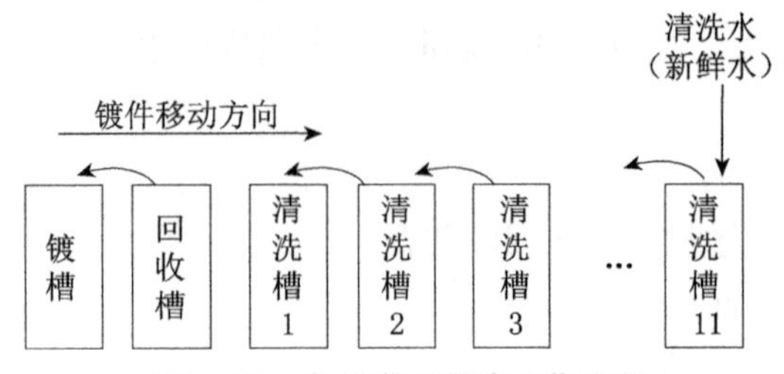

图 3-27 多级逆流漂洗工艺流程

清洗工序经改造前后的生产情况对见表3-19。

表3-19　改造前后的清洗情况对比

比较项	清洗级数	单槽容积/m^3	新水量/（m^3/h）	清洗倍率/R	周期清洗面积/m^2	换水周期/h
改造前	1	2	39.25	700	27.95	0.05
改造后	3	1.43	0.65	1500	1246.57	2.23

该企业采用多级串联逆流清洗工序后，电镀铜生产线的新鲜用水量由原来的34万m^3/a降低到5700 m^3/a，减少了新鲜用水和废水处理的成本，节约成本达60万元/a。

3.2.6.2　系统分析

正确认识节水意义和思路，更有利于对供水、耗水系统进行全面分析。供水耗水的系统分析包括各个车间和部门的水质要求、水耗量、使用后的水质和水量。通过对供水耗水系统分析，可以发现节水的空间，同时还可以寻找到水回用的方法。

图3-28是一个企业耗水情况示意图。水的系统分析是结合水的平衡图进行。

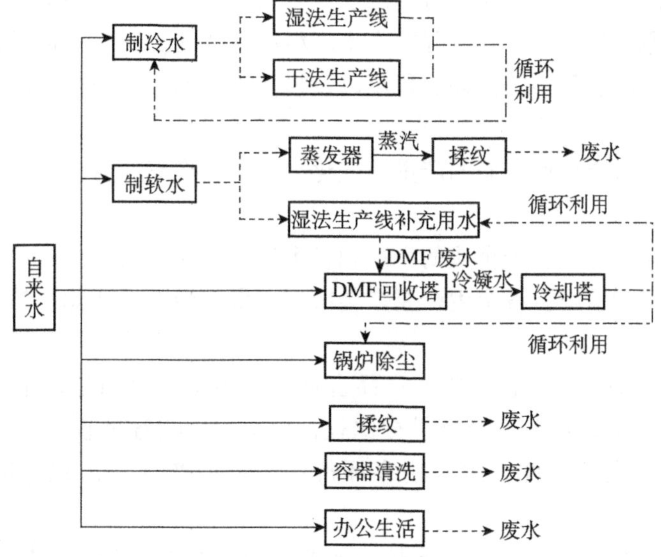

图3-28　企业供水耗水系统示意图

通过进一步分析水质特点，可以找出节水措施，如表3-20所示，发现可以将DMF冷凝水作为锅炉脱硫用水，一是提高废水回用率，减少新鲜水耗；二是DMF废水偏碱性，可以减少锅炉烟气脱硫碱投加量。

表 3-20 用水水质及废水特点

<table>
<tr><th colspan="2">耗水工序</th><th>水质要求</th><th>废水特点</th></tr>
<tr><td colspan="2">产品冷却</td><td>自来水、水温 10℃左右</td><td>温度升高，水质基本保持不变</td></tr>
<tr><td colspan="2" rowspan="2">揉纹工序</td><td>蒸汽</td><td rowspan="2">含有部分溶剂、棉絮等杂质，COD 较高</td></tr>
<tr><td>自来水</td></tr>
<tr><td colspan="2">DMF 回收塔</td><td>常温，杂质较少，硬度较低</td><td>常温，杂质较少，硬度较低，pH 值接近 10</td></tr>
<tr><td colspan="2">设备冷却水</td><td>常温，杂质较少，硬度较低</td><td>温度升高，水质基本保持不变</td></tr>
<tr><td colspan="2">除尘脱硫</td><td>pH 值大于 9，杂质较少</td><td>pH 值接近中性，杂质较多</td></tr>
<tr><td colspan="2">容器清洗</td><td>常温，杂质较少</td><td>常温，含有一定的化工料，COD 较高</td></tr>
<tr><td rowspan="2">办公生活</td><td>日常洗漱、烹饪和饮用</td><td>洁净的自来水</td><td>COD、BOD、SS 较高</td></tr>
<tr><td>冲洗厕所</td><td>杂质较少，常温，色度较低</td><td>COD、BOD、SS 较高</td></tr>
</table>

3.2.7 物料系统诊断

对生产物料系统的分析，既是减少污染物产生的需要，也是降低生产成本的需要。物料系统的分析包括了原辅材料的质量要求、原辅材料在各个生产环节的使用和消耗情况、原辅材料在生产过程中产生废料和损耗的情况等。通过分析，可以得知原辅材料在生产过程中的消耗、积压以及损耗等情况。从而，可以发现使用原辅材料存在的问题。

通常分析各重要生产车间的产量的变化、产品合格率的变化以及单位产量物耗的变化。

产量的变化，包括整个企业的产量和各个生产车间中间产品的产量，可以反映出生产各个要素的情况。各个生产要素会影响产量就会发生变化。然而，要注意市场对产量的影响。

产品合格率的变化，包括中间产品合格率，用于评价和分析生产过程更有优点。合格率是一个相对值。与产量相比较，市场的影响程度较小。生产现场管理对合格率影响更大。因此，用合格率评价和分析生产现场出现的问题更有实际意义。

单位产量物耗的变化，包括水耗、能耗和原材料的消耗，更加直接、更加明显地反映出生产各个要素的变化。因此，常常用单位产品的物耗来描述企业的变化的趋势。在实际工作中，由于产品的种类和型号的不同，导致比较有一定的困难。

3.2.8 计量系统诊断

计量是企业能耗和物耗统计、分析、考核等管理工作的基础。目前国家已发布《用能单位能源计量器具配备和管理通则》（GB 17167—2006）、《用水单位水计量器具配备管理通则》（GB 24789—2009）、《用水单位水计量器具配备和管理通则》（GB 24789—2009）和纺织企业等 14 个行业能源计量器具配备和管理要求。其中 GB 17167 和 GB 24789 为强制性标准，其余为推荐性标准。

清洁生产要求企业应建立完整的计量体系，通过企业配备的计量体系，对资源和原材料的消耗、流向等进行系统分析，寻找出资源削减空间，同时还可以发现资源综合利用的潜力。在审核工作中，计量系统的诊断内容包括：

①是否按要求配备计量器具；

②计量是否符合清洁生产审核数据统计、分析的要求。

下面具体介绍计量系统的诊断工作，确定计量对象。

企业生产过程中消耗原辅材料、水和能源。其中能源可为一次能源、二次能源和载能工质。企业常见的能源计量对象见表 3-21。

表 3-21 企业计量对象类型

计量对象	定义	类型
一次能源	自然界取得的未经任何加工、改变或转换的能源	煤、燃料油、天然气、生物质能、水能、风能、地热等
二次能源	也称“次级能源”或“人工能源”，是由一次能源通过加工或转换得到的其他种类或形式的能源	煤气、焦炭、汽油、煤油、柴油、重油、电力、蒸汽、热水、氢能等
载能工质	由于本身状态参数的变化而能够吸收或放出能量的介质	水蒸气、压缩空气、氮气等
水	—	河水、自来水、净化水、蒸汽等
原辅材料	—	产品的主原料、辅料、助剂、生产过程的中间产品等

能源的计量直接影响产品、设备能耗的分析和考核、企业用能水平评价等工作；水的计量直接影响产品、设备水耗、排水量、水回用评价分析；原辅材料的计量直接影响原料利用率、产品产出等分析评价。

3.2.8.1 计量器具配备

计量器具的配备应满足用能单位能源分类计量、能耗分级分项考核的要求。因此能源计量应遵循分类、分级计量原则。分类，即按照用能类型分，包括能源、载能工质和可回收余能资源。分级是指能源计量分级，一般分用能单位、次级用能单位和用能设备三级。图 3-29 是能源分级计量体系简图。

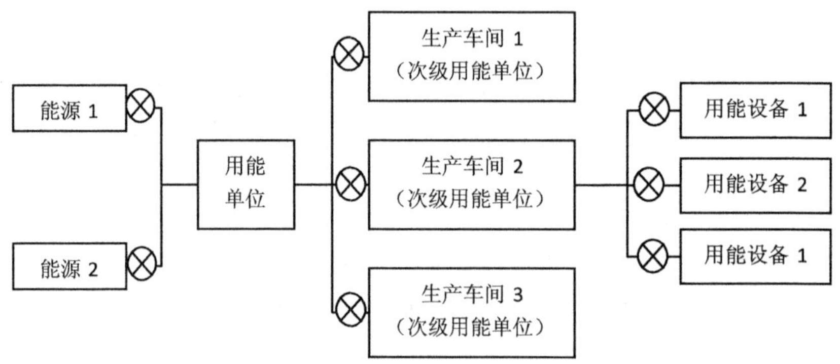

图 3-29 能源分级计量体系简图

用能单位的计量是能源耗量的总计量，也是能源计量系统的一级计量。用能单位一级计量基本具备。次级用能单位和用能设备的计量则视乎企业的管理工作要求。次级用能单位和用能设备的计量划分可参考分级计量限值。表 3-22 汇总了国家管理通则的分级计量限值，并与纺织、石油石化、有色金属等行业的分级计量限值进行对比。

表 3-22 通则和部分行业的分级计量限值要求

计量对象		国家管理通则		纺织行业要求		石油石化要求	有色金属冶炼要求	化工行业要求		建筑材料行业要求	
		次级用能单位	主要用能设备	次级用能单位	主要用能设备	能源消耗	主要用能设备	主要次级单位	主要用能设备	次级用能单位	主要用能设备
能源种类	单位	限定值	限定值	限定值	限定值	限定值	限定值	限定值	限定值	限定值	限定值
电力	kW	10	100	10	100	100	100	10	100	10	100
煤炭、焦炭	t/a	100	1	100	1	1	1	100	1	100	1
原油、成品油、石油液化气	t/a	40	0.5	40	0.5	0.5	0.5	40	0.5	40	0.5

计量对象		国家管理通则		纺织行业要求		石油石化要求	有色金属冶炼要求	化工行业要求		建筑材料行业要求	
		次级用能单位	主要用能设备	次级用能单位	主要用能设备	能源消耗	主要用能设备	主要次级单位	主要用能设备	次级用能单位	主要用能设备
能源种类	单位	限定值	限定值	限定值	限定值	限定值	限定值	限定值	限定值	限定值	限定值
重油、渣油	t/a	80	1	80	1	0.5	1	80	1	80	1
煤气、天然气	m^3/a	10 000	100	10 000	100	100	50	10 000	100	10 000	100
蒸汽、热水	GJ/a	5 000	7	5 000	7	7	7	5 000	7	5 000	7
水	t/a	5 000	1	5 000	1	1	1	5 000	1	5 000	1
其他	GJ/a	2 926	29.26	2 926	29.26	29.26	29.26	2 926	29.26	2 926	29.26
压缩空气	m^3/h	—	—	—	—	—	100	—	—	—	—

从表3-22对比结果可知，纺织、化工和建筑材料行业的次级用能单位和主要用能设备的限定值要求和国家管理通则基本相同，但石油化工、有色金属冶炼行业的次级计量要求就略有不同。因此，企业的计量体系应优先执行行业计量器具配备准则要求。若没有行业计量准则要求的，则按国家通用计量管理通则要求执行。

用能单位能源计量器具的配备率是指用能单位实际配备的能源计量器具台（件）数与用能单位能源计量率为百分之百时需要配置得能源计量器具台（件）数之比，用百分数表示。为满足用能单元和设备的能源统计和分级考核要求，计量配备率也作出了相应的要求。国家管理通则和部分行业的计量器具配备率要求详见表3-23。

计量器具配备除满足能源分类计量和能耗考核工作之外，对从事能源加工、转换、输运性质的用能单位（如火电厂、输变电企业等），其所配备的能源计量器具应满足评价其能源加工、转换、输运效率的要求；对从事能源生产的用能单位（如采煤、采油企业等），其所配备的能源计量器具应满足评价其单位产品能源自耗率的要求。

表 3-23 能源计量器具配备率要求

<table>
<tr><th colspan="2" rowspan="2"></th><th colspan="3">国家管理通则</th><th colspan="3">纺织行业要求</th><th colspan="3">石油石化要求</th><th colspan="3">有色金属冶炼要求</th><th colspan="3">化工行业要求</th><th colspan="3">建筑材料行业要求</th></tr>
<tr><th>进出用能单位</th><th>进出主要次级用能单位</th><th>主要用能设备</th><th>进出用能单位</th><th>进出主要次级用能单位</th><th>主要用能设备</th><th>进出用能单位</th><th>进出主要次级用能单位</th><th>主要用能设备</th><th>一级能源计量</th><th>二级能源计量</th><th>三级能源计量</th><th>一级能源计量</th><th>二级能源计量</th><th>三级能源计量</th><th>用能单位</th><th>次级用能单位</th><th>主要用能设备</th></tr>
<tr><td colspan="2">能源种类</td><td>%</td><td>%</td><td>%</td><td>%</td><td>%</td><td>%</td><td>%</td><td>%</td><td>%</td><td>%</td><td>%</td><td>%</td><td>%</td><td>%</td><td>%</td><td>%</td><td>%</td><td>%</td></tr>
<tr><td colspan="2">电力</td><td>100</td><td>100</td><td>95</td><td>100</td><td>100</td><td>95</td><td>100</td><td>100</td><td>95</td><td>100</td><td>100</td><td>95</td><td>100</td><td>100</td><td>95</td><td>100</td><td>100</td><td>95</td></tr>
<tr><td rowspan="2">固态能源</td><td>煤炭</td><td>100</td><td>100</td><td>90</td><td>100</td><td>100</td><td>90</td><td>100</td><td>100</td><td>90</td><td rowspan="2">100</td><td rowspan="2">100</td><td rowspan="2">95</td><td>100</td><td>100</td><td>90</td><td>100</td><td>100</td><td>90</td></tr>
<tr><td>焦炭</td><td>100</td><td>100</td><td>90</td><td>100</td><td>100</td><td>90</td><td>100</td><td>100</td><td>90</td><td>100</td><td>100</td><td>90</td><td>100</td><td>100</td><td>90</td></tr>
<tr><td rowspan="6">液态能源</td><td>原油</td><td>100</td><td>100</td><td>90</td><td>100</td><td>100</td><td>90</td><td>100</td><td>100</td><td>90</td><td rowspan="2">100</td><td rowspan="2">100</td><td rowspan="2">95</td><td>100</td><td>100</td><td>90</td><td></td><td></td><td></td></tr>
<tr><td>成品油</td><td>100</td><td>100</td><td>95</td><td>100</td><td>100</td><td>95</td><td>100</td><td>100</td><td>95</td><td>100</td><td>100</td><td>95</td><td>100</td><td>100</td><td>95</td></tr>
<tr><td>重油</td><td>100</td><td>100</td><td>90</td><td>100</td><td>100</td><td>90</td><td>100</td><td>100</td><td>90</td><td rowspan="2">100</td><td rowspan="2">100</td><td rowspan="2">95</td><td>100</td><td>100</td><td>90</td><td>100</td><td>100</td><td>90</td></tr>
<tr><td>渣油</td><td>100</td><td>100</td><td>90</td><td>100</td><td>100</td><td>90</td><td>100</td><td>100</td><td>90</td><td>100</td><td>100</td><td>90</td><td>100</td><td>100</td><td>90</td></tr>
<tr><td>轻烃</td><td></td><td></td><td></td><td></td><td></td><td></td><td>100</td><td>100</td><td>90</td><td></td><td></td><td></td><td></td><td></td><td></td><td></td><td></td><td></td></tr>
<tr><td>其他液态能源</td><td></td><td></td><td></td><td></td><td></td><td></td><td></td><td></td><td></td><td>100</td><td>100</td><td>90</td><td></td><td></td><td></td><td></td><td></td><td></td></tr>
<tr><td rowspan="5">气态能源</td><td>天然气</td><td>100</td><td>100</td><td>90</td><td>100</td><td>100</td><td>90</td><td>100</td><td>100</td><td>90</td><td>100</td><td>100</td><td>95</td><td>100</td><td>100</td><td>90</td><td>100</td><td>100</td><td>90</td></tr>
<tr><td>液化石油气</td><td>100</td><td>100</td><td>90</td><td>100</td><td>100</td><td>90</td><td>100</td><td>100</td><td>90</td><td>100</td><td>100</td><td>95</td><td>100</td><td>100</td><td>90</td><td>100</td><td>100</td><td>90</td></tr>
<tr><td>煤气</td><td>100</td><td>90</td><td>80</td><td>100</td><td>90</td><td>80</td><td>100</td><td>90</td><td>80</td><td>100</td><td>95</td><td>95</td><td>100</td><td>90</td><td>90</td><td>100</td><td>90</td><td>80</td></tr>
<tr><td>氢气</td><td></td><td></td><td></td><td></td><td></td><td></td><td>100</td><td>100</td><td>80</td><td></td><td></td><td></td><td></td><td></td><td></td><td></td><td></td><td></td></tr>
<tr><td>其他气态能源</td><td></td><td></td><td></td><td></td><td></td><td></td><td></td><td></td><td></td><td>100</td><td>95</td><td>90</td><td></td><td></td><td></td><td></td><td></td><td></td></tr>
</table>

		国家管理通则			纺织行业要求			石油石化要求			有色金属冶炼要求			化工行业要求			建筑材料行业要求		
		进出用能单位	进出主要次级用能单位	主要用能设备	进出用能单位	进出主要次级用能单位	主要用能设备	进出用能单位	进出主要次级用能单位	主要用能设备	一级能源计量	二级能源计量	三级能源计量	一级能源计量	二级能源计量	三级能源计量	用能单位	次级用能单位	主要用能设备
载能工质	蒸汽	100	80	70	100	85	75	100	100	90	100	90	80	100	90	70	100	80	70
	水	100	95	80	100	95	85	100	100	90	100	95	85	100	95	80	100	95	80
	压缩空气				100	85	75	100	90	60	100	90	80						
	冷冻水				100	95	85												
	氮气							100	90	60									
	其他载能工质				100	80	70				100	90	80	100	80	60			
可回收利用的余能	90	80	—	90	80	—	90	80	—	100	80	—	90	80	—	90	80	—	

案例：以某纺织企业丝光车间用水计量图为例分析（如图 3-30 所示）。

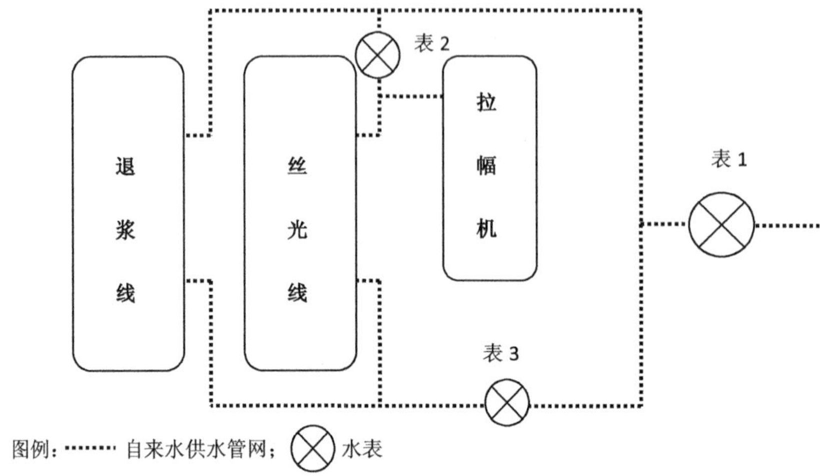

图 3-30　改造前的丝光车间供水管网及计量图

图 3-30 中，车间里的拉幅机、丝光线和退浆机均需要用水，其中丝光线和退浆线都是耗水量大的生产线。受供水水压影响，丝光和退浆线前机和后机分别供水。按用水计量要求，丝光线和退浆线应单独计量。改造前，企业丝光车间已配套水表，次级用水单元计量满足要求。而用水设备计量方面，虽然安装了两个水表进行计量，但是丝光线和拉幅机的用水计量相叠加、丝光线和退浆线的用水计量也相叠加。这样的用水设备计量不利于用水设备的计量与考核，因此，图中水表 2 和水表 3 安装不合理。应对供水管网进行调整，实现丝光线、退浆线的单独计量，拉幅机耗水量小，可通过车间总水表和其余设备水表数据，间接统计分析。

3.2.8.2　检查计量统计分析工作

计量数据是能源统计工作的基础。定期统计用能单位、用能设备的计量数据，才能进行能源消耗的分析。根据分级分类计量的原则，计量数据统计资料可分为：能源等采购合同及票据、专项计量统计报表、次级用能单位能耗数据统计表、用能单位总用能统计报表、库存量核算台账、能源质量分析资料等。按统计周期分，统计资料可分为日报表、月报表和年报表。

3.2.8.3　计量系统常见问题

按 GB 17167 要求，用能单位应做好能源计量器具的配备。水和物料的计量工作也同样重要，直接影响企业的管理水平。但是相当部分企业存在着不同的错误认识：

①不重视计量工作。主要体现在企业的能源计量体系不完善，次级用能/水单元和用能/水设备计量的缺失尤为突出。

②计量器具配置不合理。计量器具配备位置和计量对象的供应系统紧密相关。安装计量器具之前，应先对计量对象进行分类，然后理清每个计量对象的供给系统，再根据物料供给系统现状合理确定计量器具的安装位置，避免计量不全、重复或交叉计量。

③计量器具的管理不到位。如果计量器具无法正常使用，就会影响计量数据的准确性，从而影响数据的分析和管理工作（如图 3-31 所示）。

图 3-31　水表安装不规范

④缺少计量数据的统计分析。有些管理人员误以为计量器具安装之后就一了百了。如果没有进行计量数据的统计分析，那计量器具也就没有发挥作用，企业的物耗分析、节能节材工作等就无法有效开展。

3.2.9　现场管理诊断

3.2.9.1　现场管理的意义

部分企业的管理人员，或企业的经营者不重视生产现场管理。其主要原因是没有意识到现场管理的意义，只认为现场管理可有可无。实际上，现场管理对一个企业来说，具有十分重大的意义。

（1）提高生产效率

做好现场管理的标准之一就是物品规范堆放。例如，文件、工具或者半成品分区、分类、定点摆放，可以减少寻找时间（如图 3-32 所示）。

因此，做好现场管理就可以提高生产效率。

文件分类整齐放置

工具分类整齐放置

图 3-32 较好的现场管理

（2）减少失误、提高安全程度

做好现场管理，要求对有关的物品、管道等都做好标识，同时，也会对一些员工的操作提出具体的要求，这样可以减少生产过程中的失误，也是提高生产效率的一部分。

现场管理搞好了，减少了杂物的堆放，做好了各种管道的标识，对危险区域做好了记号，在危险的地方给予提醒。这样，可以减少生产过程中工伤事故的发生。如图 3-33 和图 3-34 所示。

防护罩缺失，容易造成安全事故

个人物品随意摆放，标识牌脱落，现场环境卫生较差

图 3-33 较差的现场管理

标识清晰

物品整洁干净、分类放置

图3-34　较好的现场管理

（3）减低生产成本

清洁生产要求企业做好节水、节能和节约原辅材料，而企业生产过程中往往出现“跑冒滴漏”等现象，造成了成本的浪费（如图3-35所示）。

原材料浪费

保温材料脱落，浪费热能

图3-35　较差的现场管理

（4）提高员工的素质

环境可以影响人、培养人。

在不同的环境下，可以培养出不同素质的员工。因此，需要创造一个良好的环境，以提高员工的素质（如图3-36所示）。

（5）提高产品质量

在日常生产过程中，由于标识不清，导致配错料，造成产品质量问题，或者造成其他生产事故；由于现场环境差，对产品表面造成污染，例如，产品表面粘有粉尘会腐蚀产品表面。

在纺织生产企业中，产品的质量下降原因之一是因为沾污导致的。因此，生产环境不好，有可能导致返工率增加。

图 3-36 较好的现场管理

3.2.9.2 现场管理三大工具

（1）作业标准化

①作业标准化种类

文件标准化：在生产过程中的要求、流程、规程等以文字的形式形成标准。

行为标准化：要求所有有关的人员必须按各自的岗位标准行事。

培训标准化：对新员工或者旧员工经过一段时间后，必须再进行标准化的培训。

②标准化的目的

对技术力量进行储备，将个人的经验转化为公司的经验；减少不必要的工序和行为以提高效率；避免过去已发生过的失误和错误；教育训练，教育新人，提高旧员工素质。

③制定好标准的要求

每个标准都有一定的明确的目标这就是标准的目标指向；在标准中应显示原因和结果；内容必须使每个人能够准确地理解；应该尽量使用数据表示；标准制定的内容是可行的，现实做得到的；应根据变化的情况，对标准进行修订。

（2）目视管理

人的行为 60% 是从视觉的感知开始的，目视管理是一种通过视觉导致人的意识变化的一种管理方法。

①物品的目视管理

用颜色或标识牌区分物品的种类和用途；用颜色区别标示不同的区域以便区分物品的放置地点；物品的放置方法应确定合理的数量和进出路线。

②作业的目视管理

使用工作日历、生产看板来对作业进行计划和事前准备；生产过程动作的标准化以确保作业的正确性；安装必要的器材以便在早期发现异常，减少错误的产生；使用照片或图片作为指导行为的正确性。

③设备的目视管理

用不同的颜色来区别应该保养的地方；用特殊标记表示容易出现异常的地方；用明显的标志显示判断是否正常的地方；红线等方式来标示计量是否正常。

④品质的目视管理

区别原材料、中间产品和最终产品；区别不同质量的产品；区别合格品和非合格品；区别特殊质量要求产品。

⑤安全的目视管理

用不同的图文、颜色区分安全区域、安全行走区域、危险区域、危险管道、线路、特别危险区域等。

（3）管理看板

①看板的种类

计划看板：用图表的形式将生产计划表示出来。

成绩看板：用表或图将各班组或个人的成绩表示出来。

品质看板：用图或表将各种质量情况表示出来。

行为看板：用图或表将各员工或班组的行为表示出来。

②看板的制作

看板的制作主要要注意以下四个方面的内容：格式和内容要匹配和适当；需要定期更新；统计方法要正确，统计结果要准确；检查实际工作的效果。

3.2.9.3　正确的现场管理

（1）正确的现场管理意识和方法

①明确日常管理的具体项目。

②现场管理的标准化。

③不断改进现场管理。

④善于使用有形和无形的压力，促使员工的工作。

⑤善于发挥员工的智慧和能力。

（2）正确的现场管理要求

①管理具体化。

②作业标准化。

③管理动态化。

④行为规范化。

3.3 如何挖掘企业清洁生产潜力

企业开展清洁生产是希望能够找出企业中不符合清洁生产的地方和做法，并能提出方案解决这些问题，以达到提高企业清洁生产水平的目的。

在清洁生产审核过程中，围绕“节能、降耗、减污、增效”所提出的有关方法、制度、措施、技术改造、设备升级等都可以统称为清洁生产方案。

3.3.1 生产现场考察

通过对生产现场的考察，如图3-37和图3-38所示，可以发现一些显而易见的清洁生产问题，例如：

①跑冒滴漏：漏水、漏油、漏汽、压缩空气泄漏、物料泄漏。

②管理不规范：物品没有分类、现场摆放混乱、安全措施失效、流程设置不合理、设备空转、保温效果差等。

③产品异常或者不合格品增多。

④没有保温或者保温效果不好。

⑤环保设施运行不正常，冒黑烟、排色水。

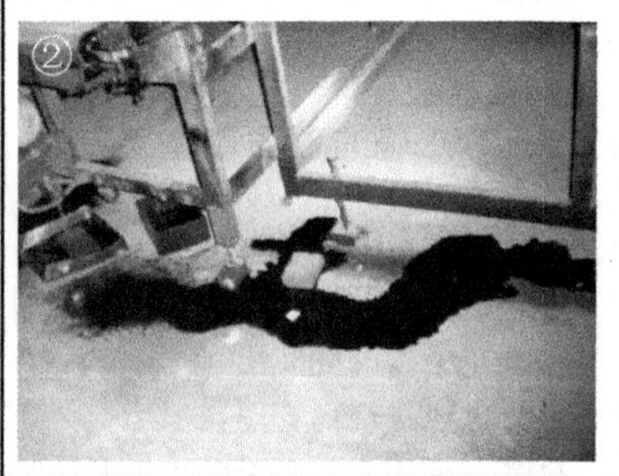

图①漏水、图②漏油、图③原材料泄漏、图④压缩空气泄漏

图 3-37　企业常见跑冒滴漏现象

烟囱高度不够

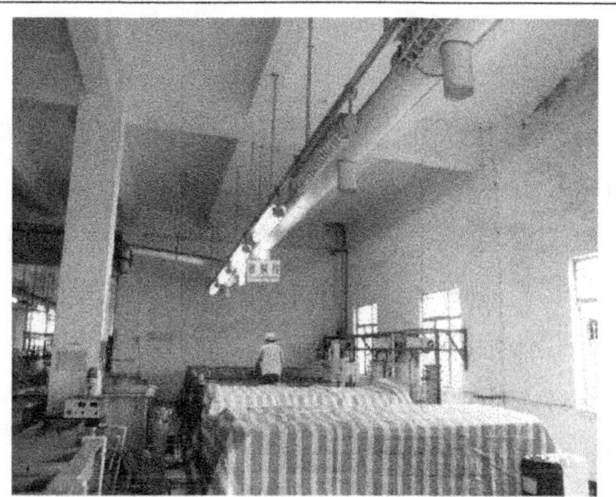

抽风口位置不合理，太高了！

图 3-38　环保设施问题

3.3.2　最佳实践案例

参考或引用行业内已经成熟的技术、工艺、设备以及管理办法到本企业。

该方法是许多企业喜欢常用的方法。例如，电镀企业都想做镍回收，如图 3-39 所示。因此四处打听，得知哪种镍回收方法较好，就马上引进该回收系统。实际上，部分企业使用该系统较好，部分企业使用效果不好。

使用最佳实践案例应该详细地了解运用具体情况，要结合企业自身的情况，决定是否合适。

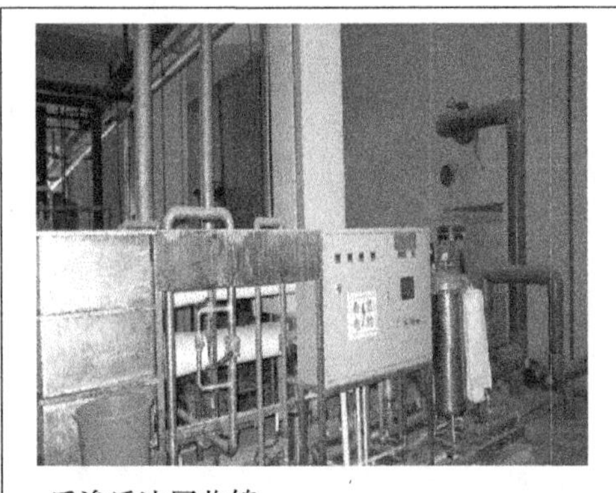
反渗透法回收镍

树脂吸附法回收镍

图 3-39 镍回收方法

3.3.3 生产设备效率检测

(1) 设备效率检测

对生产设备，包括风机、水泵和压缩机等的效率进行检测通常可以发现以下问题：

①设备是否属于先进的节能的种类或型号。

②设备的运行状况与配置是否合理或匹配。

③该设备的能效或效率为什么会低下。

④如何提高设备的运行效率。

表 3-24 某陶瓷企业辊道窑热效率测试结果

<table>
<tr><th>序号</th><th colspan="2">监测项目</th><th>单位</th><th>监测结果</th><th>标准要求</th><th>是否合格</th></tr>
<tr><td>1</td><td colspan="2">热效率</td><td>%</td><td>62.50</td><td>—</td><td></td></tr>
<tr><td>2</td><td colspan="2">产品煤气单耗</td><td>Nm³/kg</td><td>0.50</td><td>—</td><td></td></tr>
<tr><td>3</td><td colspan="2">产品热耗</td><td>kJ/kg</td><td>3081.20</td><td>—</td><td></td></tr>
<tr><td>4</td><td colspan="2">标准煤耗</td><td>kg/t 产品</td><td>105.13</td><td>—</td><td></td></tr>
<tr><td>5</td><td colspan="2">排烟温度</td><td>℃</td><td>265.0</td><td>≤200</td><td>不合格</td></tr>
<tr><td>6</td><td colspan="2">产品出窑温度</td><td>℃</td><td>70.0</td><td>≤120</td><td>合格</td></tr>
<tr><td rowspan="2">7</td><td>窑表温度</td><td>烧成侧壁</td><td>℃</td><td>75.0</td><td>≤90</td><td>合格</td></tr>
<tr><td>（烧成温度 > 1 180℃）</td><td>烧成顶部</td><td>℃</td><td>94.0</td><td>≤110</td><td>合格</td></tr>
</table>

从测试结果可以看出：

①测试该窑炉的热效率为 62.50%，产品煤气单耗为 0.50Nm³/kg，热耗 3081.20kJ/kg，能耗水平较好。

②对窑炉各风机风量测试，发现排烟、抽热等风机装置过大，如窑炉生产产品稳定，更换小一些的风机。

③排烟温度高于标准要求，在满足干燥线用热的情况下，调节尽可能小的排烟量，减小排烟热损失。

（2）设备表面温度测试

另外，通过对供热、耗热设备表面温度测试可以发现保温效果的好坏。案例：通过测试发现保温效果的好坏，如图 3-40 所示。

<table>
<tr><td>
</td><td>①处表面温度为 350℃，②处表面温度为 200℃，说明①处保温较差</td></tr>
<tr><td>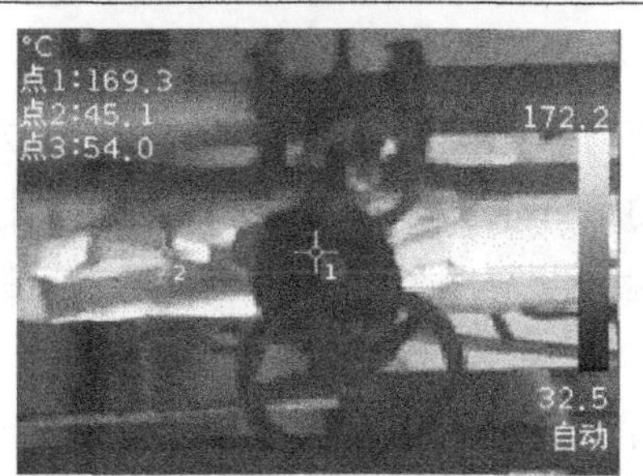
</td><td>点 2、点 3 表面温度在 50℃附近，说明保温效果较好；
由于阀门未做保温，因此点 1 表面温度远大于点 2、点 3，造成热量浪费。</td></tr>
<tr><td>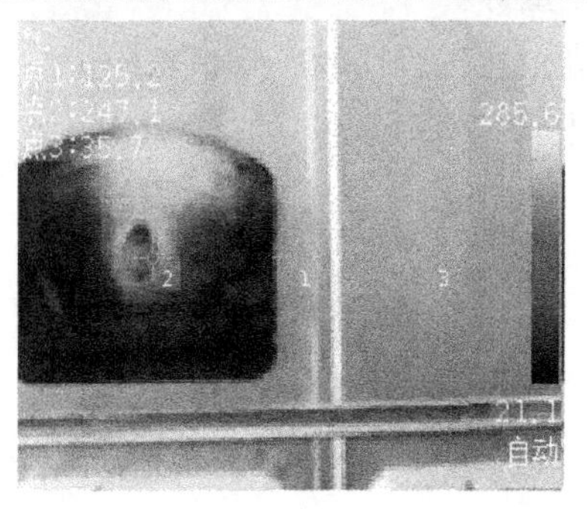
</td><td>点 3 表面温度小于 50℃，说明炉膛保温效果较好；
点 2 表面温度较高，说明保温效果较差，实际上是没有做保温</td></tr>
</table>

图 3-40　保温效果测试

（3）其他简易测试

①通过锅炉的参数确定锅炉工况

排烟温度，进风和进水温度以及吨煤产汽量等。

②通过蒸汽压力和温度的变化确定蒸汽的输送损失

测定前端和后端的蒸汽压力和温度，可以对应查出相应的热焓值（H）。通过两者的差可以估计出蒸汽热能的损失。

案例：蒸汽在锅炉房分汽缸时的压力为8kg、温度170.42 ℃，流量为18.4t/h；在车间入口处，蒸汽压力为6kg，温度为160℃，流量为17.2t/h。计算蒸汽输送损耗。

查表：在分汽缸时，蒸汽热焓值为2 768.4 kJ/kg ；在车间入口时，蒸汽热焓值为2 757.7 kJ/kg 。计算如下：

$$\begin{aligned}\Delta Q &= 100\% \times (\Delta H_1 V_1 - \Delta H_0 V_0) / \Delta H_0 V_0 \\ &= 100\% \times (2\,757.7 \times 17.2 - 2768.4 \times 18.4) / 2\,768.4 \times 18.4 \\ &= 100\% \times (47\,432.44 - 50\,938.56) / 50\,938.56 \\ &= -6.88\%\end{aligned}$$

3.3.4 标杆对照

为了发现企业在能源和资源利用效率或污染物产生量以及资源利用水平等方面存在的问题，可以与行业的先进水平、企业的最好水平、国家或行业的相关标准或文件中先进值作为标杆。与标杆进行对照就可以发现企业与先进水平之间的差距。

常用的对照项目有单位产品电耗或综合能耗、单位产品水耗、单位产品金属消耗量、金属的利用率、水回用率以及污染物的产生量等。

将企业自身水平跟国家标准、行业标准、先进企业进行比较，找出差距，然后再制定达标（或者赶超）措施。与企业有关的标准：

①污染物排放标准。

②地方法律法规的要求。

③能效标准。

④能耗限额标准。

⑤清洁生产标准。

⑥行业准入条件。

案例：如何通过标杆对照发现清洁生产潜力。某合成革企业近三年单位产品取水量如表 3-25 所示。

表 3-25　某合成革企业用水情况分析

指　标	单位	2007 年	2008 年	2009 年
取水量（湿法）	m^3/t	20.2	17.5	16.0
清洁生产标准 合成革工业（HJ 449—2008）一级水平：≤7 m^3/t；二级水平：≤8 m^3/t；三级水平：≤9 m^3/t				

从统计数据来看，该企业单位产品取水量是逐年下降的，但其用水水平却远远落后于清洁生产三级水平，通过进一步分析发现，导致企业用水较大的原因有以下几个方面：

①计量不完善，不知道各部门用水情况，无法确定哪个部门水耗是否存在浪费现象；

②车间存在明显长流水、跑冒滴漏现象；

③不重视水回用，基本无回用现象；

④水管布局在地下，不利于检查管道是否漏水；

⑤可能存在其他浪费现象。

为了进一步分析企业浪费水的原因，首先是要完善企业用水计量，具体工作可分以下三步：

第一步，绘制了全厂水网图，摸清公司供水耗水管网分布情况，如图 3-41 所示；

第二步，确定计量位置，安装计量仪表，如图 3-42 所示；

第三步，计量统计数据，并进行分析。

表 3-26　用水统计表

单位：m^3

时间	总表	分表合计	差值
7 月	12 456	9 873	2 583
8 月	11 893	8 031	3 862
9 月	12 078	9 176	2 902

从抄表统计数据来看，连续 3 个月的总表数据远大于分表数据，说明中间过程存在明显不正常的损耗，进一步寻找原因发现，企业主供水管道破裂，有大量水泄漏到地下。

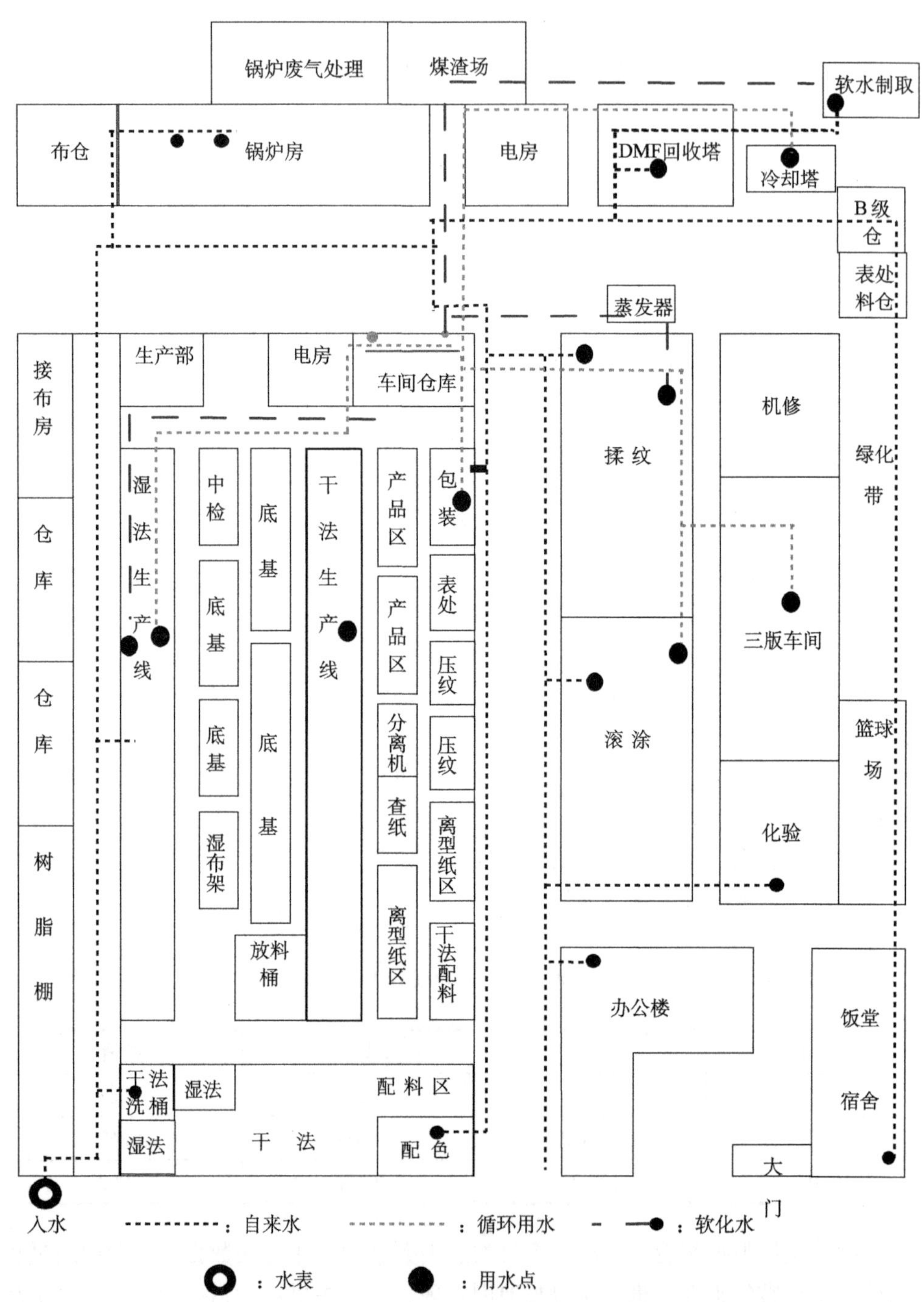

图3-41 供水、耗水网络系统示意图

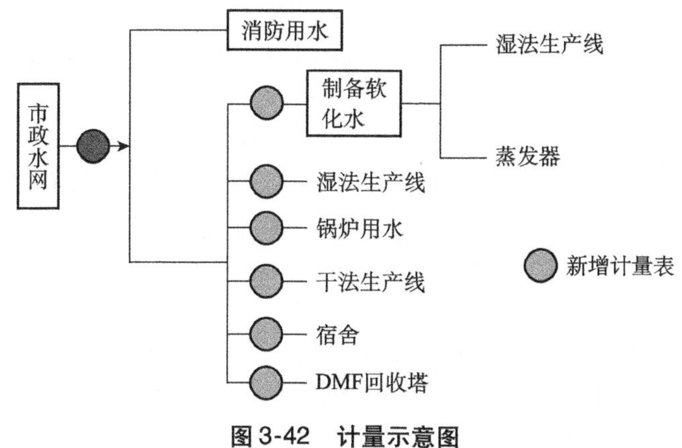

图 3-42　计量示意图

3.3.5　生产数据分析

通过生产数据分析，寻找能源或物料消耗最多的地方或部门，分析能源或物料消耗不合理的原因，发现能源或物料消耗出现异常的情况。

要使用生产数据分析方法就必须配备好能源和物料消耗计量器具，做好能源和物料消耗的计量和统计，做好产品和品种的统计。

在有条件的情况，充分利用在线监测和控制技术，做到实时监测和实时统计，可以做到及时分析。

案例：通过数据统计分析发现节水重点部门。图 3-43 是一家线路板企业年度耗水量的情况。通过统计数据可以看到电镀车间是耗水量最大的车间，是节水重点工作车间。

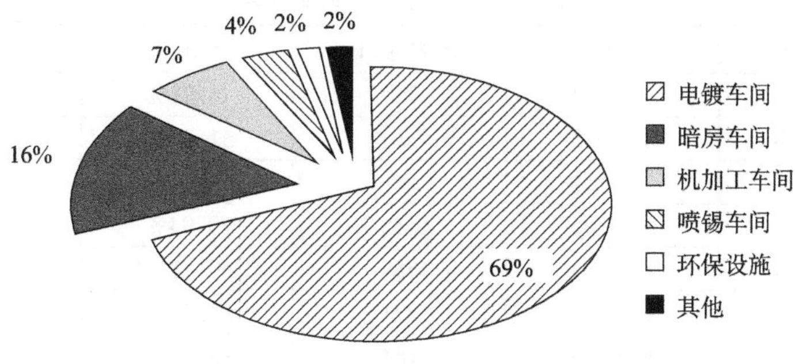

图 3-43　某企业部门用水结构图

案例：通过产质量统计分析，发现企业现场管理存在问题。某企业生产现场情况如图 3-44 所示。

①

存在问题：
①混乱的原辅材料堆放现场，有用料和无用料堆放在一起；
②配件摆放未分类，未有标识；
③现场环境差，物料泄漏严重，粉尘量大。

②

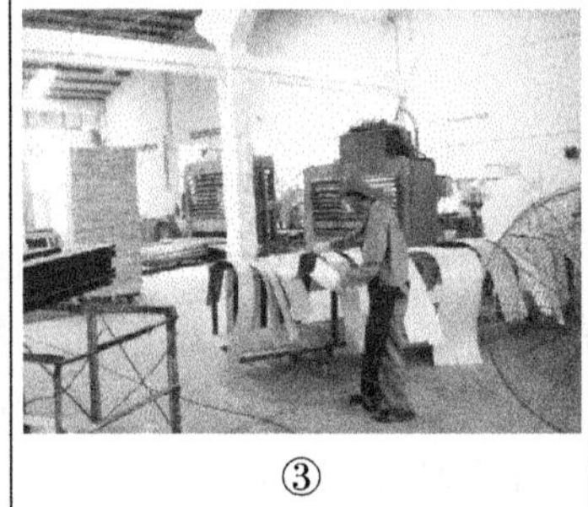
③

④

图3-44　某企业生产现场

这样的现场管理状况，导致产品产出率波动非常大，表3-27统计数据就是充分验证。

表3-27　某企业产量统计表

日期	班次	产量/kg	废料量/kg	产出率	备注
1	A	3 045.4	359	88.21%	
	B	2 690.5	1 306	51.46%	
2	A	1 733.1	34	98.04%	最大值
	B	2 367.5	688	70.94%	
3	A	2 141.4	659	69.23%	
	B	2 298.5	271	88.21%	
4	A	1 392.5	164	88.22%	
	B	2 484.98	445	82.09%	
5	A	2 055.7	1 258	38.80%	最小值
	B	4 783.7	701	85.35%	

3.3.6 物料平衡分析

物料平衡的原理是输入等于输出，一般是在通过其他途径无法发现问题的基础上开展物料平衡分析。在实际运用中，对于非有效输出较难以准确量化，因此需要开展实测。实测是有代价的，但实测在绝大多数情况下也是必要的，关键是如何确定测试方式、方法和对象。因此，在利用物料平衡挖掘清洁生产潜力时，应该从不同层次认识物料平衡分析的作用。首先物料平衡分析可以确定物料投加量、水耗，并在此基础上分析物料消耗水平，与行业先进水平、全年平均水平、历史最优水平进行比较；其次，利用物料平衡原理可以有效确定产污量，包括单个污染物的量、污染物总量。

3.3.6.1 不同层次对比分析

利用对各工序物料输入的量，掌握物料投加顺序、投加量，统计单位产品原辅材料用量、单位产品用水量、单位产品蒸汽消耗量等。

典型生产过程分析结果与全年平均水平，或历史最优水平的比较，找出差距，发现问题。

分析过程可以包括原辅材料、水，也可以统计各工序或生产过程能源的消耗。

以某纺织染整企业为例，通过对某典型生产批次的产品进行实测，掌握该生产过程能耗、水耗和物耗情况，测试结果如表3-28所示。

表3-28 选定批次单位产品资源消耗情况

项目	单位	选定批次	历史最优水平	全厂平均水平	清洁生产标准 纺织业（棉印染）HJ/T 185—2006
染料消耗	kg/100m	0.81	0.76	0.79	—
助剂消耗	kg/100m	20.95	19.35	19.88	—
取水量	m^3/100m	2.83	2.42	3.21	一级水平：2.0m^3/100m， 二级水平：3.0m^3/100m， 三级水平：3.8m^3/100m
耗汽量	kg标准煤/100m	25.9	22.15	48.35	一级水平：35m^3/100m， 二级水平：55m^3/100m， 三级水平：65m^3/100m
用电量	kW·h/100m	15.69	15.73	37.65	一级水平：25 kW·h/100m， 二级水平：30 kW·h/100m， 三级水平：39 kW·h/100m

注：蒸汽、水、电耗统计范围为本实测工序，不含转化、输送损耗。

从实测结果可以看出：

①单位产品取水量：选定批次是全厂平均水平的88%，可见节水的有效途径在于工艺本身，使用节水工艺，减少工艺用水是公司应当研究的方向，也是减少用水的出路；

②单位产品耗汽量：选定批次耗量是全厂平均水平的54%；通过调研发现，造成这项差异的原因在于返工，若产品进行了返工，耗汽量将提高30%以上；其次，车间的跑冒滴漏，蒸汽管道保温老化等造成热量散失；

③单位产品用电量：选定批次耗量是全厂电耗的42%，可见除前处理及染色工序的耗电外，其他工序的用电也应进行排查，如后整理工序的耗电、车间照明及空压机耗电等都有节电空间。

以上分析结果可看出，通过物料平衡分析，进一步明确了该企业清洁生产潜力。

3.3.6.2 分析不同类型设备消耗水平

部分企业在生产同类产品时往往会使用不同类型的设备，包括设备规格、型号等不同，这些设备虽然用于同类产品的加工，但其物料消耗、能耗水平往往差距较大，因此可以通过物料平衡分析发现不同类型设备之间存在的差异，为设备更新提供更加准确的依据。

以某制革企业为例，染色复鞣使用的转鼓有Y型转鼓和单桶鼓，为了对比两类转鼓的消耗水平，审核小组在同一批采购的原料皮中选取了两份蓝湿皮进行加工并对生产过程进行跟踪实测，并进行对比分析。

通过现场实测、数据统计计算，单桶转鼓与Y型转鼓化料及水消耗情况见表3-29。

表3-29 典型生产过程单桶转鼓与Y型转鼓资源消耗量对比表

项目		单桶转鼓		Y型转鼓		对比/%
		总用量/kg	加工单位重量原料皮化料消耗量/（g/kg）	总用量/kg	加工单位重量原料皮化料消耗量/（g/kg）	
染化料	栲胶	105	210.00	252	193.85	-7.69
	加脂剂	37	74.00	88.8	68.31	-7.69
	染料	12.4	24.80	28.2	21.69	-12.53
	助剂	217.7	435.40	520.6	400.46	-8.02
	小计	372.1	744.20	889.6	684.31	-8.05
水		17 400	34.80	26 200	20.15	-42.09

从测试结果可以看出，Y 型转鼓与单桶转鼓相比，染化料助剂和水消耗均有较大优势，尤其是节水效果明显，因此企业应该尽快用 Y 型转鼓替代单桶转鼓，提高清洁生产水平。

3.3.6.3　挖掘节水潜力

对各工序新鲜水用量、循环水用量、串级用水量、漏失水量进行测试，可以得到单位产品取水量、循环回用率、漏失率等指标，并判定其合理性，挖掘清洁生产潜力。

以某电镀生产线水平衡测试为例，其测试结果如表 3-30 所示。

表 3-30　电镀企业水平衡测试结果

序号	项目	单位	数值
测试数据	电镀面积	m^2	340.8
	新鲜水用量	m^3	114.215
	循环水用量	m^3	2.947
	串级用水量	m^3	44.779
	漏失水量	m^3	0.56
统计结果	单位电镀面积新鲜水用量	m^3/m^2	0.335
	水重复利用率	%	29.5
	中水回用率	%	2.52

注：《清洁生产标准　电镀行业》（HJ/T 314—2006）新鲜水用量二级指标≤$0.3m^3/m^2$，三级指标≤$0.5m^3/m^2$。

从表 3-30 可以看出：

①公司电镀车间在实测周期之内，单位产品电镀面积新鲜水用量达到《清洁生产标准　电镀行业》（HJ/T 314—2006）三级水平。

②水重复利用率和中水回用率与行业先进水平相比仍然偏低。

各用水工序的新鲜水消耗比例图，详见图 3-45。

从图 3-45 分析可以得出，前处理清洗工序所消耗的新鲜水最多，占总新鲜水用量的 44.76%，造成用水量较大的主要原因是该工序为手动操作，且采用溢流洗水。

结合生产实际，发现企业存在以下节水潜力：

①存在一定的跑冒滴漏现象，员工节水意识不强，停镀后没有及时关闭进水阀门，增加了非生产用水。

②前处理除油和清洗均为手动操作，且采用溢流清洗，造成了新鲜水大量

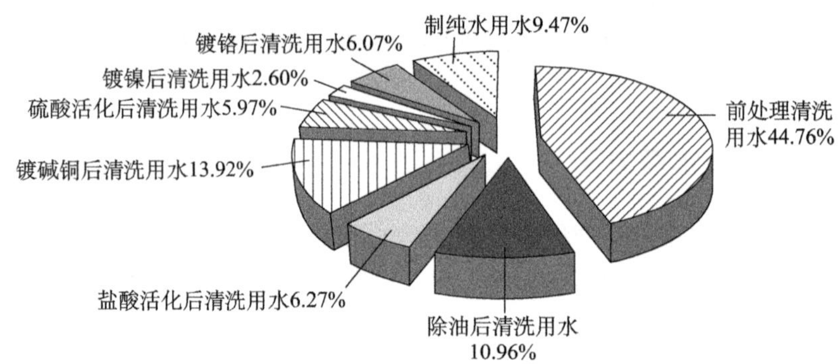

图 3-45　各工序新鲜水用量分布图

注：各工序新鲜用水比例已分摊损耗。

浪费。

③线上存在单槽清洗方式，不利于节水。

④仅安装了镍回收装置，没有其他的中水回用措施，造成中水回用率较低。

⑤镀件带出液没有采取更有效的控制，增加了清洗水耗。

⑥没有制定用水考核制度。

3.3.6.4　确定产排污量，发现减污潜力

（1）VOC 产生量分析

喷漆是很多涉及 VOC 企业常见的工艺，在开展清洁生产审核过程中，需对喷漆工序油漆的输入数据进行收集，了解油漆的有效利用率及工件晾干期间的挥发量，为油漆的有效利用、VOC 产生量计算及有机废气治理提供参考数据。

以某水泵企业金属表面喷漆为例，如图 3-46 所示，通过开展物料平衡测试，其测试结果如表 3-31 和表 3-32 所示。

图 3-46　金属表面喷漆

表 3-31 油漆利用率测试数据

项目	单位	数据	
		第一组	第二组
调漆比例（表面漆：硬化剂：天那水）	—	369 ：44 ：21	401 ：63 ：42
总调漆量	g	434	506
喷漆实际用量	g	357	457
喷漆的有效利用量	g	97	121
喷漆的有效利用率	%	27.17	26.48

表 3-32 自然风干油漆表面风干量

项目	单位	第一组	第二组
风干时间	分钟	105	65
1#工件挥发量占上漆量比例	%	4.00	7.14
2#工件挥发量占上漆量比例	%	11.11	2.50
3#工件挥发量占上漆量比例	%	13.89	数据异常
风干总挥发量占总上漆量比例	%	10.31	4.41

从测试结果可以得出以下结论：

①喷漆的有效利用率低于30%，造成漆料的较大浪费。

②喷漆调配比例较随意，有机溶剂天那水的随意添加直接影响到挥发性有机废气的排放量。

③受调漆比例、工件结构、风干时间、喷漆厚薄等因素影响，喷漆风干的挥发量较大，说明该过程产生的有机废气需收集治理。

④油漆在装入喷漆罐时常有洒漏，造成漆料浪费。

（2）SO_2产排放量分析

燃料含有一定的量硫，并在燃烧是产生SO_2。以陶瓷企业为例，块煤用于煤气发生炉转化为煤气，再用于窑炉作为燃料。煤粉与煤气发生炉产生的酚水制成水煤浆用于喷雾塔的燃料。

①燃料消耗量统计

根据调研和数据统计，该企业全年燃料消耗以及燃煤中的含硫量见表3-33。

②硫平衡分析

该企业喷雾塔安装了脱硫设施，而辊道窑没有安装脱硫设施。根据燃料的使用量、含硫量及脱硫设施的脱硫率，按照物质平衡的原理可以做出该公司的硫平衡图，并计算出SO_2排放总量。详细的计算情况可见图3-47。

表 3-33 燃料消耗情况表

燃料类型	消耗量/t	平均含硫量/%	全硫量/t	煤气量/万 m^3/	水煤浆量/t
煤块	76 767.7	0.654	502.06	19 979	—
煤粉	3 066.25	0.654	20.05	—	5 575
合计	79 833.95	—	522.11	19 979	5 575

注：表中平均含硫量为全年抽检所得数据的平均值，全年共抽检 81 次。

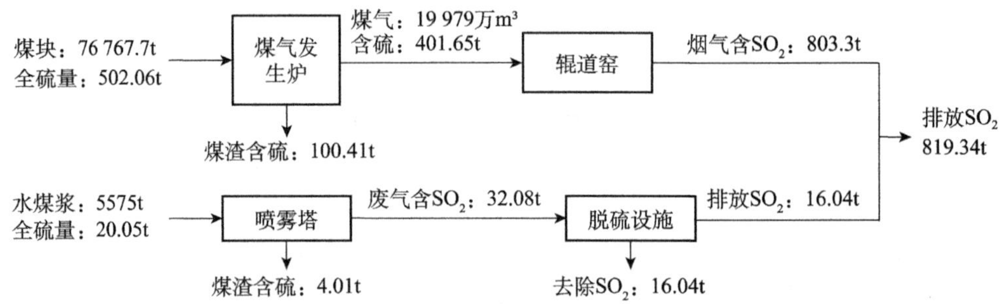

图 3-47 硫平衡图

注：1. 煤渣固硫率以 20% 计；2. 喷雾塔废气采用湿法脱硫，其脱硫效率以 50% 计算。

③影响 SO_2 排放总量因素及减排途径

由图 3-47 可见，SO_2 排放量与燃料的类型、含硫量、使用量以及脱硫效率等因素都有关系。各因素对 SO_2 排放总量的影响，见表 3-34。

表 3-34 SO_2 排放量与影响因素关系表

影响因素	燃料消耗量	含硫量	脱硫效率
SO_2 排放量的增加	+	+	–
SO_2 排放量的减少	–	–	+

注：表中“+”表示有利于，“–”表示不利于。

从以上讨论可知影响 SO_2 排放总量的因素。对于陶瓷企业，可以通过实施各种清洁生产方案改变各种因素，从而达到 SO_2 减排的目的。常见的清洁生产方案与各因素之间关系可见表 3-35。

表 3-35 常见清洁生产方案

序号	因 素	常见清洁生产方案
1	燃料类型	①水煤浆替代重油 ②水煤气替代重油 ③使用天然气、电等清洁能源替代重油或煤

序号	因　素	常见清洁生产方案
2	燃料使用量	通过实施窑炉余热利用、加强窑炉保温、燃烧方式的改变、烧成工艺的改变，提高能源转换设备的效率等节能方案，降低燃料消耗
3	含硫量	采用优质燃料降低燃料含硫量
4	脱硫效率	①实施脱硫工程 ②对原有脱硫设施进行改造，提高脱硫效率 ③在固体燃料中添加脱硫剂

3.3.7　E-P图分析

目前工厂大多使用的传统数据统计分析方法有：单位消耗（或者每单位产品的消耗量）、综合能源利用、基于计划或预算的目标、将综合能源消耗量与产值相互联系。

对于大多数企业来讲，能源消耗与产量之间成正比例关系，若将能源消耗视为产量的函数，其函数图象就会近视成一条直线，为了便于分析，建立一个如下的基本直线方程式：

$$E = mP + e$$

式中：E——某固定时间间隔（如每月、每周、每日）能源消耗量；

P——相同时间间隔的产量；

m——直线的斜率；

e——y 轴的截距，即理论上产量非常低时（0）所使用的能源。可通过图3-48进行说明。

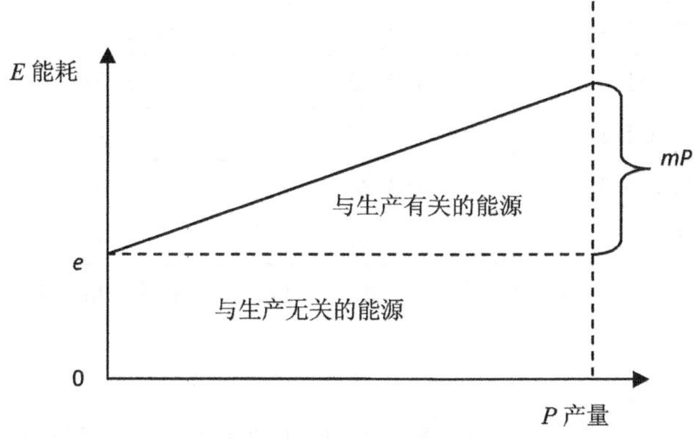

图3-48　E-P 函数图

实际上，“mP”是指与生产直接相关的能源，而“e”是指与生产不直接相关的能源，即损失的能源或用于企业一般性服务所使用的能源。以陶瓷企业为例，“e”一般包括以下几个方面：

①电力：办公用电、环保治理设施用电、设备空转用电、空压机系统用电，以及克服设备（如球磨机）自身用电等。

②热力：喷雾塔、窑炉等设备自身散热和排烟热损失等。

其中 e 和 R^2 值具有以下特性：

①截距 e 越趋近于零时，投入成本越优。但当 e 值为零或者负数时，说明所取样数据中有不准确的；

②R^2 为离散系数，当 R^2 越接近 1 时，数据和直线关联性越强，生产相对稳定；R^2 越接近 0 时，数据和直线关联性越弱，生产波动大。

案例：利用 E-P 图分析用能情况，发现不合理用能。

以某陶瓷厂原料车间正常生产为统计时段，该厂产品为仿古砖，粉料类型较单一。原料车间消耗的能源包括水煤浆、电和柴油，其中水煤浆为喷雾塔燃料，柴油主要用于车间运输、维修。以 2012 年 3—12 月产量、能源消耗为例，每月消耗统计数据见表 3-36。

表 3-36　产量能源消耗数据表

月份	粉料产量/t	用电量/万 kW・h	用水煤浆/t	用柴油/t
3	25 395.17	129.65	2 648.14	10.30
4	24 881.17	147.66	2 337.14	13.81
5	24 350.11	145.41	2 494.29	10.54
6	24 868.19	166.12	2 954.19	11.04
7	22 558.22	141.75	2 486.78	11.25
8	23 681.45	144.03	2 673.83	10.10
9	24 761.01	162.02	2 778.07	10.64
10	23 635.85	141.67	2 588.10	8.69
11	28 206.07	183.28	3 024.36	10.85
12	25 009.07	155.04	2 548.46	9.35

注：考虑 1 月和 2 月为年终停产维修期间，数据可靠性较差，因此未采用。统计期内水煤浆质量变化不大。

（1）绘制 E-P 图

根据表 3-36 的数据，绘制产量与能耗的 E-P 图，分别为图 3-49、图 3-50、图 3-51。

以上 E-P 图反映情况如下：

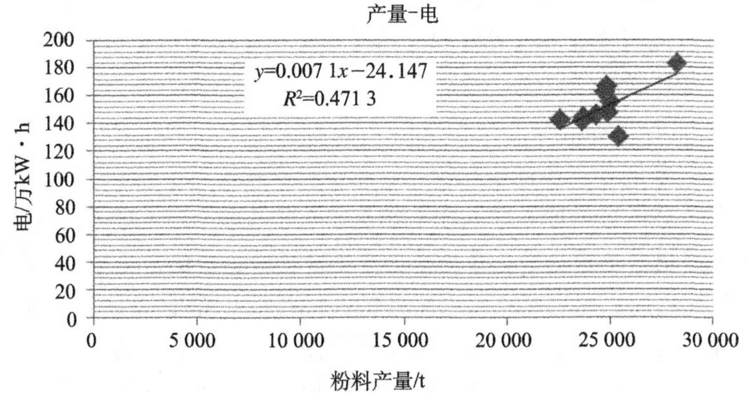

图 3-49　产量与电耗线性关系图

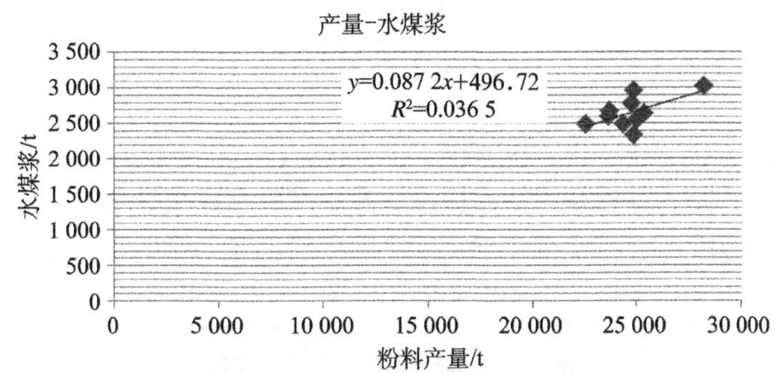

图 3-50　产量与水煤浆消耗线性关系图

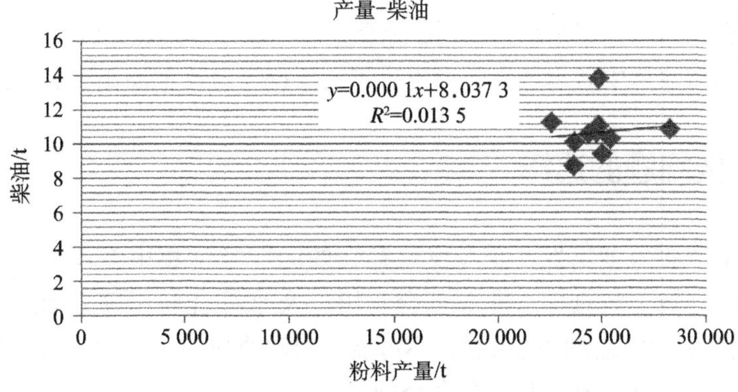

图 3-51　产量与柴油消耗线性关系图

从图 3-49 可以看出，R^2 值偏小，说明控制不好，离散性较大；产量接近时，电耗相差约 28%，说明对电消耗控制不好。截距为负值，说明有数据存在不可信。

从图 3-50 可以看出，R^2 值较小，说明控制相对较差，离散性较大；产量接近时，水煤浆消耗耗相差近26%，说明对水煤浆消耗控制不好。截距较大，占月平均消耗的18.7%，说明喷雾塔水煤浆固定消耗较大，应该通过减少散热、降低烟气温度等措施减少固定消耗。

图3-51表明，产量与柴油消耗基本不成线性关系，截距较大，占每月平均消耗75.4%，说明柴油非生产性消耗较大，跟生产关系不大，应该加以控制。

通过使用E-P图分析原料车间用能情况，可以发现该企业原料车间用能存在以下问题：能耗控制水平较一般，主要表现为同产量能耗相差较大；固定消耗较大，说明设备本身较落后，这也基本符合企业的实际情况；企业能源管理水平还有待提高，表现为部分数据不可信，应加强对生产数据有效性进行管理。

因此，企业可以根据以上三点有针对性地提出节能改进措施，为今后的节能工作确定方向。

（2）小结。该方法的运用，还应该注意以下几点影响因素：

①年终停产维修后复产当月的数据应该剔除，若采用会对分析造成较大的干扰。

②分析范围不宜过大，应尽量是某个车间或者某单一设备。通常不绘制总产量与总能耗的E－P图，这样会因产品类型、各车间的不同而导致分析结果不准确。

③产品应该为同一类型产品，产品差异较大不能合并在一起分析。

3.4 方案的提出及筛选

在企业进行清洁生产审核工作时，常常会遇到多个问题，或发现多个有改进的的空间。我们应该从中做出选择，做出决策，要确定选择的原则和方法。

3.4.1 主要问题的选择

从清洁生产的角度出发，企业发现存在的问题常常集中在环境保护、降低能耗、降低水耗、新工艺推广、能源综合利用以及水综合利用等方面。企业会因财力、人力和精力等客观条件的限制，不可能一起解决所有的问题，只能先解决部分的问题，然后再解决其他问题。在多个问题中，优先解决的问题必须是最急需的、最迫切的问题，然后再解决相对不紧迫的问题。

在多个存在问题中进行选择时，确定的选择原则是：首先，要注重政府和国家政策需要的问题，例如，环境保护问题、污染物排放指标、落后工艺限期淘汰等问题。然后，再根据解决问题方案的经济可行性、技术可行性、环境可行性以及可操作性等进行分析，再做出判断。

3.4.2　同一问题的选择

对于同一个问题，可以有多个方案解决的情况，需要进行仔细分析后，做出判断。基本工作流程：确定目标，情况调查、拟定备选方案，估计备选方案，评价和筛选，确定方案。以一个印染厂水综合利用为例，讲解思考和解决的方法。

该染整厂是一家具有十几年的老厂。通过近几年的设备更新和改造，设备和技术有很大的提高。但是，该厂还面临着水耗过高、水综合利用程度低的问题。染整厂的董事长提出要建设节约型企业，决定对用水设施进行改造，实施新的节水方案。通过实施节水方案，减少生产过程中水资源的消耗和排放量，减少对环境产生的不良影响，提高水资源利用率，降低生产成本，提高企业的竞争能力。

①设定目标：平均节水量达到20%左右，投资不超过90万元，直接经济效益要大于50万元/a。

②情况调查：染厂的日产量为30～50t，日消耗水量为7 500～14 000t，蒸汽日耗量、冷却水日耗量、浴中用水日耗量的详细情况，见表3-37。

表3-37　水消耗情况表

日水消耗量	单位	最低值	最高值	设计值	备注
总消耗水量	t	7 500	14 000	11 825	设计量为平均耗量的110%～120%
蒸汽消耗量	t	255	475	402	
冷却水消耗量	t	3 405	6 025	5 186	
浴中用水消耗量	t	3 840	7 500	6 237	

各类用水的使用、使用过程以及使用后的水质的变化，对水循环再利用的设计起着关键性的作用。各种水质具体的情况见表3-38。

表3-38　各种水质情况

种类	使用过程	使用后水质情况
冷凝水	以蒸汽的形态在热交换器加热	水质没有变化，水温在80℃左右
冷却水	在热交换器冷却染浴，对水质要求不高	水质没有变化，水温升高
浴中用水	用于染色各种加工过程，对水质要求高	水中会有大量杂质，必须经过处理
达标排放水	各种废水处理后的结果	水质达到排放标准，水温达到常温

厂区现有的设施、资源与节水方案有着密切的关系，特别是有关水管网和储水池的建设情况。有关资源的具体情况：

a. 现有可以满足供排水管网；b. 储水池最大深度为5m，可建最大容积为1 200m^3。但是，需拆除部分建筑物；c. 现有供电能力可以满足100kW·h的耗量。

③拟定方案：根据调查的情况和目标，拟出三个方案。三个方案的情况见表3-39。

表3-39 备选方案情况

编号	水回用情况	建设内容	回用水质和回用率
方案一	冷却水和冷凝水收集后回用	建一个600m^3的储水池和一个有回路的供水管网	回用率最大为65%
方案二	冷却水和冷凝水收集后回用	建一个1 200m^3的储水池和一个有回路的供水管网	回用率最大为80%
方案三	处理后的达标排放废水用于冷却水	建一个150m^3的储水池和一个简单的单路的供水管网	冷凝水没有回用

④估计备选方案：技术人员和财务人员对三个节水方案的投资、建设时间以及运行费用作出了预算（见表3-40）。

表3-40 三个方案的有关预算

项目	方案一	方案二	方案三	备注
土建费用/万元	19.2	52.8	7.6	
设备费用/万元	9.0	10.5	15.5	
安装费用/万元	1.8	3.8	1.4	
系统软件/万元	2.4	2.4	2.4	
试运行费用/万元	1.2	2.0	1.2	
搬迁费用/万元	6.0	10.0	4.0	
不可预见费/万元	7.4	16.0	6.0	
合计/万元	47.0	97.5	38.1	
建设期				
设计时间/月	0.5	0.5	0.5	
采购时间/月	1.5	1.5	1.5	
土建时间/月	2	3	1	
安装时间/月	0.5	0.5	0.5	
试产时间/月	0.5	0.5	0.5	

项目		方案一	方案二	方案三	备注
投产时间/月		1	1	1	
达产时间/月		1	1	1	
总建设期/月		7	8	6	
运行费用					
增加费用	电量	22.7	28	37.8	电费 0.65 元/kW·h
	折旧	15.7	32.5	12.7	按 3 年折旧
	利息	2.8	5.9	2.3	年利率为 6%
	人工	3.8	3.8	3.8	每人每月 1 600 元
	维修费	0.8	1.6	0.6	
减少费用	水费	93.0	114.4	132.8	水费 0.8 元/t
	排污费	—	—	11.6	排污费 0.07 元/t
运行利润		47.2	42.6	87.2	

同时，还对技术可行性、经济可行性以及可操作性进行分析，分析结果见表 3-41。

表 3-41　方案的可行性分析结果

项目		方案一	方案二	方案三
技术可行性分析	技术先进性	中	中	良
	技术成熟性	优	优	中
	技术配套性	良	中	优
	技术可靠性	良	良	良
	人员的配套	中	良	优
经济可行性分析	总投资费用/万元	47.0	97.5	38.1
	年净现金流量/万元	62.9	75.1	99.9
	投资偿还期/月	9	16	5
	净现值/万元	9.23	-26.57	47.93
	净现值率/%	20	-27	126
可操作性分析	场地	良	中	优
	政策文件	良	中	优
	周围环境	良	中	优
	资金准备	良	中	优
	材料准备	良	中	优
	风险预测	良	优	中

通过上述的各种分析，基本上可以确定方案三是较好的方案。

该例子具有一定的教育意义。它不仅阐述了多个方案进行选择的方法。还可以看到通过这种客观的筛选，可以克服一些人的个人意志的错误判断。因为从一般的认识，不会选择方案三。

3.5 绩效评价

3.5.1 清洁生产方案效益统计

3.5.1.1 节能量计算

节能量计算方法可参考标准 GB/T 13234。节能量按式（1）计算：

$$\Delta E = M \times (E_1 - E_0) \tag{1}$$

式中：

ΔE——清洁生产方案节能量；

M——统计期产量；

E_0——方案实施前单耗；

E_1——方案实施后该工序提供与实施前相同数量和质量产品或服务的单耗。

案例：以某陶瓷企业窑炉使用节能烧嘴改造为例，改造前后用气情况如表3-42所示。

根据实测，实施后比实施前单位产品用气量下降了 0.79m^3/m^2。2013 年 1－8 月，根据生产统计该时段 2#窑炉产量为 988 742.31m^2，则可节约煤气 0.79 × 988 742.3 =959 080.03m^3，按照吨煤产气 3 460m^3，煤折标系数取 0.870 94，则可节约能源 0.870 94 ×959 080.03 ÷3 460 =241.41t 标准煤。

表 3-42　2#窑炉使用节能烧嘴前后用气对比表

月份	煤气用量/m^3	产量/m^2	单耗/（m^3/m^2）	前后对比
4	1 954 465.9	186 139.61	10.5	改造前平均值 10.56m^3/m^2
5	1 922 217.7	179 646.51	10.7	
6	1 929 470.6	183 759.1	10.5	
7	1 684 951	160 471.52	10.5	
8	1 849 401.1	174 471.8	10.6	

月份	煤气用量/m³	产量/m²	单耗/（m³/m²）	前后对比
9	1 706 686	173 974. 11	9. 81	改造后平均值 9. 77m³/m²
10	1 728 125. 3	177 062. 02	9. 76	
11	2 132 322. 7	218 252. 07	9. 77	
12	1 823 337. 8	187 009	9. 75	
合计	16 730 978	1 640 785. 7	10. 20	—

案例：以某陶瓷企业球磨机安装变频节电器为例，公司共改造了 8 台 38t 球磨机，采用高铝球石替代中铝球石，改造后每球可缩短球磨时间约 2h，改造前后产量及能耗如表 3-43 所示。

表 3-43　球磨工艺改进前后数据对比

月份	2013 年		2014 年	
	产量/t	耗电/kW · h	产量/t	耗电/kW · h
1	5 197	357 268	5 185	327 484
2	5 464	376 937	5 779	368 376
3	9 824	674 974	9 847	627 936
4	9 747	673 799	9 877	627 379
5	9 726	669 479	9 736	619 263
6	9 783	676 937	9 749	623 683
合计	49 741	3 429 394	50 173	3 194 121

由上表可知，改造前改造前每吨干料球磨电耗为：

$$3\ 429\ 394\text{kW} \cdot \text{h} \div 49\ 741\text{t} = 69.0\text{kW} \cdot \text{h/t}$$

改造后每吨干料电耗为：

$$3\ 194\ 121\text{kW} \cdot \text{h} \div 50\ 173\text{t} = 63.7\text{kW} \cdot \text{h/t}$$

根据生产统计，2014 年 1—5 月 8 台球磨机产量 5 万 t，则年可节省用电：

$$50\ 000\text{t} \times (69.0\text{kW} \cdot \text{h/t} - 63.7\text{kW} \cdot \text{h/t}) = 26.5\ \text{万 kW} \cdot \text{h/t}$$

折合标准煤：

$$26.5\text{kW} \cdot \text{h} \times 1.229\text{tce/万 kW} \cdot \text{h} = 32.6\text{tce}$$

3. 5. 1. 2　资源节约量计算

资源节约量应包括水资源节约量和原辅材料节约量。

水资源节约量按式（2）计算，原辅材料节约量参照执行：

$$\Delta Q = M \times (Q_0 - Q_1) \tag{2}$$

式中：

ΔQ——清洁生产方案水资源节约量；

Q_0——方案实施前该工序单位产品取水量；

Q_1——方案实施后该工序提供与实施前相同数量和质量产品或服务的单位产品取水量；

M—方案实施后统计期内该工序加工合格产量。

以某印染企业实施低浴比染色机改造为例，方案实施前单位产品水耗为 $113m^3/t$，改造后单位产品水耗为 $73.5m^3/t$（3个月平均单耗），审核期该设备生产加工量为512t，则审核期节水量为：

$$(113m^3/t - 73.5m^3/t) \times 512t = 20\ 224m^3$$

根据审核后3个月的产量推算至全年产量为1 877.3t，则年预计节约用水量为：

$$(113m^3/t - 73.5m^3/t) \times 1\ 877.3t = 74\ 153m^3$$

3.5.1.3 污染物减排量计算

（1）废水减排量计算

废水减排量按式（3）计算：

$$\Delta W = W_0 - W_1 \tag{3}$$

式中：

ΔW——清洁生产方案废水减排量，m^3/a；

W_0——方案实施前年度废水排放量，m^3/a；

W_1——方案实施后年度废水排放量，可根据审核后正常生产期间废水排放量推算至全年排放量，m^3/a。

（2）水污染物减排量计算

以COD减排量为例，其计算公式如下：

$$\Delta M = W_0 \times C_0 - W_1 \times C_1 \tag{4}$$

式中：

ΔM——清洁生产方案水污染物减排量，t/a；

W_0——方案实施前年度废水排放量，m^3/a；

W_1——方案实施后年度废水排放量，可根据审核后正常生产期间废水排放量推算至全年排放量，m^3/a；

C_0——方案实施前水污染物排放浓度，mg/L；

C_1——方案实施后正常生产情况下的水污染物排放浓度，mg/L。

以某企业为例，清洁生产审核前后废水中的主要污染物排放量见表3-44。

表 3-44　审核前后废水污染物排放总量比较

项目		COD	SS	氨氮
审核前（2011 年）	污染物平均浓度/（mg/L）	72.8	21	0.476
	废水排放量 /（万 m^3/a）	15.453 9		
	污染物排放总量/（t/a）	11.3	3.25	0.073 6
审核后（2013 年）	污染物平均浓度/（mg/L）	14	8	0.124
	废水排放量/（万 m^3/a）	9.076 9		
	污染物排放总量/（t/a）	1.27	0.726	0.011 3
与审核前相比污染物的减排量/（t/a）		10.0	2.52	0.062 3

注：为了便于计算和比较，2013 年废水排放量采用 2013 年统计期单位产品废水排放量乘于 2013 年预计产量。

（3）大气污染物削减量计算

①检测数据法

其计算公式如下：

$$\Delta M = W_0 \times C_0 - W_1 \times C_1 \tag{5}$$

式中：

ΔM——清洁生产方案污染物减排量，t/a；

W_0——方案实施前年度废气排放量，m^3/a；

W_1——方案实施后年度废气排放量，可根据审核后正常生产期间废气排放量推算至全年排放量，m^3/a；

C_0——方案实施前污染物排放浓度，mg/m^3；

C_1——方案实施后正常生产情况下的污染物排放浓度，mg/m^3。

统计期内有多份检测报告时，污染物排放浓度应取平均值。

以某企业为例，审核后 4t 燃生物质燃料锅炉和 6t 燃煤锅炉的废气进行监测结果见表 3-45 和表 3-46。

根据统计，审核后 6t 燃煤锅炉运行时间为 280d，平均每天运行时间为 10h，4t 燃生物质燃料运行时间为 50d，平均每天运行时间为 10h。结合各锅炉的各类大气污染物的排放速率及锅炉运行时间，可以统计得出，审核后各类大气污染物的排放总量如下。

烟尘排放总量：$(0.14\ kg/h \times 50d \times 10h/d + 0.22kg/h \times 280d \times 10h)/1000 = 0.69\ (t/a)$

二氧化硫排放总量：$(0.97\ kg/h \times 280d \times 10h)/1\,000 = 2.72\ (t/a)$

氮氧化物排放总量：$(1.33kg/h \times 50d \times 10h/d + 0.95kg/h \times 280d \times 10h)/1000 = 3.33\ (t/a)$

表3-45 审核后4t燃生物质燃料锅炉废气监测结果

单位：mg/m^3（林格曼黑度除外）

监测位置	锅炉型号	排放口编号	监测项目	监测结果		排放速率/(kg/h)	执行标准值
				12月13日	12月14日		
4t锅炉烟囱预设采样口	DZL4－1.25－AII	FQ－436002	烟尘	23	19	0.14	30
			二氧化硫	15L	15L	—	50
			氮氧化物	182	190	1.33	200
适合于观测的位置			烟气黑度（级）	0.5	0.5	—	1.0
备注	1. 燃料：成型生物质燃料； 2. 锅炉烟囱高度：35m； 3. “L”表示低于检测限值						

表3-46 审核后6t燃煤锅炉废气监测结果

单位：mg/m^3（林格曼黑度除外）

监测项目	监测位置	排放口编号	烟囱高/m	监测结果	排放速率/(kg/h)	执行标准值
烟尘	6t锅炉烟囱处理后采样口	FQ－436001	40	42	0.22	150
二氧化硫				183	0.97	500
氮氧化物				178	0.95	400
烟气黑度	适合于观测的位置			0.5级	—	1级
备注	燃料：煤					

审核前后，锅炉烟气污染物排放总量变化情况见表3-47。

表3-47 审核前后锅炉烟气污染物排总量变化情况

序号	项目	单位	排放总量限值	审核前	审核后	变化情况
1	烟尘	t/a	—	1.65	0.69	-0.97
2	二氧化硫	t/a	8.81	3.49	2.72	-0.77
3	氮氧化物	t/a	—	4.59	3.33	-1.27

②物料衡算法

以二氧化硫减排量为例，其计算公式如下：

$$\Delta W = W_0 - W_1 \quad (6)$$

式中：

ΔW——清洁生产方案二氧化硫减排量，t/a；

W_0——方案实施前年度二氧化硫排放量，t/a；

W_1——方案实施后年度二氧化硫排放量，可根据审核后正常生产期间二氧化硫排放量推算至全年排放量，t/a。

其中，审核前后二氧化硫排放量采用物理衡算法进行计算，其计算公式为：

以煤为燃料：$E = (M \times S_1\% - m \times S_2\%) \times 2 \times 10^3 \times (1 - \eta)$

以油为燃料：$E = M \times S\% \times 2 \times 10^3 \times (1 - \eta)$

式中：

M——燃料消耗量，t；

m——灰渣或副产品量，t；

$S_1\%$——燃料含硫量；

$S_2\%$——灰渣或副产品含硫量；

η——脱硫设施 SO_2 去除率。

以某陶瓷企业为例，审核后 2009 年上半年，煤块、柴油、水煤浆以及焦油的消耗量分别为：7328.71 t、478.12t、6877.43t 和 183.22t，那么以上燃料燃烧后硫及其二氧化硫的产生与排放情况如图 3-52 所示。

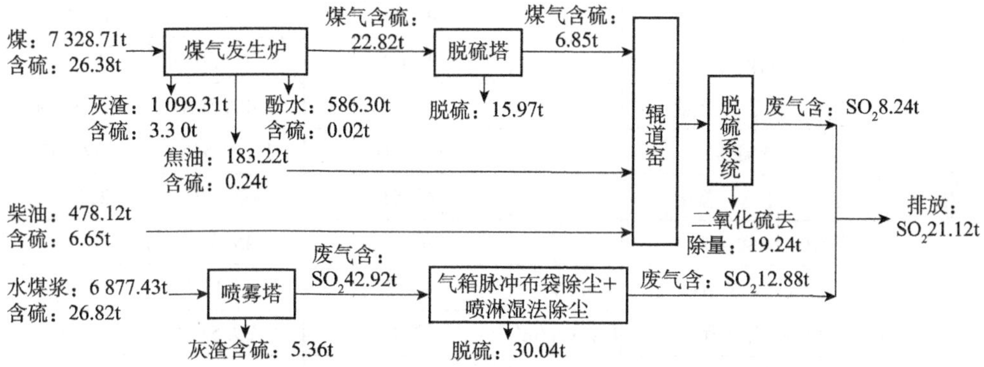

图 3-52　2009 年上半年硫平衡分析

注：脱硫塔、“气箱脉冲布袋除尘 + 喷淋湿法除尘”系统以及脱硫系统的的脱硫率均为 70%。

从图 3-52 的分析可知，该厂 2009 年上半年二氧化硫排放总量为 21.12t。预测 2009 年下半年的生产情况与能耗水平与上半年相仿，则 2009 年二氧化硫排放总量约为 42.24t。与审核前相比，2009 年二氧化硫削减情况见表 3-48。

表 3-48　实施清洁生产后二氧化硫的削减量

项目	单位	审核前	2009 年	削减量	削减量
二氧化硫年排放总量	t	66.81	42.24	24.57	36.78%

3.5.2 审核前后对比评价

3.5.2.1 指标进步

审核结束后，需统计审核前后企业各项单位产品指标的变化情况，具体包括。

①能源、资源消耗指标，包括单位产品综合能耗、单位产品电耗、单位产品原辅材料消耗、单位产品取水量、原材料利用率等；

②污染物减排指标，包括污染物排放浓度、污染物排放总量、单位产品污染物产生（排放）量等；

③其他指标，如水重复利用率、中水回用率等。

表 3-49 审核前后指标变化情况

<table>
<tr><th colspan="3">项目</th><th>单位</th><th>审核后
（2013 年一季度）</th><th>审核期
（2012 年）</th><th>审核前
（2011 年）</th></tr>
<tr><td colspan="3">产品产量</td><td>m^2</td><td>10 952.54</td><td>42 919.03</td><td>64 713.67</td></tr>
<tr><td rowspan="6">水和能源消耗情况</td><td>水</td><td>总量</td><td rowspan="2">m^3</td><td>4 226</td><td>20 898</td><td>68 822</td></tr>
<tr><td colspan="2">其中：电镀生产</td><td>1 862</td><td>10 730</td><td>27 977</td></tr>
<tr><td>外购电</td><td>总量</td><td rowspan="2">kW·h</td><td>619 450</td><td>2 409 004</td><td>3 203 560</td></tr>
<tr><td colspan="2">其中：电镀生产</td><td>322 114</td><td>1 269 545</td><td>1 921 050</td></tr>
<tr><td>柴油</td><td>总量</td><td rowspan="2">t</td><td>28.81</td><td>126.37</td><td>202.50</td></tr>
<tr><td colspan="2">其中：电镀生产</td><td>9.97</td><td>45.49</td><td>73</td></tr>
<tr><td colspan="3">单位电镀面积新鲜水用量</td><td>m^3/m^2</td><td>0.17</td><td>0.25</td><td>0.43</td></tr>
<tr><td colspan="3">单位电镀面积耗电量</td><td>$kW \cdot h/m^2$</td><td>29.41</td><td>29.58</td><td>29.69</td></tr>
<tr><td colspan="3">单位电镀面积耗油量</td><td>kg/m^2</td><td>0.91</td><td>1.06</td><td>1.13</td></tr>
</table>

3.5.2.2 现场环境提升

生产现场状况是清洁生产审核验收时考察的项目之一，要求做到生产现场清洁整齐、绿化好、管理规范、设备无明显跑冒滴漏，因此通过清洁生产审核现场环境的提升往往是比较直观的，是综合水平进步的表现。

3.5.2.3 清洁生产水平提升

审核完成后，将企业情况与行业清洁生产标准对比分析，评价企业清洁生产水平，重点说明清洁生产评价指标改进情况，如表 3-50 所示。

表 3-50　审核前后清洁生产水平指标改进对比

序号	评价分级	审核前	审核后	变化
1	一级	2	3	+1
2	二级	9	14	+5
3	三级	4	0	-4
4	未达三级	2	0	-2

模块四　企业清洁生产审核实训

4.1　编制清洁生产审核咨询服务方案

目前，企业在开展清洁生产审核时一般会聘请有实力的技术服务单位指导其开展全过程工作。在技术服务单位竞选过程中，有合作意向的技术服务单位均需编制提供清洁生产审核咨询服务方案，方案的全面性、专业性直接影响企业的选择和判断。服务方案主要涉及以下内容：

①清洁生产目的和意义。

②政策文件相关要求。

③清洁生产基本建议。

④清洁生产审核工作规划（包括最终目的、审核时长、审核人员及要求等）。

⑤清洁生产审核工作范围（包括工作内容、工作步骤、工作时间安排、审核报告主要内容）。

⑥技术服务单位简介。

⑦标准及依据。

假设情景：有一家生产地砖的陶瓷企业计划开展清洁生产审核工作，想了解清洁生产相关政策要求，开展审核工作的意义和作用，以及整体工作流程。请针对其需求，结合目前政策文件要求，编制清洁生产审核咨询服务方案。

4.2　报告编制

清洁生产审核报告书的编制依据是《广东省清洁生产审核报告编制范本》（粤经信节能〔2010〕739 号）。若新的报告编制规范颁布实施，则按新要求执行。报告主要章节包括：

前　言
第一章　审核准备
1.1　审核小组
1.2　审核工作计划
1.3　宣传和教育
1.4　建立激励机制
第二章　预审核
2.1　企业概况
2.1.1　企业基本情况
2.1.2　企业生产现状
2.1.3　企业原辅材料、水、能源消耗
2.1.4　主要设备
2.2　企业环境保护状况
2.2.1　环境管理状况
2.2.2　产污排污状况
2.3　企业的管理状况及科技研发情况
2.4　企业清洁生产技术应用及清洁生产水平评估
2.5　确定审核重点
2.6　设置清洁生产目标
2.7　提出和实施无/低费方案
第三章　审核
3.1　审核重点概况
3.1.1　审核重点概况
3.1.2　审核重点工艺流程
3.2　输入输出物料（能流）的测定
3.3　物料平衡
3.4　阐述物料平衡结果
3.5　能耗、物耗一级废弃物产生原因分析
第四章　方案的产生和筛选
4.1　方案的产生
4.1.1　方案产生
4.1.2　方案汇总
4.2　方案筛选
4.3　方案研制
4.4　核定并汇总无/低费方案实施效果

第五章 方案的确定
5.1 市场调查和分析
5.2 技术评估
5.3 环境评估
5.4 经济评估
5.5 推荐可实施方案
第六章 方案的实施
6.1 组织方案实施
6.2 汇总已实施的无/低费方案的成果
6.3 评价已实施的中/高费方案的成果
6.4 分析总结已实施方案对企业的影响
6.5 拟实施方案评估
第七章 持续清洁生产
7.1 建立和完善清洁生产组织
7.2 建立和完善清洁生产管理制度
7.3 制订持续清洁生产计划
第八章 结论
第九章 附件资料

4.3 项目验收及总结

项目完成，清洁生产审核报告定稿后，可递交给地方经信部门/主管机构申请现场验收。现场验收前需做好以下工作准备：

①现场验收会会场布置。

②参会人员的落实。

③工作汇报 PPT。

④备查资料的整理。

备查资料包括不限于以下内容：

1）企业为开展清洁生产审核制定的有关制度、文件（如审核小组的任命文件，清洁生产合理化建议的奖惩制度）；培训的相关记录（签到表、简报、试卷等）；有关清洁生产的会议记录；根据清洁生产要求，对生产工艺、操作规程等管理性文件的修改制度。

2）清洁生产审核七个审核阶段的有关工作记录及有关的工作图、表（如企业整体和审核重点的平面图、工艺流程图和物料平衡图、水平衡图等）；物料衡算数据，物料实测输入输出的原始记录。

3）企业产品生产记录、审核前后数据变化的报表。

4）环境监测部门的审核前后的环境监测报告，本公司相关部门的环境监测记录；排污许可证、环评验收资料等。

5）证明中高费方案实施的合同、协议或发票复印件等。

6）清洁生产审核报告。

⑤确定现场参观路线及生产现场的准备。

⑥清晰告知企业现场验收的流程。如表 4-1 所示。

表 4-1　现场验收流程

序号	内容	时间	地点
1	介绍参加验收的专家及市、区、镇经信、环保部门领导 介绍企业及技术服务单位参会人员	5min	会议室
2	企业汇报开展清洁生产审核的情况	30min	会议室
3	专家现场考察企业开展清洁生产审核的情况 （包括方案实施、管理状况、生产设备、工艺流程、污染治理设施运行情况等）	30min	厂区
4	专家审查相关材料及提问 （相关材料包括：审核报告、中/高费方案实施证明材料、技术服务合同、环评批复文件、排污许可证、污染物监测报告、污染治理设施运行记录等）	30min	会议室
5	专家评分及讨论形成意见	30min	会议室
6	专家组长宣读意见	10min	会议室
7	企业领导讲话	5min	会议室
8	市、区、镇主管部门领导讲话	5min	会议室

参考文献

[1] 国家环境保护局. 企业清洁生产审核手册 [M]. 北京：中国环境科学出版社，1996.

[2] 白艳英，朱凯. 重点企业强制性清洁生产审核制度和实施效果分析 [J]. 华北电力大学学报（社会科学版），2013（03）：20－23.

[3] 王永志，段会珠，白洁，张智奎，陈小龙，郑阳华，谢锋，徐新华，张璐，刘建琳，侯业利，姜伟，陈振翔. 各地推行清洁生产实践经验 [J]. 环境保护. 2010（16）

[4] 徐昺超. 我国清洁生产法律制度研究 [D]. 石家庄经济学院，2013.

[5] 关于《中华人民共和国清洁生产促进法修正案（草案）》的说明，第十一届全国人民代表大会常务委员会第二十三次会议（2011 年 10 月 24 日）.

[6] 宋丹娜，白艳英，于秀玲. 浅谈对新修订《清洁生产促进法》的几点认识 [J]. 环境与可持续发展，2012，37（06）：14－17.

附　录

附录1：

中华人民共和国清洁生产促进法

中华人民共和国主席令

第五十四号

《全国人民代表大会常务委员会关于修改〈中华人民共和国清洁生产促进法〉的决定》已由中华人民共和国第十一届全国人民代表大会常务委员会第二十五次会议于2012年2月29日通过，现予公布，自2012年7月1日起施行。

中华人民共和国主席　胡锦涛

2012年2月29日

全国人民代表大会常务委员会

（2012年2月29日第十一届全国人民代表大会常务委员会第二十五次会议通过）

关于修改《中华人民共和国清洁生产促进法》的决定

第十一届全国人民代表大会常务委员会第二十五次会议决定对《中华人民共和国清洁生产促进法》作如下修改：

一、将第四条中的“将清洁生产纳入国民经济和社会发展计划”修改为“将清洁生产促进工作纳入国民经济和社会发展规划、年度计划”。

二、将第五条修改为：“国务院清洁生产综合协调部门负责组织、协调全国的清洁生产促进工作。国务院环境保护、工业、科学技术、财政部门和其他有关部门，按照各自的职责，负责有关的清洁生产促进工作。

“县级以上地方人民政府负责领导本行政区域内的清洁生产促进工作。县级以上地方人民政府确定的清洁生产综合协调部门负责组织、协调本行政区域内的清洁生产促进工作。县级以上地方人民政府其他有关部门，按照各自的职责，负责有关的清洁生产促进工作。”

三、将第八条和第九条合并，作为第八条，修改为：“国务院清洁生产综合协调部门会同国务院环境保护、工业、科学技术部门和其他有关部门，根据国民经济和社会发展规划及国家节约资源、降低能源消耗、减少重点污染物排放的要求，编制国家清洁生产推行规划，报经国务院批准后及时公布。

“国家清洁生产推行规划应当包括：推行清洁生产的目标、主要任务和保障措施，按照资源能源消耗、污染物排放水平确定开展清洁生产的重点领域、重点行业和重点工程。

“国务院有关行业主管部门根据国家清洁生产推行规划确定本行业清洁生产的重点项目，制定行业专项清洁生产推行规划并组织实施。

“县级以上地方人民政府根据国家清洁生产推行规划、有关行业专项清洁生产推行规划，按照本地区节约资源、降低能源消耗、减少重点污染物排放的要求，确定本地区清洁生产的重点项目，制定推行清洁生产的实施规划并组织落实。”

四、增加一条，作为第九条：“中央预算应当加强对清洁生产促进工作的资金投入，包括中央财政清洁生产专项资金和中央预算安排的其他清洁生产资金，用于支持国家清洁生产推行规划确定的重点领域、重点行业、重点工程实施清洁生产及其技术推广工作，以及生态脆弱地区实施清洁生产的项目。中央预算用于支持清洁生产促进工作的资金使用的具体办法，由国务院财政部门、清洁生产综合协调部门会同国务院有关部门制定。

“县级以上地方人民政府应当统筹地方财政安排的清洁生产促进工作的资金，引导社会资金，支持清洁生产重点项目。”

五、将第十条修改为：“国务院和省、自治区、直辖市人民政府的有关部门，应当组织和支持建立促进清洁生产信息系统和技术咨询服务体系，向社会提供有关清洁生产方法和技术、可再生利用的废物供求以及清洁生产政策等方面的信息和服务。”

六、将第十一条修改为：“国务院清洁生产综合协调部门会同国务院环境保护、工业、科学技术、建设、农业等有关部门定期发布清洁生产技术、工艺、设备和产品导向目录。

“国务院清洁生产综合协调部门、环境保护部门和省、自治区、直辖市人民政府负责清洁生产综合协调的部门、环境保护部门会同同级有关部门，组织编制重点行业或者地区的清洁生产指南，指导实施清洁生产。”

七、将第十二条修改为：“国家对浪费资源和严重污染环境的落后生产技术、工艺、设备和产品实行限期淘汰制度。国务院有关部门按照职责分工，制定并发布限期淘汰的生产技术、工艺、设备以及产品的名录。”

八、将第十七条和第三十一条合并，作为第十七条，修改为：“省、自治区、直辖市人民政府负责清洁生产综合协调的部门、环境保护部门，根据促进清洁生产工作的需要，在本地区主要媒体上公布未达到能源消耗控制指标、重点污染物排放控制指标的企业的名单，为公众监督企业实施清洁生产提供依据。

“列入前款规定名单的企业，应当按照国务院清洁生产综合协调部门、环境保护部门的规定公布能源消耗或者重点污染物产生、排放情况，接受公众监督。”

九、将第二十条第二款修改为：“企业对产品的包装应当合理，包装的材质、结构和成本应当与内装产品的质量、规格和成本相适应，减少包装性废物的产生，不得进行过度包装。”

十、删去第二十七条。

十一、将第二十八条改为第二十七条，第二款、第三款作为第二款、第四款，修改为：“有下列情形之一的企业，应当实施强制性清洁生产审核：

“（一）污染物排放超过国家或者地方规定的排放标准，或者虽未超过国家或者地方规定的排放标准，但超过重点污染物排放总量控制指标的；

“（二）超过单位产品能源消耗限额标准构成高耗能的；

“（三）使用有毒、有害原料进行生产或者在生产中排放有毒、有害物质的。

“实施强制性清洁生产审核的企业，应当将审核结果向所在地县级以上地方人民政府负责清洁生产综合协调的部门、环境保护部门报告，并在本地区主要媒体上公布，接受公众监督，但涉及商业秘密的除外。”

增加两款，作为第三款、第五款：“污染物排放超过国家或者地方规定的排放标准的企业，应当按照环境保护相关法律的规定治理。

“县级以上地方人民政府有关部门应当对企业实施强制性清洁生产审核的情况进行监督，必要时可以组织对企业实施清洁生产的效果进行评估验收，所需费用纳入同级政府预算。承担评估验收工作的部门或者单位不得向被评估验收企业收取费用。”

第四款作为第六款，修改为：“实施清洁生产审核的具体办法，由国务院清洁生产综合协调部门、环境保护部门会同国务院有关部门制定。”

十二、将第二十九条改为第二十八条，修改为：“本法第二十七条第二款规定以外的企业，可以自愿与清洁生产综合协调部门和环境保护部门签订进一步节约资源、削减污染物排放量的协议。该清洁生产综合协调部门和环境保护部门应当在本地区主要媒体上公布该企业的名称以及节约资源、防治污染的成果。”

十三、将第三十条改为第二十九条，修改为：“企业可以根据自愿原则，按照国家有关环境管理体系等认证的规定，委托经国务院认证认可监督管理部门认可的认证机构进行认证，提高清洁生产水平。”

十四、将第三十三条改为第三十一条，修改为：“对从事清洁生产研究、示范和培训，实施国家清洁生产重点技术改造项目和本法第二十八条规定的自愿节约资源、削减污染物排放量协议中载明的技术改造项目，由县级以上人民政府给予资金支持。”

十五、将第三十五条改为第三十三条，修改为：“依法利用废物和从废物中回收原料生产产品的，按照国家规定享受税收优惠。”

十六、增加一条，作为第三十五条：“清洁生产综合协调部门或者其他有关部门未依照本法规定履行职责的，对直接负责的主管人员和其他直接责任人员依法给予处分。”

十七、将第四十一条改为第三十六条，修改为：“违反本法第十七条第二款规定，未按照规定公布能源消耗或者重点污染物产生、排放情况的，由县级以上地方人民政府负责清洁生产综合协调的部门、环境保护部门按照职责分工责令公布，可以处十万元以下的罚款。”

十八、删去第三十九条。

十九、将第四十条改为第三十九条，修改为：“违反本法第二十七条第二款、第四款规定，不实施强制性清洁生产审核或者在清洁生产审核中弄虚作假的，或者实施强制性清洁生产审核的企业不报告或者不如实报告审核结果的，由县级以上地方人民政府负责清洁生产综合协调的部门、环境保护部门按照职责分工责令限期改正；拒不改正的，处以五万元以上五十万元以下的罚款。”

增加一款，作为第二款：“违反本法第二十七条第五款规定，承担评估验收工作的部门或者单位及其工作人员向被评估验收企业收取费用的，不如实评估验收或者在评估验收中弄虚作假的，或者利用职务上的便利谋取利益的，对直接负责的主管人员和其他直接责任人员依法给予处分；构成犯罪的，依法追究刑事责任。”

二十、将第七条第二款、第十三条、第十四条和第十五条第二款中的“有关行政主管部门”修改为“有关部门”。

将第十四条中的“科学技术行政主管部门”修改为“科学技术部门”。

将第十五条第一款中的“教育行政主管部门”修改为“教育部门”。

将第二十一条中的“经济贸易行政主管部门”修改为“工业部门”，“标准化行政主管部门”修改为“标准化部门”。

将第三十七条中的“质量技术监督行政主管部门”修改为“质量技术监督部门”。

本决定自2012年7月1日起施行。

《中华人民共和国清洁生产促进法》根据本决定作相应修改，重新公布。

中华人民共和国清洁生产促进法

（2002年6月29日第九届全国人民代表大会常务委员会第二十八次会议通过 根据2012年2月29日第十一届全国人民代表大会常务委员会第二十五次会议《关于修改〈中华人民共和国清洁生产促进法〉的决定》修正）

目录

第一章　总则

第一条　为了促进清洁生产，提高资源利用效率，减少和避免污染物的产生，保护和改善环境，保障人体健康，促进经济与社会可持续发展，制定本法。

第二条　本法所称清洁生产，是指不断采取改进设计、使用清洁的能源和原料、采用先进的工艺技术与设备、改善管理、综合利用等措施，从源头削减污染，提高资源利用效率，减少或者避免生产、服务和产品使用过程中污染物的产生和排放，以减轻或者消除对人类健康和环境的危害。

第三条　在中华人民共和国领域内，从事生产和服务活动的单位以及从事相关管理活动的部门依照本法规定，组织、实施清洁生产。

第四条　国家鼓励和促进清洁生产。国务院和县级以上地方人民政府，应当将清洁生产促进工作纳入国民经济和社会发展规划、年度计划以及环境保护、资源利用、产业发展、区域开发等规划。

第五条　国务院清洁生产综合协调部门负责组织、协调全国的清洁生产促进工作。国务院环境保护、工业、科学技术、财政部门和其他有关部门，按照各自的职责，负责有关的清洁生产促进工作。

县级以上地方人民政府负责领导本行政区域内的清洁生产促进工作。县级以上地方人民政府确定的清洁生产综合协调部门负责组织、协调本行政区域内的清洁生产促进工作。县级以上地方人民政府其他有关部门，按照各自的职责，负责有关的清洁生产促进工作。

第六条　国家鼓励开展有关清洁生产的科学研究、技术开发和国际合作，组织宣传、普及清洁生产知识，推广清洁生产技术。

国家鼓励社会团体和公众参与清洁生产的宣传、教育、推广、实施及监督。

第二章　清洁生产的推行

第七条　国务院应当制定有利于实施清洁生产的财政税收政策。

国务院及其有关部门和省、自治区、直辖市人民政府，应当制定有利于实施清洁生产的产业政策、技术开发和推广政策。

第八条　国务院清洁生产综合协调部门会同国务院环境保护、工业、科学技术部门和其他有关部门，根据国民经济和社会发展规划及国家节约资源、降低能源消耗、减少重点污染物排放的要求，编制国家清洁生产推行规划，报经国务院批准后及时公布。

国家清洁生产推行规划应当包括：推行清洁生产的目标、主要任务和保障措施，按照资源能源消耗、污染物排放水平确定开展清洁生产的重点领域、重点行业和重点工程。

国务院有关行业主管部门根据国家清洁生产推行规划确定本行业清洁生产的重点项目，制定行业专项清洁生产推行规划并组织实施。

县级以上地方人民政府根据国家清洁生产推行规划、有关行业专项清洁生产推行规划，按照本地区节约资源、降低能源消耗、减少重点污染物排放的要求，确定本地区清洁生产的重点项目，制定推行清洁生产的实施规划并组织落实。

第九条 中央预算应当加强对清洁生产促进工作的资金投入，包括中央财政清洁生产专项资金和中央预算安排的其他清洁生产资金，用于支持国家清洁生产推行规划确定的重点领域、重点行业、重点工程实施清洁生产及其技术推广工作，以及生态脆弱地区实施清洁生产的项目。中央预算用于支持清洁生产促进工作的资金使用的具体办法，由国务院财政部门、清洁生产综合协调部门会同国务院有关部门制定。

县级以上地方人民政府应当统筹地方财政安排的清洁生产促进工作的资金，引导社会资金，支持清洁生产重点项目。

第十条 国务院和省、自治区、直辖市人民政府的有关部门，应当组织和支持建立促进清洁生产信息系统和技术咨询服务体系，向社会提供有关清洁生产方法和技术、可再生利用的废物供求以及清洁生产政策等方面的信息和服务。

第十一条 国务院清洁生产综合协调部门会同国务院环境保护、工业、科学技术、建设、农业等有关部门定期发布清洁生产技术、工艺、设备和产品导向目录。

国务院清洁生产综合协调部门、环境保护部门和省、自治区、直辖市人民政府负责清洁生产综合协调的部门、环境保护部门会同同级有关部门，组织编制重点行业或者地区的清洁生产指南，指导实施清洁生产。

第十二条 国家对浪费资源和严重污染环境的落后生产技术、工艺、设备和产品实行限期淘汰制度。国务院有关部门按照职责分工，制定并发布限期淘汰的生产技术、工艺、设备以及产品的名录。

第十三条 国务院有关部门可以根据需要批准设立节能、节水、废物再生利用等环境与资源保护方面的产品标志，并按照国家规定制定相应标准。

第十四条 县级以上人民政府科学技术部门和其他有关部门，应当指导和支持清洁生产技术和有利于环境与资源保护的产品的研究、开发以及清洁生产技术的示范和推广工作。

第十五条 国务院教育部门，应当将清洁生产技术和管理课程纳入有关高等教育、职业教育和技术培训体系。

县级以上人民政府有关部门组织开展清洁生产的宣传和培训，提高国家工作人员、企业经营管理者和公众的清洁生产意识，培养清洁生产管理和技术人员。

新闻出版、广播影视、文化等单位和有关社会团体，应当发挥各自优势做好清洁生产宣传工作。

第十六条 各级人民政府应当优先采购节能、节水、废物再生利用等有利于环境与资源保护的产品。

各级人民政府应当通过宣传、教育等措施，鼓励公众购买和使用节能、节水、废物再生利用等有利于环境与资源保护的产品。

第十七条 省、自治区、直辖市人民政府负责清洁生产综合协调的部门、环境保护部门，根据促进清洁生产工作的需要，在本地区主要媒体上公布未达到能源消耗控制指标、重点污染物排放控制指标的企业的名单，为公众监督企业实施清洁生产提供依据。

列入前款规定名单的企业，应当按照国务院清洁生产综合协调部门、环境保护部门的规定公布能源消耗或者重点污染物产生、排放情况，接受公众监督。

第三章 清洁生产的实施

第十八条 新建、改建和扩建项目应当进行环境影响评价，对原料使用、资源消耗、资源综合利用以及污染物产生与处置等进行分析论证，优先采用资源利用率高以及污染物产生量少的清洁生产技术、工艺和设备。

第十九条 企业在进行技术改造过程中，应当采取以下清洁生产措施：

（一）采用无毒、无害或者低毒、低害的原料，替代毒性大、危害严重的原料；

（二）采用资源利用率高、污染物产生量少的工艺和设备，替代资源利用率低、污染物产生量多的工艺和设备；

（三）对生产过程中产生的废物、废水和余热等进行综合利用或者循环使用；

（四）采用能够达到国家或者地方规定的污染物排放标准和污染物排放总量控制指标的污染防治技术。

第二十条 产品和包装物的设计，应当考虑其在生命周期中对人类健康和环境的影响，优先选择无毒、无害、易于降解或者便于回收利用的方案。

企业对产品的包装应当合理，包装的材质、结构和成本应当与内装产品的质量、规格和成本相适应，减少包装性废物的产生，不得进行过度包装。

第二十一条 生产大型机电设备、机动运输工具以及国务院工业部门指定的其他产品的企业，应当按照国务院标准化部门或者其授权机构制定的技术规范，在产品的主体构件上注明材料成分的标准牌号。

第二十二条 农业生产者应当科学地使用化肥、农药、农用薄膜和饲料添加剂，改进种植和养殖技术，实现农产品的优质、无害和农业生产废物的资源化，防止农业环境污染。

禁止将有毒、有害废物用作肥料或者用于造田。

第二十三条 餐饮、娱乐、宾馆等服务性企业，应当采用节能、节水和其他有利于环境保护的技术和设备，减少使用或者不使用浪费资源、污染环境的消费品。

第二十四条 建筑工程应当采用节能、节水等有利于环境与资源保护的建筑设计方案、建筑和装修材料、建筑构配件及设备。

建筑和装修材料必须符合国家标准。禁止生产、销售和使用有毒、有害物质超过国家标准的建筑和装修材料。

第二十五条 矿产资源的勘查、开采，应当采用有利于合理利用资源、保护环境和防止污染的勘查、开采方法和工艺技术，提高资源利用水平。

第二十六条 企业应当在经济技术可行的条件下对生产和服务过程中产生的废物、余热等自行回收利用或者转让给有条件的其他企业和个人利用。

第二十七条 企业应当对生产和服务过程中的资源消耗以及废物的产生情况进行监测，并根据需要对生产和服务实施清洁生产审核。

有下列情形之一的企业，应当实施强制性清洁生产审核：

（一）污染物排放超过国家或者地方规定的排放标准，或者虽未超过国家或者地方规定的排放标准，但超过重点污染物排放总量控制指标的；

（二）超过单位产品能源消耗限额标准构成高耗能的；

（三）使用有毒、有害原料进行生产或者在生产中排放有毒、有害物质的。

污染物排放超过国家或者地方规定的排放标准的企业，应当按照环境保护相关法律的规定治理。

实施强制性清洁生产审核的企业，应当将审核结果向所在地县级以上地方人民政府负责清洁生产综合协调的部门、环境保护部门报告，并在本地区主要媒体上公布，接受公众监督，但涉及商业秘密的除外。

县级以上地方人民政府有关部门应当对企业实施强制性清洁生产审核的情况进行监督，必要时可以组织对企业实施清洁生产的效果进行评估验收，所需费用纳入同级政府预算。承担评估验收工作的部门或者单位不得向被评估验收企业收取费用。

实施清洁生产审核的具体办法，由国务院清洁生产综合协调部门、环境保护部门会同国务院有关部门制定。

第二十八条 本法第二十七条第二款规定以外的企业，可以自愿与清洁生产综合协调部门和环境保护部门签订进一步节约资源、削减污染物排放量的协议。该清洁生产综合协调部门和环境保护部门应当在本地区主要媒体上公布该企业的名称以及节约资源、防治污染的成果。

第二十九条 企业可以根据自愿原则，按照国家有关环境管理体系等认证的规定，委托经国务院认证认可监督管理部门认可的认证机构进行认证，提高清洁生产水平。

第四章 鼓励措施

第三十条 国家建立清洁生产表彰奖励制度。对在清洁生产工作中做出显著成绩的单位和个人，由人民政府给予表彰和奖励。

第三十一条 对从事清洁生产研究、示范和培训，实施国家清洁生产重点技术改造项目和本法第二十八条规定的自愿节约资源、削减污染物排放量协议中载明的技术改造项目，由县级以上人民政府给予资金支持。

第三十二条 在依照国家规定设立的中小企业发展基金中，应当根据需要安排适当数额用于支持中小企业实施清洁生产。

第三十三条 依法利用废物和从废物中回收原料生产产品的，按照国家规定享受税收优惠。

第三十四条 企业用于清洁生产审核和培训的费用，可以列入企业经营成本。

第五章 法律责任

第三十五条 清洁生产综合协调部门或者其他有关部门未依照本法规定履行职责的，对直接负责的主管人员和其他直接责任人员依法给予处分。

第三十六条 违反本法第十七条第二款规定，未按照规定公布能源消耗或者重点污染物产生、排放情况的，由县级以上地方人民政府负责清洁生产综合协调的部门、环境保护部门按照职责分工责令公布，可以处十万元以下的罚款。

第三十七条 违反本法第二十一条规定，未标注产品材料的成分或者不如实标注的，由县级以上地方人民政府质量技术监督部门责令限期改正；拒不改正的，处以五万元以下的罚款。

第三十八条 违反本法第二十四条第二款规定，生产、销售有毒、有害物质超过国家标准的建筑和装修材料的，依照产品质量法和有关民事、刑事法律的规定，追究行政、民事、刑事法律责任。

第三十九条 违反本法第二十七条第二款、第四款规定，不实施强制性清洁生产审核或者在清洁生产审核中弄虚作假的，或者实施强制性清洁生产审核的企业不报告或者不如实报告审核结果的，由县级以上地方人民政府负责清洁生产综合协调的部门、环境保护部门按照职责分工责令限期改正；拒不改正的，处以五万元以上五十万元以下的罚款。

违反本法第二十七条第五款规定，承担评估验收工作的部门或者单位及其工作人员向被评估验收企业收取费用的，不如实评估验收或者在评估验收中弄虚作假的，或者利用职务上的便利谋取利益的，对直接负责的主管人员和其他直接责任人员依法给予处分；构成犯罪的，依法追究刑事责任。

第六章 附则

第四十条 本法自 2003 年 1 月 1 日起施行。

附录 2：

清洁生产审核办法

第一章　总则

第一条　为促进清洁生产，规范清洁生产审核行为，根据《中华人民共和国清洁生产促进法》，制定本办法。

第二条　本办法所称清洁生产审核，是指按照一定程序，对生产和服务过程进行调查和诊断，找出能耗高、物耗高、污染重的原因，提出降低能耗、物耗、废物产生以及减少有毒有害物料的使用、产生和废弃物资源化利用的方案，进而选定并实施技术经济及环境可行的清洁生产方案的过程。

第三条　本办法适用于中华人民共和国领域内所有从事生产和服务活动的单位以及从事相关管理活动的部门。

第四条　国家发展和改革委员会会同环境保护部负责全国清洁生产审核的组织、协调、指导和监督工作。县级以上地方人民政府确定的清洁生产综合协调部门会同环境保护主管部门、管理节能工作的部门（以下简称“节能主管部门”）和其他有关部门，根据本地区实际情况，组织开展清洁生产审核。

第五条　清洁生产审核应当以企业为主体，遵循企业自愿审核与国家强制审核相结合、企业自主审核与外部协助审核相结合的原则，因地制宜、有序开展、注重实效。

第二章　清洁生产审核范围

第六条　清洁生产审核分为自愿性审核和强制性审核。

第七条　国家鼓励企业自愿开展清洁生产审核。本办法第八条规定以外的企业，可以自愿组织实施清洁生产审核。

第八条　有下列情形之一的企业，应当实施强制性清洁生产审核：

（一）污染物排放超过国家或者地方规定的排放标准，或者虽未超过国家或者地方规定的排放标准，但超过重点污染物排放总量控制指标的；

（二）超过单位产品能源消耗限额标准构成高耗能的；

（三）使用有毒有害原料进行生产或者在生产中排放有毒有害物质的。

其中有毒有害原料或物质包括以下几类：

第一类，危险废物。包括列入《国家危险废物名录》的危险废物，以及根据国家规定的危险废物鉴别标准和鉴别方法认定的具有危险特性的废物。

第二类，剧毒化学品、列入《重点环境管理危险化学品目录》的化学品，以及含有上述化学品的物质。

第三类，含有铅、汞、镉、铬等重金属和类金属砷的物质。

第四类，《关于持久性有机污染物的斯德哥尔摩公约》附件所列物质。

第五类，其他具有毒性、可能污染环境的物质。

第三章 清洁生产审核的实施

第九条 本办法第八条第（一）款、第（三）款规定实施强制性清洁生产审核的企业名单，由所在地县级以上环境保护主管部门按照管理权限提出，逐级报省级环境保护主管部门核定后确定，根据属地原则书面通知企业，并抄送同级清洁生产综合协调部门和行业管理部门。

本办法第八条第（二）款规定实施强制性清洁生产审核的企业名单，由所在地县级以上节能主管部门按照管理权限提出，逐级报省级节能主管部门核定后确定，根据属地原则书面通知企业，并抄送同级清洁生产综合协调部门和行业管理部门。

第十条 各省级环境保护主管部门、节能主管部门应当按照各自职责，分别汇总提出应当实施强制性清洁生产审核的企业单位名单，由清洁生产综合协调部门会同环境保护主管部门或节能主管部门，在官方网站或采取其他便于公众知晓的方式分期分批发布。

第十一条 实施强制性清洁生产审核的企业，应当在名单公布后一个月内，在当地主要媒体、企业官方网站或采取其他便于公众知晓的方式公布企业相关信息。

（一）本办法第八条第（一）款规定实施强制性清洁生产审核的企业，公布的主要信息包括：企业名称、法人代表、企业所在地址、排放污染物名称、排放方式、排放浓度和总量、超标及超总量情况。

（二）本办法第八条第（二）款规定实施强制性清洁生产审核的企业，公布的主要信息包括：企业名称、法人代表、企业所在地址、主要能源品种及消耗量、单位产值能耗、单位产品能耗、超过单位产品能耗限额标准情况。

（三）本办法第八条第（三）款规定实施强制性清洁生产审核的企业，公布的主要信息包括：企业名称、法人代表、企业所在地址、使用有毒有害原料的名称、数量、用途，排放有毒有害物质的名称、浓度和数量，危险废物的产生和处置情况，依法落实环境风险防控措施情况等。

（四）符合本办法第八条两款以上情况的企业，应当参照上述要求同时公布相关信息。

企业应对其公布信息的真实性负责。

第十二条 列入实施强制性清洁生产审核名单的企业应当在名单公布后两个月

内开展清洁生产审核。

本办法第八条第（三）款规定实施强制性清洁生产审核的企业，两次清洁生产审核的间隔时间不得超过五年。

第十三条 自愿实施清洁生产审核的企业可参照强制性清洁生产审核的程序开展审核。

第十四条 清洁生产审核程序原则上包括审核准备、预审核、审核、方案的产生和筛选、方案的确定、方案的实施、持续清洁生产等。

第四章 清洁生产审核的组织和管理

第十五条 清洁生产审核以企业自行组织开展为主。实施强制性清洁生产审核的企业，如果自行独立组织开展清洁生产审核，应具备本办法第十六条第（二）款、第（三）款的条件。

不具备独立开展清洁生产审核能力的企业，可以聘请外部专家或委托具备相应能力的咨询服务机构协助开展清洁生产审核。

第十六条 协助企业组织开展清洁生产审核工作的咨询服务机构，应当具备下列条件：

（一）具有独立法人资格，具备为企业清洁生产审核提供公平、公正和高效率服务的质量保证体系和管理制度。

（二）具备开展清洁生产审核物料平衡测试、能量和水平衡测试的基本检测分析器具、设备或手段。

（三）拥有熟悉相关行业生产工艺、技术规程和节能、节水、污染防治管理要求的技术人员。

（四）拥有掌握清洁生产审核方法并具有清洁生产审核咨询经验的技术人员。

第十七条 列入本办法第八条第（一）款和第（三）款规定实施强制性清洁生产审核的企业，应当在名单公布之日起一年内，完成本轮清洁生产审核并将清洁生产审核报告报当地县级以上环境保护主管部门和清洁生产综合协调部门。

列入第八条第（二）款规定实施强制性清洁生产审核的企业，应当在名单公布之日起一年内，完成本轮清洁生产审核并将清洁生产审核报告报当地县级以上节能主管部门和清洁生产综合协调部门。

第十八条 县级以上清洁生产综合协调部门应当会同环境保护主管部门、节能主管部门，对企业实施强制性清洁生产审核的情况进行监督，督促企业按进度开展清洁生产审核。

第十九条 有关部门以及咨询服务机构应当为实施清洁生产审核的企业保守技术和商业秘密。

第二十条 县级以上环境保护主管部门或节能主管部门，应当在各自的职责范围内组织清洁生产专家或委托相关单位，对以下企业实施清洁生产审核的效果进行评估验收：

（一）国家考核的规划、行动计划中明确指出需要开展强制性清洁生产审核工作的企业。

（二）申请各级清洁生产、节能减排等财政资金的企业。

上述涉及本办法第八条第（一）款、第（三）款规定实施强制性清洁生产审核企业的评估验收工作由县级以上环境保护主管部门牵头，涉及本办法第八条第（二）款规定实施强制性清洁生产审核企业的评估验收工作由县级以上节能主管部门牵头。

第二十一条 对企业实施清洁生产审核评估的重点是对企业清洁生产审核过程的真实性、清洁生产审核报告的规范性、清洁生产方案的合理性和有效性进行评估。

第二十二条 对企业实施清洁生产审核的效果进行验收，应当包括以下主要内容：

（一）企业实施完成清洁生产方案后，污染减排、能源资源利用效率、工艺装备控制、产品和服务等改进效果，环境、经济效益是否达到预期目标。

（二）按照清洁生产评价指标体系，对企业清洁生产水平进行评定。

第二十三条 对本办法第二十条中企业实施清洁生产审核效果的评估验收，所需费用由组织评估验收的部门报请地方政府纳入预算。承担评估验收工作的部门或者单位不得向被评估验收企业收取费用。

第二十四条 自愿实施清洁生产审核的企业如需评估验收，可参照强制性清洁生产审核的相关条款执行。

第二十五条 清洁生产审核评估验收的结果可作为落后产能界定等工作的参考依据。

第二十六条 县级以上清洁生产综合协调部门会同环境保护主管部门、节能主管部门，应当每年定期向上一级清洁生产综合协调部门和环境保护主管部门、节能主管部门报送辖区内企业开展清洁生产审核情况、评估验收工作情况。

第二十七条 国家发展和改革委员会、环境保护部会同相关部门建立国家级清洁生产专家库，发布行业清洁生产评价指标体系、重点行业清洁生产审核指南，组织开展清洁生产培训，为企业开展清洁生产审核提供信息和技术支持。

各级清洁生产综合协调部门会同环境保护主管部门、节能主管部门可以根据本地实际情况，组织开展清洁生产培训，建立地方清洁生产专家库。

第五章 奖励和处罚

第二十八条 对自愿实施清洁生产审核，以及清洁生产方案实施后成效显著的企业，由省级清洁生产综合协调部门和环境保护主管部门、节能主管部门对其进行表彰，并在当地主要媒体上公布。

第二十九条 各级清洁生产综合协调部门及其他有关部门在制定实施国家重点投资计划和地方投资计划时，应当将企业清洁生产实施方案中的提高能源资源利用效率、预防污染、综合利用等清洁生产项目列为重点领域，加大投资支持力度。

第三十条 排污费资金可以用于支持企业实施清洁生产。对符合《排污费征收使用管理条例》规定的清洁生产项目，各级财政部门、环境保护部门在排污费使用上优先给予安排。

第三十一条 企业开展清洁生产审核和培训的费用，允许列入企业经营成本或者相关费用科目。

第三十二条 企业可以根据实际情况建立企业内部清洁生产表彰奖励制度，对清洁生产审核工作中成效显著的人员给予奖励。

第三十三条 对本办法第八条规定实施强制性清洁生产审核的企业，违反本办法第十一条规定的，按照《中华人民共和国清洁生产促进法》第三十六条规定处罚。

第三十四条 违反本办法第八条、第十七条规定，不实施强制性清洁生产审核或在审核中弄虚作假的，或者实施强制性清洁生产审核的企业不报告或者不如实报告审核结果的，按照《中华人民共和国清洁生产促进法》第三十九条规定处罚。

第三十五条 企业委托的咨询服务机构不按照规定内容、程序进行清洁生产审核，弄虚作假、提供虚假审核报告的，由省、自治区、直辖市、计划单列市及新疆生产建设兵团清洁生产综合协调部门会同环境保护主管部门或节能主管部门责令其改正，并公布其名单。造成严重后果的，追究其法律责任。

第三十六条 对违反本办法相关规定受到处罚的企业或咨询服务机构，由省级清洁生产综合协调部门和环境保护主管部门、节能主管部门建立信用记录，归集至全国信用信息共享平台，会同其他有关部门和单位实行联合惩戒。

第三十七条 有关部门的工作人员玩忽职守，泄露企业技术和商业秘密，造成企业经济损失的，按照国家相应法律法规予以处罚。

第六章 附则

第三十八条 本办法由国家发展和改革委员会和环境保护部负责解释。

第三十九条 各省、自治区、直辖市、计划单列市及新疆生产建设兵团可以依照本办法制定实施细则。

第四十条 本办法自2016年7月1日起施行。原《清洁生产审核暂行办法》（国家发展和改革委员会、国家环境保护总局令第16号）同时废止。

附录3：

清洁生产审核评估与验收指南

第一章　总　则

第一条　为科学规范推进清洁生产审核工作，保障清洁生产审核质量，指导清洁生产审核评估与验收工作，根据《中华人民共和国清洁生产促进法》和《清洁生产审核办法》（国家发展和改革委员会、环境保护部令第38号），制定本指南。

第二条　本指南所称清洁生产审核评估是指企业基本完成清洁生产无/低费方案，在清洁生产中/高费方案可行性分析后和中/高费方案实施前的时间节点，对企业清洁生产审核报告的规范性、清洁生产审核过程的真实性、清洁生产中/高费方案及实施计划的合理性和可行性进行技术审查的过程。

本指南所称清洁生产审核验收是指按照一定程序，在企业实施完成清洁生产中/高费方案后，对已实施清洁生产方案的绩效、清洁生产目标的实现情况及企业清洁生产水平进行综合性评定，并做出结论性意见的过程。

第三条　本指南适用于《清洁生产审核办法》第二十条规定的“国家考核的规划、行动计划中明确指出需要开展强制性清洁生产审核工作的企业”和“申请各级清洁生产、节能减排等财政资金的企业”以及从事清洁生产管理活动的部门，其他需要开展清洁生产审核评估与验收的企业可参照本指南执行。

第四条　清洁生产审核评估与验收应坚持科学、公正、规范、客观的原则。

第五条　地方各级环境保护主管部门或节能主管部门组织清洁生产专家或委托相关单位，负责职责范围内的清洁生产审核评估与验收工作。

第二章　清洁生产审核评估

第六条　地市级（县级）环境保护主管部门或节能主管部门按照职责范围提出年度需开展清洁生产审核评估的企业名单及工作进度安排，逐级上报省级环境保护主管部门或节能主管部门确认后书面通知企业。

第七条　需开展清洁生产审核评估的企业应向本地具有管辖权限的环境保护主管部门或节能主管部门提交以下材料：

（一）《清洁生产审核报告》及相应的技术佐证材料；

（二）委托咨询服务机构开展清洁生产审核的企业，应提交《清洁生产审核办法》第十六条中咨询服务机构需具备条件的证明材料；自行开展清洁生产审核的企业应按照《清洁生产审核办法》第十五条、第十六条的要求提供相应技术能力证明材料。

第八条 清洁生产审核评估应包括但不限于以下内容：

（一）清洁生产审核过程是否真实，方法是否合理；清洁生产审核报告是否能如实客观反映企业开展清洁生产审核的基本情况等。

（二）对企业污染物产生水平、排放浓度和总量，能耗、物耗水平，有毒有害物质的使用和排放情况是否进行客观、科学的评价；清洁生产审核重点的选择是否反映了能源、资源消耗、废物产生和污染物排放方面存在的主要问题；清洁生产目标设置是否合理、科学、规范；企业清洁生产管理水平是否得到改善。

（三）提出的清洁生产中/高费方案是否科学、有效，可行性是否论证全面，选定的清洁生产方案是否能支撑清洁生产目标的实现。对“双超”和“高耗能”企业通过实施清洁生产方案的效果进行论证，说明能否使企业在规定的期限内实现污染物减排目标和节能目标；对“双有”企业实施清洁生产方案的效果进行论证，说明其能否替代或削减其有毒有害原辅材料的使用和有毒有害污染物的排放。

第九条 本地具有管辖权限的环境保护主管部门或节能主管部门组织专家或委托相关单位成立评估专家组，各专家可采取电话函件征询、现场考察、质询等方式审阅企业提交的有关材料，最后专家组召开集体会议，参照《清洁生产审核评估评分表》（见附表1）打分界定评估结果并出具技术审查意见。

第十条 清洁生产审核评估结果实施分级管理，总分低于70分的企业视为审核技术质量不符合要求，应重新开展清洁生产审核工作；总分为70～90分的企业，需按专家意见补充审核工作，完善审核报告，上报主管部门审查后，方可继续实施中/高费方案；总分高于90分的企业，可依据方案实施计划推进中/高费方案的实施。

技术审查意见参照《清洁生产审核评估技术审查意见样表》（见附表3）内容进行评述，提出清洁生产审核中尚存的问题，对清洁生产中/高费方案的可行性给出意见。

第十一条 本地具有管辖权限的环境保护主管部门或节能主管部门负责将评估结果及技术审查意见反馈给企业，企业需在清洁生产审核过程中予以落实。

第三章 清洁生产审核验收

第十二条 地方各级环境保护主管部门或节能主管部门应督促企业实施完成清洁生产中/高费方案并及时开展清洁生产审核验收工作。

第十三条 需开展清洁生产审核验收的企业应将验收材料提交至负责验收的环境保护主管部门或节能主管部门，主要包括：

（一）《清洁生产审核评估技术审查意见》；

（二）《清洁生产审核验收报告》；

（三）清洁生产方案实施前、后企业自行监测或委托有相关资质的监测机构提供的污染物排放、能源消耗等监测报告。

第十四条 《清洁生产审核验收报告》应由企业或委托咨询服务机构完成，其内容应当包括但不限于以下方面：（1）企业基本情况；（2）《清洁生产审核评估技术审查意见》的落实情况；（3）清洁生产中/高费方案完成情况及环境、经济效益汇总；（4）清洁生产目标实现情况及所达到的清洁生产水平；（5）持续开展清洁生产工作机制建设及运行情况。

第十五条 负责清洁生产审核验收的环境保护主管部门或节能主管部门组织专家或委托相关单位成立验收专家组，开展现场验收。现场验收程序包括听取汇报、材料审查、现场核实、质询交流、形成验收意见等。

第十六条 清洁生产审核验收内容包括但不限于以下内容：

（一）核实清洁生产绩效：企业实施清洁生产方案后，对是否实现清洁生产审核时设定的预期污染物减排目标和节能目标，是否落实有毒有害物质减量、减排指标进行评估；查证清洁生产中/高费方案的实际运行效果及对企业实施清洁生产方案前后的环境、经济效益进行评估；

（二）确定清洁生产水平：已经发布清洁生产评价指标体系的行业，利用评价指标体系评定企业在行业内的清洁生产水平；未发布清洁生产评价指标体系的行业，可以参照行业统计数据评定企业在行业内的清洁生产水平定位或根据企业近三年历史数据进行纵向对比说明企业清洁生产水平改进情况。

第十七条 清洁生产审核验收结果分为“合格”和“不合格”两种。依据《清洁生产审核验收评分表》（见附表2）综合得分达到60分及以上的企业，其验收结果为“合格”。存在但不限于下列情况之一的，清洁生产审核验收不合格：

（一）企业在方案实施过程中存在弄虚作假行为；

（二）企业污染物排放未达标或污染物排放总量、单位产品能耗超过规定限额的；

（三）企业不符合国家或地方制定的生产工艺、设备以及产品的产业政策要求；

（四）达不到相关行业清洁生产评价指标体系三级水平（国内清洁生产一般水平）或同行业基本水平的；

（五）企业在清洁生产审核开始至验收期间，发生节能环保违法违规行为或未完成限期整改任务；

（六）其他地方规定的相关否定内容。

第十八条 地市级（县级）环境保护主管部门或节能主管部门应及时将验收“合格”与“不合格”企业名单报送省级主管部门，由省级主管部门以文件形式或在其官方网站向社会公布，对于验收“不合格”的企业，要求其重新开展清洁生产审核。

第四章　监督和管理

第十九条　生态环境部、国家发展改革委负责对全国的清洁生产审核评估与验收工作进行监督管理，并委托相关技术支持单位定期对全国清洁生产审核评估与验收工作情况及评估验收机构进行抽查。

第二十条　省级环境保护主管部门、节能主管部门每年按要求将本行政区域开展清洁生产审核评估与验收工作情况报送生态环境部、国家发展改革委。

第二十一条　清洁生产审核评估与验收工作经费及培训经费由组织评估与验收的部门提出年度经费安排，报请地方财政部门纳入预算予以保障，承担评估与验收工作的部门或者专家不得向被评估与验收企业及咨询服务机构收取费用。

第二十二条　评估与验收的专家组成员应从国家或地方清洁生产专家库中选取，由熟悉行业、清洁生产及节能环保的专家组成，且具有高级职称或十年以上从业经验的中级职称，专家组成员不得少于3人。参加评估或验收的专家如与企业或清洁生产审核咨询服务机构存在利益关系的，应当主动回避。

第二十三条　评估与验收组织部门应定期对专家进行培训，统一清洁生产审核评估与验收尺度，承担评估与验收工作的部门及专家应对评估或验收结论负责。

第五章　附　则

第二十四条　本指南引用的有关文件，如有修订，按最新文件执行。

第二十五条　各省、自治区、直辖市、计划单列市及新疆生产建设兵团有关主管部门可以依照本指南制定适合本区域的实施细则。

第二十六条　本指南由生态环境部、国家发展改革委负责解释，自印发之日起施行。

附表1：清洁生产审核评估评分表

附表2：清洁生产审核验收评分表

附表3：清洁生产审核评估技术审查意见样表

附表4：清洁生产审核验收意见样表

附表 1

清洁生产审核评估评分表

企业名称：　　　　　　　　　　　　　　　　　　　　　　年　　月　　日

序号	指标内容	要　求	分值	得分
一、清洁生产审核报告规范性评估				
1	报告内容框架符合性	清洁生产审核报告符合《清洁生产审核指南　制订技术导则》中附录 E 的规定	3	
2	报告编写逻辑性	体现了清洁生产审核发现问题、分析问题、解决问题的思路和逻辑性	7	
二、清洁生产审核过程真实性评估				
1	审核准备	企业高层领导支持并参与	2	
		建立了清洁生产审核小组，制定了审核计划	1	
		广泛宣传教育，实现全员参与	1	
2	现状调查情况	企业概况、生产状况、工艺设备、资源能源、环境保护状况、管理状况等情况内容齐全，数据翔实	4	
		工艺流程图能够体现主要原辅物料、水、能源及废物的流入、流出和去向，并进行了全面合理的介绍和分析	3	
		对主要原辅材料、水和能源的总耗和单耗进行了分析，并根据清洁生产评价指标体系或同行业水平进行客观评价	4	
3	企业问题分析情况	能够从原辅材料（含能源）、技术工艺、设备、过程控制、管理、员工、产品、废物等八个方面全面合理地分析和评价企业的产排污现状、水平和存在的问题	3	
		客观说明纳入强制性审核的原因，污染物超标或超总量情况，有毒有害物质的使用和排放情况	2	
		能够分析并发现企业现存的主要问题和清洁生产潜力	3	
4	审核重点设置情况	能够将污染物超标、能耗超标或有毒有害物质使用或排放环节作为必要考虑因素	4	
		能够着重考虑消耗大、公众压力大和有明显清洁生产潜力的环节	2	

序号	指标内容	要　求	分值	得分
5	清洁生产目标设置情况	能够针对审核重点，具有定量化、可操作性，时限明确	4	
		如是“双超”企业，其清洁生产目标设置能使企业在规定的期限内达到国家或地方污染物排放标准、核定的主要污染物总量控制指标、污染物减排指标；如是“高耗能”企业，其清洁生产目标设置能使企业在规定的期限内达到单位产品能源消耗限额标准；如是“双有”企业，其清洁生产目标设置能体现企业有毒有害物质减量或减排要求	4	
		对于生产工艺与装备、资源能源利用指标、产品指标、污染物产生指标、废物回收利用指标及环境管理要求指标设置至少达到行业清洁生产评价指标三级基准值的目标	3	
6	审核重点资料的准备情况	能涵盖审核重点的工艺资料、原材料和产品及生产管理资料、废弃物资料、同行业资料和现场调查数据等	3	
		审核重点的详细工艺流程图或工艺设备流程图符合实际流程	3	
7	审核重点输入输出物流实测情况	准备工作完善，监测项目、监测点、监测时间和周期等明确，监测方法符合相关要求，监测数据详实可信	4	
8	审核重点物料平衡分析情况	准确建立了重点物料、能源、水和污染因子等平衡图，针对平衡结果进行了系统的追踪分析，阐述清晰	6	
9	审核重点废弃物产生原因分析情况	结合企业的实际情况，能从影响生产过程的八个方面深入分析，找出审核重点物料流失或资源、能源浪费、污染物产生的环节，分析物料流失和资源浪费原因，提出解决方案	6	
三、清洁生产方案可行性的评估				
1	无/低费方案的实施	无/低费方案能够遵循边审核边产生边实施原则基本完成，并能够现场举证，如落实措施、制度、照片、资金使用账目等可查证资料	3	
		对实施的无/低费方案进行了全面、有效的经济和环境效益的统计	3	
2	中/高费方案的产生	中/高费方案针对性强，与清洁生产目标一致，能解决企业清洁生产审核的关键问题	6	
3	中/高费方案的可行性分析	中/高费方案具备详实的环境、技术、经济分析	6	
		所有量化数据有统计依据和计算过程，数据真实可靠	6	
4	中/高费方案的实施计划	有详细合理的统筹规划，实施进度明确，落实到部门	2	
		具有切实的资金筹措计划，并能确保资金到位	2	
总　分		100		

专家签名：　　　　　　　　　　　　时间：　　　　　　　　　　　　年　月　日

附表 2

清洁生产审核验收评分表

企业名称：____________________ 年 月 日

<table>
<tr><td colspan="4">清洁生产审核验收关键指标</td></tr>
<tr><td>序号</td><td>内 容</td><td>是</td><td>否</td></tr>
<tr><td>1</td><td>企业在方案实施过程中无弄虚作假行为</td><td></td><td></td></tr>
<tr><td>2</td><td>企业稳定达到国家或地方要求的污染物排放标准，实现核定的主要污染物总量控制指标或污染物减排指标要求</td><td></td><td></td></tr>
<tr><td>3</td><td>企业单位产品能源消耗符合限额标准要求</td><td></td><td></td></tr>
<tr><td>4</td><td>已达到相关行业清洁生产评价指标体系三级水平（国内清洁生产一般水平）或同行业基本水平</td><td></td><td></td></tr>
<tr><td>5</td><td>符合国家或地方制定的生产工艺、设备以及产品的产业政策要求</td><td></td><td></td></tr>
<tr><td>6</td><td>清洁生产审核开始至验收期间，未发生节能环保违法违规行为或已完成违法违规的限期整改任务</td><td></td><td></td></tr>
<tr><td>7</td><td>无其他地方规定的相关否定内容</td><td></td><td></td></tr>
<tr><td colspan="2">清洁生产审核与实施方案评价</td><td>分值</td><td>得分</td></tr>
<tr><td rowspan="3">清洁生产验收报告</td><td>提交的验收资料齐全、真实</td><td>3</td><td></td></tr>
<tr><td>报告编制规范，内容全面，附件齐全</td><td>3</td><td></td></tr>
<tr><td>如实反映审核评估后企业推进清洁生产和中/高费方案实施情况</td><td>4</td><td></td></tr>
<tr><td rowspan="10">方案实施及相关证明材料</td><td>本轮清洁生产方案基本实施</td><td>5</td><td></td></tr>
<tr><td>清洁生产无/低费方案已纳入企业正常的生产过程和管理过程</td><td>4</td><td></td></tr>
<tr><td>中/高费方案实施绩效达到预期目标</td><td>4</td><td></td></tr>
<tr><td>中/高费方案未达到预期目标时，进行了原因分析，并采取了相应对策</td><td>4</td><td></td></tr>
<tr><td>未实施的中/高费方案理由充足，或有相应的替代方案</td><td>5</td><td></td></tr>
<tr><td>方案实施前后企业物料消耗、能源消耗变化等资料符合企业生产实际</td><td>4</td><td></td></tr>
<tr><td>方案实施后特征污染物环境监测数据或能耗监测数据达标</td><td>4</td><td></td></tr>
<tr><td>设备购销合同、财务台账或设备领用单等信息与企业实施方案一致</td><td>4</td><td></td></tr>
<tr><td>生产记录、财务数据、环境监测结果支持方案实施的绩效结果</td><td>5</td><td></td></tr>
<tr><td>经济和环境绩效进行了详实统计和测算，绩效的统计有可靠充足的依据</td><td>8</td><td></td></tr>
</table>

清洁生产审核验收关键指标			
企业清洁生产水平评估	方案实施后能耗、物耗、污染因子等指标认定和等级定位（与国内外同行业先进指标对比），以及企业清洁生产水平评估正确	6	
清洁生产绩效	按照行业清洁生产评价指标要求对生产工艺与装备、资源能源利用、产品、污染物产生、废物回收利用、环境管理等指标进行清洁生产审核前后的测算、对比，评估绩效	10	
现场考察	企业生产现场不存在明显的跑冒滴漏现象	3	
	中/高费方案实施现场与提供资料内容相符合	6	
	中/高费方案运行正常	6	
	无/低费方案持续运行	6	
持续清洁生产情况	企业审核临时工作机构转化为企业长期持续推进清洁生产的常设机构，并有企业相关文件给予证明	2	
	健全了企业清洁生产管理制度，相关方案落实到管理规程、操作规程、作业文件、工艺卡片中，融入企业现有管理体系	2	
	制定了持续清洁生产计划，有针对性，并切实可行	2	
总　分		100	
验收结论：合格（　）　　不合格（　）			

注：关键指标7条否决指标中任何1条为“否”时，则验收不合格。

专家签名：　　　　时间：　　　　年　月　日

附表 3

清洁生产审核评估技术审查意见样表

企业名称			
企业联系人		联系电话	
评估时间			
组织单位			
清洁生产咨询服务机构			
评估技术审查意见			

一、总体评价

1. 企业概况（企业领导重视程度、培训教育工作机制、企业合规性及清洁生产潜力分析是否到位）
2. 对审核重点、目标确定结果及审核重点物料平衡分析的技术评估结果
3. 对无/低费方案质量、数量、实施情况及绩效的核查结果
4. 从方案的科学合理和针对性角度对拟实施中/高费方案进行评估（“双超”企业达标性方案、“高耗能”企业节能方案和“双有”企业的减量或替代方案）
5. 对本次审核过程的规范性、针对性、有效性给出技术评估结果

二、对企业规范审核过程，不断深化审核，完善清洁生产审核报告以及进行整改的技术意见

专家组组长（签名）：

年　　月　　日

附表 4

清洁生产审核验收意见样表

企业名称			
企业联系人		联系电话	
验收时间			
组织单位			
验收意见			

一、清洁生产审核验收总体评价

1. 对企业提交审核验收资料规范性评价
2. 对审核评估后进行的清洁生产完善工作的核查结果
3. 现场核查情况
4. 无/低费方案是否纳入正常生产管理
5. 中/高费方案实施情况及绩效（已实施的方案数，企业投入以及产生环境效益、经济效益以及其他方面的成效等）
6. 对照清洁生产评价指标体系评价企业达到清洁生产的等级和水平
7. 对企业本次审核的验收结论

二、强化企业清洁生产监督，持续清洁生产的管理意见

专家组组长（签名）：

年　月　日

附录4：

广东省经济和信息化委员会
广　东　省　环　境　保　护　厅 文件

粤经信规字〔2017〕3号

广东省经济和信息化委　广东省环境保护厅
关于印发清洁生产审核及验收工作流程的通知

各地级以上市经济和信息化主管部门、环境保护主管部门，顺德区经济和科技促进局、环境运输和城市管理局：

现将《广东省经济和信息化委 广东省环境保护厅清洁生产审核及验收工作流程》印发给你们，请遵照执行，执行中如遇问题，请迳向省经济和信息化委、省环境保护厅反映。

广东省经济和信息化委员会　　　　广东省环境保护厅

2017年5月26日

广东省经济和信息化委　广东省环境保护厅
清洁生产审核及验收工作流程

为全面推进我省清洁生产工作，规范清洁生产审核和验收程序，根据《中华人民共和国清洁生产促进法》《清洁生产审核办法》（国家发展和改革委员会令2016年第38号）的规定，结合我省实际情况，制定清洁生产审核及验收工作流程如下：

一、清洁生产审核

（一）各地级以上市经济和信息化部门、环境保护部门根据本地区清洁生产推进工作方案，结合当地节能环保工作实际，每年1月底前联合确定并发布本年度清洁生产审核企业名单，以及企业应采取的审核方式和验收时限。各地级以上市经济和信息化部门、环境保护部门应根据《中华人民共和国清洁生产促进法》《清洁生产审核办法》及国家和地方相关规划、行动计划的规定，或依据工作量对等的原则，协商确定名单中企业清洁生产审核管理工作的牵头部门。实施简易流程清洁生产审核的企业原则上由地级以上市经济和信息化部门牵头管理。

（二）清洁生产审核企业应在名单发布之日起一个月内登录“广东省清洁生产信息服务平台”（以下简称“服务平台”）注册及公布相关信息，并在两个月内启动清洁生产审核，一年内完成清洁生产审核报告。

（三）鼓励未列入名单的企业积极开展清洁生产审核工作，企业可向所在地的地级以上市经济和信息化部门提出开展清洁生产审核的申请，并登录“服务平台”注册及公布相关信息。申请材料包括：

1. 广东省实施清洁生产审核申请表（附件1）；

2. 企业营业执照复印件；

3. 如委托咨询服务机构开展审核的，应提供技术服务合同复印件。

（四）企业开展审核工作可采用下述两种方式：

1. 有下列情形之一的企业，实施清洁生产审核流程，原则上包括审核准备、预审核、审核、方案的产生和筛选、方案的确定、方案的实施、持续清洁生产等。

（1）国家、省或市考核的规划、行动计划中明确指出需要开展清洁生产审核工作的企业；

（2）国家级、省级或市级能耗、环保重点监控名单的企业；

（3）申请各级清洁生产、节能减排等财政资金的企业；

（4）其他能耗较高或环境影响较大的企业，如超过单位产品能源消耗限额标准，污染物排放超过国家或地方排放标准，或超过重点污染物排放总量控制指标的企业。

2. 上述情形以外的企业，可以实施简易流程清洁生产审核，原则上包括审核准备、现状调研及问题分析、方案的确定与实施、绩效分析与汇总等。

（五）企业可自行组织开展审核工作，或通过聘请外部专家、委托具备相应能力的咨询服务机构等方式开展审核工作。

二、清洁生产审核的评估验收

（一）企业完成清洁生产审核工作，实施中/高费清洁生产方案并取得一定的绩效后，应登录“服务平台”提出评估验收申请，并将下列材料按顺序装订成册一式五份，提交至牵头部门。

1. 广东省清洁生产审核绩效表（附件2）；

2. 清洁生产审核报告。

（二）牵头部门对材料进行初审。符合条件的，牵头部门会同相关部门组织清洁生产专家或委托相关单位，开展现场评估验收工作。

（三）现场评估验收的专家组由3~5名熟悉行业、清洁生产及节能环保的专家组成。现场评估验收程序包括听取汇报、材料审查、现场检查、询问答辩等，具体工作内容如下：

1. 企业汇报开展清洁生产审核的情况，包括审核过程、实施方案、取得绩效、存在问题、持续计划等；

2. 专家组审查、核实企业清洁生产相关材料，包括审核验收报告、清洁生产方案实施证明资料、环评批复文件、排污许可证、污染物排放监测报告等；

3. 专家组考察企业生产现场，实地检查清洁生产实施情况，包括方案实施、管理状况、工艺设备情况、水及能源监测计量设备情况等；

4. 专家组询问企业清洁生产实施情况，重点审查清洁生产审核过程的真实性，审核报告的规范性，污染减排、资源能源利用效率、工业装备控制、产品和服务等改进效果，环境、经济效益是否达到预期目标，并核实企业清洁生产水平；

5. 专家组按照《广东省清洁生产审核评估验收评分表》（附件3）进行评分，并形成评估验收意见（附件4）。

（四）清洁生产审核评估验收结果分为“通过”和“不通过”两种。有下列情况之一的，验收不通过：

1. 审核完成后，企业未能稳定达到国家或地方要求的污染物排放标准、核定的主要污染物总量控制指标或污染物减排指标；

2. 审核完成后，企业单位产品能源消耗未能符合限额标准要求；

3. 清洁生产审核开始至验收期间，发生重大及特别重大污染事故；

4. 达不到相关行业清洁生产评价指标体系的Ⅲ级水平（国内清洁生产基本水平）或同行业基本水平；

5. 存在弄虚作假行为；

6. 纳入国家、省或市节能减排规划、行动方案的企业，未实施有针对性的中/高费方案；

7. 评估验收评分 60 分以下，或评估验收评分表中 6 项重点指标中任何 1 项为“否”。

（五）通过评估验收的企业，须在 1 个月内将修改完善后的清洁生产审核报告（封面、扉页加盖公章）、修改说明、清洁生产审核绩效表（表内绩效数据需根据专家组意见修正）上传至“服务平台”。经牵头部门审核通过后，企业可登陆“服务平台”下载评估验收意见。

（六）清洁生产审核评估验收的结果可作为落后产能界定等工作的参考依据。

三、简易流程清洁生产审核的验收

（一）企业完成简易流程清洁生产审核工作，实施中/高费清洁生产方案并取得一定的绩效后，应登录“服务平台”上提出验收申请，并将下列材料按顺序装订成册一式两份，提交至牵头部门。

1. 广东省清洁生产审核绩效表（附件 2）；

2. 简易流程清洁生产审核报告。

（二）牵头部门应组织 1 ~ 2 名专家到企业进行现场验收，检查中/高费方案实施情况，核实清洁生产绩效，确定清洁生产水平，并形成验收意见（附件 4）。有条件的地市，鼓励委托第三方开展实施简易流程清洁生产审核的企业的验收工作。

（三）简易流程清洁生产审核验收结果分为“通过”和“不通过”两种。有下列情况之一的，验收不通过：

1. 清洁生产中/高费方案弄虚作假，或未取得节能减排效果；

2. 审核完成后，企业未能稳定达到国家或地方要求的污染物排放标准、核定的主要污染物总量控制指标或污染物减排指标；

3. 审核完成后，企业单位产品能源消耗未能符合限额标准要求。

（四）通过验收的企业，1 个月内将修改完善后的简易流程清洁生产审核报告（封面、扉页加盖公章）、修改说明、清洁生产审核绩效表（表内绩效数据需根据专家组意见修正）上传至“服务平台”。经地级以上市经济和信息化主管部门审核通过后，完成备案工作，企业可登录“服务平台”下载验收意见。

（五）清洁生产审核验收的结果可作为落后产能界定等工作的参考依据。

四、其他事项

（一）通过地级以上市经济和信息化部门、环境保护部门组织的清洁生产审核评估验收，评分为80分或以上，且验收前一年内无超标超总量排污、能耗超限额的情况的企业，可由地级以上市经济和信息化部门、环境保护部门联合推荐，申请省级清洁生产企业称号。省经济和信息化委组织专家对各市推荐企业进行复审，必要时进行现场评估，对达到行业内清洁生产先进水平的企业，授予省级清洁生产企业称号。

（二）按国家和地方有关规定须开展清洁生产审核工作的企业，两次审核的间隔时间原则上不得超过五年。另有规定的行业、企业，按相关要求执行。

（三）省经济和信息化委会同省环境保护厅每季度在“服务平台”公布企业的审核验收情况。

（四）审核名单内企业因特殊原因需要延长审核时间的，须提供相关证明材料报地级以上市经济和信息化部门、环境保护部门批准。

无特殊原因拒绝、拖延或没有在规定时限内完成清洁生产审核工作，或者在清洁生产审核中弄虚作假，或者不报告、不如实报告审核结果的，按《中华人民共和国清洁生产促进法》有关条款予以处罚。逾期不开展审核的企业，滚动纳入下一轮审核名单。

（五）企业委托的咨询服务机构不按照规定内容、程序进行清洁生产审核，弄虚作假、提供虚假审核报告的，由省经济和信息化委员会会同环境保护厅责令其改正，并公布其名单。造成严重后果的，依法追究其法律责任。

（六）有关部门工作人员玩忽职守，泄露企业技术和商业秘密，造成企业经济损失的，按照国家和地方相应法律法规予以处罚。

（七）清洁生产审核评估验收工作经费应当纳入同级部门预算。承担评估验收工作的部门或者单位及其工作人员、验收专家不得向被评估验收企业收取费用。

（八）本工作流程由广东省经济和信息化委、环境保护厅负责解释，自发布之日起三十日后执行，有效期为五年。

附件：1. 广东省实施清洁生产审核申请表

2. 广东省清洁生产审核绩效表

3. 广东省清洁生产审核评估验收评分表

4. 广东省清洁生产审核评估验收/验收意见表

5. 广东省简易流程清洁生产审核技术指引（试行）

附件 1

广东省实施清洁生产审核申请表

<table>
<tr><td>企业名称
（盖章）</td><td colspan="3"></td></tr>
<tr><td>企业性质</td><td colspan="3">□国有 □集体 □民营 □港澳台资 □中外合资 □外商独资
□其他____________</td></tr>
<tr><td>法定代表人</td><td></td><td>注册资金</td><td></td></tr>
<tr><td>通信地址</td><td colspan="3"></td></tr>
<tr><td>行业代码及类别[1]</td><td></td><td>邮编</td><td></td></tr>
<tr><td>联系人</td><td></td><td>职务</td><td></td></tr>
<tr><td>联系电话</td><td></td><td>手机</td><td></td></tr>
<tr><td>传真</td><td></td><td>E-mail</td><td></td></tr>
<tr><td>自行组织开展/技术服务单位（盖章）[2]</td><td colspan="3"></td></tr>
<tr><td>审核方式</td><td colspan="3">□清洁生产审核 □简易流程清洁生产审核</td></tr>
<tr><td>计划启动审核工作的时间</td><td colspan="3"></td></tr>
<tr><td>计划完成审核工作的时间</td><td colspan="3"></td></tr>
</table>

企业填表人： 填表时间： 年 月 日

注：

[1] 按照国民经济行业分类标准（GB/T 4754—2017）中的行业名称填写。

[2] 如企业自行组织开展清洁生产的，填写“自行组织开展”；如企业聘请清洁生产技术服务单位协助开展的，则填写清洁生产技术服务单位名称并加盖公章。

附件 2

广东省清洁生产审核绩效表

<table>
<tr><td>企业名称（盖章）</td><td colspan="4"></td></tr>
<tr><td>通信地址</td><td colspan="2"></td><td>邮编</td><td></td></tr>
<tr><td>企业性质</td><td colspan="4">□国有 □集体 □民营 □港澳台资 □中外合资 □外商独资
□其他＿＿＿＿＿＿＿＿</td></tr>
<tr><td>法定代表人</td><td colspan="2"></td><td>联系方式</td><td></td></tr>
<tr><td>注册资本</td><td colspan="2"></td><td>行业代码及类别[1]</td><td></td></tr>
<tr><td>年产值</td><td colspan="2"></td><td>年销售额</td><td></td></tr>
<tr><td rowspan="3">主要产品及
年产量[2]</td><td>产品名称</td><td>产量（单位/年）</td><td>产品名称</td><td>产量（单位/年）</td></tr>
<tr><td></td><td></td><td></td><td></td></tr>
<tr><td></td><td></td><td></td><td></td></tr>
<tr><td>排污许可证总量</td><td colspan="4"></td></tr>
<tr><td>清洁生产负责人</td><td colspan="2"></td><td>联系方式</td><td></td></tr>
<tr><td>技术服务单位</td><td colspan="4"></td></tr>
<tr><td>审核方式</td><td colspan="4">□清洁生产审核 □简易流程清洁生产审核</td></tr>
<tr><td>启动审核时间</td><td colspan="2"></td><td>完成审核时间</td><td></td></tr>
<tr><td>本轮清洁生产审核
培训、宣传总次数</td><td colspan="2"></td><td>培训总人数/人次</td><td></td></tr>
</table>

<table>
<tr><td colspan="7">本轮清洁生产已实施方案前后效益对比</td></tr>
<tr><td rowspan="2">方案分类标准：
＿＿万元≤中费方案≤＿＿万元</td><td rowspan="2">已实施无/
低费方案</td><td colspan="2">中/高费方案</td><td colspan="2">合计</td><td rowspan="2">总计</td></tr>
<tr><td>已实施</td><td>待实施</td><td>已实施</td><td>待实施</td></tr>
<tr><td>方案个数（个）</td><td></td><td></td><td></td><td></td><td></td><td></td></tr>
<tr><td>所需投资（万元）</td><td></td><td></td><td></td><td></td><td></td><td></td></tr>
<tr><td>经济效益（万元/a）[3]</td><td></td><td></td><td></td><td></td><td></td><td></td></tr>
<tr><td colspan="7">环境效益</td></tr>
<tr><td>废水减排（t/a）</td><td></td><td colspan="3">废气减排（万标 m^3/a）</td><td colspan="2"></td></tr>
</table>

COD 减排（t/a）		SO_2 减排（t/a）	
氨氮减排（t/a）		NO_x 减排（t/a）	
总磷减排（t/a）		烟尘减排（t/a）	
第一类污染物[4]减排（t/a）		粉尘减排（t/a）	
……		CO_2 减排[5]（t/a）	
……		VOC_s 减排（t/a）	
……		一般固废减排（t/a）	
……		危险废物减排（t/a）	

其他污染物减排量[6]	污染物名称	减排量（单位/年）	污染物名称	减排量（单位/年）

资源能源节约情况					
节水（t/a）		节电（万 kW·h/a）		节煤（t/a）	
节油（t/a）		节天然气（万 m^3/a）		节蒸汽（t/a）	
节综合能耗（t 标准煤/a[7]）					

其他能源或资源节约量[8]	资源/能源名称	节约量（单位/a）	资源/能源名称	节约量（单位/a）

取得突出减排效果的中/高费方案简介
（方案名称、实施情况及减排效果简述，限 300 字）

企业填表人： 填表时间：年 月 日

注：

［1］按照国民经济行业分类标准（GB/T 4754—2017）中的行业名称填写。

［2］可根据企业的生产情况，增减表格行数。

［3］经济效益是指节能降耗的经济效益与削减污染物排放的经济效益的加和。其中，节能降耗的经济效益以当年 12 月底的当地市场价计算；削减污染物排放的经济效益是指因开展清洁生产审核、实施清洁生产方案而减少的排污费、末端治理设施、材料及其运行费等。

［4］根据《污水综合排放标准 GB 8978—1996》，第一类污染物包括总汞、烷基汞、总镉、总铬、六价铬、总砷、总铅、总镍、苯并［*a*］芘、总铍、总银。因为总 α 放射性、总 β 放射性计量单位不同可另统计；根据实际情况，第一类污染物分类统计。

［5］CO_2 减排量宜采用实测数据进行计算，或采用系数进行估算。对于燃烧活动的 CO_2 减排量折算系数：煤炭—2.64 吨 CO_2/吨标准煤，原料油—2.27 吨 CO_2/吨标准煤，柴油—2.17 吨 CO_2/吨标准煤，煤油—2.11 吨 CO_2/吨标准煤，汽油—2.03 吨 CO_2/吨标准煤，石油液化气—1.85 吨 CO_2/吨标准煤，天然气—1.63 吨 CO_2/吨标准煤。

［6］可根据企业的污染物减排情况，增减表格行数。

［7］标准煤折算系数：原煤—0.714 3 吨标准煤/吨，洗精煤—0.900 0 吨标准煤/吨，汽油、煤油—1.471 4 吨标准煤/吨，柴油—1.457 1 吨标准煤/吨，液化石油气—1.714 3 吨标准煤/吨，天然气—13.3 吨标准煤/万立方米，电力（当量）—1.229 吨标准煤/万千瓦小时。

［8］可根据企业的能源或资源节约情况，增减表格行数。

附件3

广东省清洁生产审核评估验收评分表

企业名称：

清洁生产审核评估验收重点指标[1]

序号	指标要求	是	否
1	审核完成后，稳定达到国家或地方要求的污染物排放标准，实现核定的主要污染物总量控制指标或污染物减排指标		
2	审核完成后，企业单位产品能源消耗符合限额标准要求[2]		
3	清洁生产审核开始至验收期间，未发生重大及特别重大污染事故		
4	达到相关行业清洁生产评价指标体系的Ⅲ级水平（国内清洁生产基本水平）或同行业清洁生产基本水平		
5	提交的验收资料真实，无弄虚作假，虚报环境和经济效益的现象		
6	纳入国家、省或市节能减排规划、行动方案的企业，应实施有针对性的中/高费方案		

清洁生产审核与实施过程评价

编号	项目	序号	主要内容	要求	分值	得分
1	基本条件（20分）	1	清洁生产审核报告	符合《广东省清洁生产审核报告编制技术指南》的要求，完整全面。报告内容：好8分；较好7～5分；一般4～2分；差1分	8	
		2	规章制度建立及执行情况	制定合理的清洁生产管理制度，并切实有效执行	2	
		3	生产现场状况	生产现场清洁整齐、绿化好、管理规范、设备无明显跑冒滴漏	5	
		4	淘汰落后生产工艺和设备情况	按照国家或省的相关规定，淘汰国家明令淘汰的落后生产工艺和设备，或者淘汰落后的生产工艺和设备工作符合地方政府的进度要求	5	

清洁生产审核与实施过程评价						
编号	项目	序号	主要内容	要求	分值	得分
2	审核过程（30 分）	5	领导重视、成立机构	企业领导重视，成立清洁生产领导和工作小组，各部门负责人和财务主管参与工作小组，任务分工明确	2	
		6	开展宣传培训	在全厂范围进行清洁生产宣传，企业内部组织全体员工参加清洁生产培训（1 次以上），员工对清洁生产认知率高于 95%	2	
		7	生产过程全面分析、客观评价	全面分析能源资源消耗现状、有毒有害原辅材料使用和替代情况、生产工艺和设备运行状况、污染物产排及治理情况等，能够探明并指出企业现存的主要问题和薄弱环节，挖掘清洁生产潜力，客观评价企业水平，评价依据充分	6	
		8	审核重点设置情况	审核重点确定合理，能够将环保超标、高污染、高能耗等环节作为必要考虑或优先考虑因素，能够着重考虑消耗大、公众压力大和有明显清洁生产机会的环节	4	
		9	清洁生产目标设置情况	清洁生产目标设置比照行业清洁生产评价指标体系，能够针对审核重点提出节能、降耗、减污等目标，符合企业实际，具有定量化、可操作性	2	
		10	审核重点的资源能源及产污分析	能够通过物料、水、能源平衡分析或其他审核方法反映审核重点实际生产过程，从八个方面深入分析物料流失、资/能源浪费、污染物产生的主要原因及存在问题	6	
		11	水和能源计量	按照行业规范，安装必要的水和能源计量设备	2	
		12	方案产生与筛选及可行性分析	充分发动全体员工提出合理化建议，方案产生有合理的依据，针对性强，中/高费方案可行性分析完整充分	3	
		13	持续清洁生产	有符合实际的持续清洁生产计划，下一步改进方向及目标任务明确，建立了清洁生产长效机制	3	

清洁生产审核与实施过程评价						
编号	项目	序号	主要内容	要求	分值	得分
3	方案实施（40分）	14	方案实施率	无/低费方案100%实施，且落实到管理制度或操作规程中；中/高费方案实施率50%以上，未实施的要有持续实施清洁生产计划	5	
		15	实施方案数量	实施完成中/高费方案的数量（个）：≥6，4分；≥4，3分；≥2，2分；<2，0分	4	
		16	方案实施计划进度	中/高费方案有详细的实施计划，实施进度合理，资金保障落实到位	5	
		17	方案实施绩效	方案实施绩效有统计依据和明确的计算过程，取得良好的节能、降耗、减污或增效的成果，审核前后改进效果明显。实施绩效：好10分；较好9～7分；一般6～2分；差1分	10	
		18	方案实施证明	中/高费方案实施有充分准确的证明材料，工程设计施工方案及合同、设备购销票据、财务台账等材料与企业实施的方案相符	4	
		19	清洁生产目标完成情况	已实施方案的绩效达到预期，清洁生产目标完成	2	
		20	行业清洁生产水平	清洁生产标准或评价指标体系选用适当，清洁生产水平评价依据充分合理	2	
				达到行业清洁生产评价指标体系中的Ⅰ级水平或同行业国际领先水平，得8分；达到Ⅱ级水平或同行业先进水平，得5分；达到Ⅲ级水平或同行业基本水平，得2分	8	
4	环境保护（10分）	21	环境保护设施运行情况	环保设施健全，运行稳定正常，运行原始记录齐全有效，污染物监测数据齐全有效	10	
合计分值	100					

注：

[1] 6项重点指标中任何1项为“否”时，则评估验收不通过。

[2] 没有相关行业单位产品能源消耗符合限额标准的，该指标不进行考评。

专家签名：　　　　　　　　　　　　年　　月　　日

附件4

广东省清洁生产审核评估验收/验收意见表

申请企业名称			
申请企业联系人		联系电话	
清洁生产审核起始时间		报告上报时间	
认定类型	□评估验收（清洁生产审核） □验收（简易流程清洁生产审核）		
组织单位			
清洁生产技术服务单位			

专家组意见

专家组组长（签名）：

年 月 日

专家小组名单

姓名	工作单位	职称/职务	行业	签名

注：

1. 清洁生产审核的评估验收结论除给出“通过”或“不通过”的基本结论外，还应包括：

（1）企业概况（技术工艺设备状况，清洁生产领导组织、培训教育工作机制）；

（2）清洁生产审核实施情况（审核过程及主要做法，审核工作的规范性，通过审核产生的各类方案数以及已实施的方案数，企业投入以及产生环境效益、经济效益以及其他方面的成效等），持续清洁生产要求；

（3）对照清洁生产评价指标体系评价企业达到清洁生产标准的等级和水平，以及存在问题简述及整改（或持续实施）建议；

（4）清洁生产审核咨询服务质量及等次；

（5）是否通过本轮审核的结论等内容。

2. 简易流程清洁生产审核的验收结论除给出“通过”或“不通过”的基本结论外，还应包括：

（1）清洁生产方案实施情况；

（2）对照清洁生产评价指标体系评价企业达到清洁生产标准的等级和水平，以及存在问题简述及整改（或持续实施）建议；

（3）清洁生产审核咨询服务质量及等次；

（4）是否通过本轮审核的结论等内容。

附件5

广东省简易流程清洁生产审核技术指引
（试行）

简易流程清洁生产审核是指针对企业所进行的短期而有效的清洁生产审核，具有较强的时效性和针对性，即充分依靠企业内部技术力量，借助外部技术力量的快速审核方法和程序，在较短的时间内以尽可能少的投入对企业的生产现状和浪费（污染）状况及原因进行诊断，从而产生最佳的解决方案，使企业快速取得较为明显的节能减排效益。

本指引规定了简易流程清洁生产审核的技术要点，适用于指导生产工艺简单、对环境影响小的企业开展简易流程清洁生产审核。

一、审核准备

企业建立清洁生产审核小组，制订审核计划，开展宣传培训等。

二、现状调研及问题分析

审核小组依托内部力量或在外部技术力量（专家、技术服务机构）的指导下，从产品、原辅材料、生产工艺（服务）过程、设备设施、能源利用、水资源利用、污染防治和废弃物综合利用、人员和管理8个方面进行现状调研（调研清单可参照但不局限于附录），结合现状调研的结果和企业的实际情况，有侧重的选择以下8个方面中的1～2方面进行进一步的考察、分析，找出存在的问题，提出本轮清洁生产拟解决的1～2个主要问题，设置本轮简易流程清洁生产审核目标，并提出相应改善建议（即清洁生产方案）。

（一）产品

1. 收集近年产品品质数据（如一次性合格率），分析不合格的原因，提出相应的改善建议。

2. 摸查了解产品基本性能、节能环保性能、内外包装、使用、弃置等方面，评估产品性能提高、配方优化、包装节约或替代、包装材料利用或环境降解等方面的潜力，提出相应的改善建议。

3. 在产品储存、运输方面，对库存合理性、库存过程损耗、仓库管理、产品搬运与装车效率、运输包装消耗、物流线路合理性、物流过程能源消耗、运输自动化等方面进行评估，提出相应的改善建议。

（二）原辅材料

1. 收集近三年原辅材料相关数据（如原辅材料名称、成分、有毒有害化学品理化性能、消耗量等），分析有毒有害原辅材料减用或替代的可行性；核算原辅材料单耗、利用率等指标，与行业标准及消耗限额对标比较，评估原辅材料投入量或配比、消耗量与产品产量和污染物产生量之间的关系、每月（周）单耗变化规律等合理性，提出相应的改善建议。

2. 调研原辅材料的采购、运输、储存、管理、使用情况，评估原辅材料包装规格、节能环保性、物流和输送过程能源消耗和原料自身损耗情况、残留物或不合格品重复利用情况、原辅材料包装物产生和处理处置情况、贮存管理及使用方式合理性等方面的改进潜力，提出相应的改善建议。

3. 核查原辅材料供应商筛选机制，评估对供应商附加环保节能要求、完善供应商管理的可行性，提出相应的改善建议。

（三）生产工艺（服务）过程

1. 考察各个车间（部门）、工序（流程）的现场操作情况，重点考察易引起生产波动以及能耗、物耗、水耗相对较高的环节，分析生产工艺水平和布局、生产工艺过程控制（参数、方式）等方面存在的问题，评估改善生产布局（如减短无效传输线路或冗余工序等）、引进先进技术工艺、实施生产工艺改进（如减少工艺步骤、改变工艺方式等）、提高工艺稳定性、提升生产效率（服务质量）、完善现场管控等方面的潜力，提出相应的改善建议。

2. 分析生产过程中各种物料使用的合理性，评估生产工艺过程中原辅材料、能源、水资源利用以及过程控制参数（如温度、压力、流速、浓度、停留时间等）等方面改善的可能性，提出相应的改善建议。

（四）设备设施

1. 考察主要生产设备及辅助设施的使用情况，包括设备的型号规格及主要参数、用能类型、已采取的节能措施等，重点查明陈旧设备、高能耗设备（如功率容量大的设备）及多发故障设备的运行及维护情况；从自动化、智能化、信息化、高效性、低能耗性等角度分析现有设备设施所处的水平；评估设备升级改造、节能、导入智能设备、提高主体设备和公用设施匹配性、完善设备设施维护管理等方面的潜力，提出相应的改善建议。

2. 测试主要耗能设备的能源效率，对照能效标准评价设备的能效等级，对照《产业结构调整指导目录》（2011 年本）（2013 年修正）、《高能耗落后机电设备（产品）淘汰目录》《节能机电设备（产品）推荐目录》《国家鼓励的工业节水工艺、技术和装备目录》《广东省节能技术、设备（产品）推荐目录》及同行业先进水平，评估淘汰落后设备、电机能效提升、使用推荐名录中的工艺设备（产品）等方面的潜力，提出相应的改善建议。

（五）能源利用

1. 收集近三年能源消耗数据，核算单位产品能耗和能源利用效率，与行业标准及消耗限额等进行对标分析，评估清洁能源替代、可再生能源使用、供/用能系统能源消耗合理性等方面的潜力，提出相应的改善建议。

2. 考察能源计量器具配置情况、能源管理制度建设及执行状况、能耗限额达标情况、已采取的节能措施和落实情况等，评估完善能源管理、增设计量配置、合理用能等方面的潜力，提出相应的改善建议。

（六）水资源利用

1. 收集近三年取水量、重复利用水量、外排水量等数据，绘制水平衡图，与行业水资源消耗指标、限额指标等进行对标分析，分别分析生活用水和生产用水的合理性，评估降低水资源消耗、提高水重复利用率、雨水利用、合理用水等方面的潜力，提出相应的改善建议。

2. 考察水资源计量器具配置情况、主要用水系统（如冷却水系统）运行状况、用水管理制度建立及执行情况、已采取的节水措施和落实情况等，评估完善计量配置、实施设备节水、完善用水管理、加强管路检漏等方面的潜力，提出相应的改善建议。

（七）污染防治和废弃物综合利用

1. 收集近一年废水、废气、噪声的监测报告，核算产排污总量、单位产品产排污等指标，与同行业相关排放标准或指标进行比较分析，评估从源头和生产过程减排污染物的潜力，提出相应的改善建议。

2. 考察污染物（废水、废气、固废、噪声）的产生、治理与排放情况，结合有关环保法规与要求，核查环保设施运行的现状及处理效果，评估污染物排放、废弃物综合利用、处理工艺和设施、贮存场所等方面改善的可能性，提出相应的改善建议。

（八）人员和管理

考察现场管理、各项制度建立与执行、信息流管理等情况，评估提高人员素质、岗位操作技能、清洁生产认知以及完善管理制度、激励机制等方面的可能性，提出相应的改善建议。

三、方案确定与实施

根据企业清洁生产审核小组和外部技术力量对企业考察、评估的结果，确定本轮清洁生产审核拟解决的 1 ~ 2 个主要问题，针对存在的问题，提出技术、环境和经济可行的方案，同时发动全体员工提出合理化建议。清洁生产审核小组汇总所有提出的方案，从技术、环境和经济三个方面评估方案的可实施性，筛选最佳的清洁生产方案，并组织方案实施。

四、绩效分析与汇总

对清洁生产方案实施效果进行分析，统计生产效率提高、资源能源节约、废物减排与综合利用等方面的效益（以年度计）；参照国家或地方发布的行业清洁生产评价指标体系或标准，对比评价审核前后各项指标的改善情况；分析企业方案实施后清洁生产目标完成情况。

附录：简易流程清洁生产审核现状调查清单示例

企业开展简易流程清洁生产审核可参考以下调查清单，从产品、原辅材料、生产工艺（服务）过程、设备设施、能源利用、水资源利用、污染防治和废弃物综合利用、人员和管理等方面进行现状摸查，挖掘清洁生产潜力。

填写说明：针对提供的8个方面的调查项目进行逐一检查，根据实际在相应的空格打“√”（如有定期分析产品合格率情况，则在“有/是”列打√）。根据八个方面现状调查的结果，选择“无/不是”列勾选较多的1～2个方面进行重点分析，提出和实施解决方案。

（1）产品

序号	调查项目	企业现状		
		有/是	无/不是	不适用
1	定期分析产品合格率情况			
2	经常进行产品不合格情况分析（包括不合格品产生原因、去向等）			
3	产品包装经济环保			
4	对不同的产品进行过生产能耗的分析			
5	对不同的产品进行过使用过程的能耗分析			
6	产品能耗水平已达行业先进			
7	在产品设计时考虑过产品使用后的处理处置			
8	主要产品在使用过程中对人体无不良影响			
9	主要产品在使用过程中对环境无不良影响			
10	制定了产品仓库管理制度			
11	产品运输采用耗能少、距离短的运输路线			
12	产品装运采用自动化、效率高的装运方式			
13	产品装卸过程中无损耗			
14	对装卸损耗的产品采取了合理的回收方式			
15	有指导使用者高效应用的说明书或其他材料			

（2）原辅材料

序号	调查项目	企业现状		
		有/是	无/不是	不适合
1	对原材料的有毒有害性进行了分析			
2	已采取措施减少或替代有毒有害原辅料的使用			
3	采购的原辅料已无法替代			
4	原辅料的堆放已经分类			
5	原辅料堆放处都标明了相应的 MSDS			
6	制定了原辅料仓库管理制度			
7	危险化学品仓库符合法规要求			
8	制定和执行原料领取制度			
9	原辅料输送是集中控制			
10	部分原辅料称量是自动称量			
11	制定和执行原辅料的质量检验制度			
12	原辅料输运采用能耗最少的运输路线			
13	原辅料装运采用自动化装运方式			
14	原辅料装卸过程极少损耗			
15	对装卸损耗的原辅料采取了合理的控制和回收方式			
16	原辅料使用过程中不存在浪费环节			
17	针对存在原辅料浪费的工序采取了相应的措施			
18	原辅料投量配比合理			

（3）生产工艺（服务）过程

序号	调查项目	企业现状		
		有/是	无/不是	不适合
1	建立了工艺研发、升级改造机制			
2	主要生产工艺都有操作说明或规定			
3	工艺导入时考虑了污染物的产生和控制			
4	工艺导入时考虑了节能降耗			
5	工艺导入时考虑了废水综合利用			
6	制定工艺时考虑了资源循环利用的情况			
7	主要生产工艺都有归类入档			
8	生产工艺的改善有专人负责			
9	各个工序的过程参数（如温度、压力、流速、浓度、停留时间等）处在最优状态			
10	各个工序的过程参数有及时有效的监控机制			

序号	调查项目	企业现状		
		有/是	无/不是	不适合
11	主要工序都有效率指标要求（如运转率、合格率等）			
12	生产布局合理			
13	劳动分工方式合理			
14	生产过程中不存在跑冒滴漏现象			

（4）设备设施

序号	调查项目	企业现状		
		有/是	无/不是	不适合
1	定期检查和维护设备设施			
2	没有国家各法规政策明令淘汰的工艺设备			
3	主要设备有定期检修和维护计划			
4	主要生产设备为行业较为先进高效的设备（能耗与物耗）			
5	大部分电机为一级或二级能效等级			
6	生产设备设有专人负责维护			
7	设备设施没有跑冒滴漏的情况			
8	有定期更新升级设备设施计划			

（5）能源利用

序号	调查项目	企业现状		
		有/是	无/不是	不适合
1	全部使用清洁能源			
2	制定并执行能源计量检测制度			
3	照明全部使用节能灯具			
4	锅炉烟气余热已回收利用			
5	空压机尾气余热已回收利用			
6	冷热管道（热水、蒸汽、热油、冷冻水）与管件（法兰接口、阀门、疏水阀、容器）做到有效保温与相应的维护			
7	对温度高于100℃的其他废气余热进行回收			
8	余热回用设施正常运行			
9	具有完整二级计量体系（电、汽、气）			
10	大功率（装机功率≥100kW）耗电设备设有计量仪表			
11	制定并执行了计量管理制度（电、汽、气）			

<table>
<tr><th rowspan="2">序号</th><th rowspan="2">调查项目</th><th colspan="3">企业现状</th></tr>
<tr><th>有/是</th><th>无/不是</th><th>不适合</th></tr>
<tr><td>12</td><td>各耗能部位能源消耗统计记录完善</td><td></td><td></td><td></td></tr>
<tr><td>13</td><td>定期对能源消耗数据进行分析和考核</td><td></td><td></td><td></td></tr>
<tr><td>14</td><td>能耗处于行业先进水平</td><td></td><td></td><td></td></tr>
<tr><td>15</td><td>制定了定期检查管道泄漏的制度</td><td></td><td></td><td></td></tr>
<tr><td>16</td><td>开展了节能工艺的研究</td><td></td><td></td><td></td></tr>
<tr><td>17</td><td>制订了年度节能计划、目标和措施</td><td></td><td></td><td></td></tr>
<tr><td>18</td><td>落实年度节能项目实施计划和措施</td><td></td><td></td><td></td></tr>
</table>

(6) 水资源利用

<table>
<tr><th rowspan="2">序号</th><th rowspan="2">调查项目</th><th colspan="3">企业现状</th></tr>
<tr><th>有/是</th><th>无/不是</th><th>不适合</th></tr>
<tr><td>1</td><td>具有完整二级水资源计量体系</td><td></td><td></td><td></td></tr>
<tr><td>2</td><td>大耗水量（用水量≥1t/h）设备设有计量仪表</td><td></td><td></td><td></td></tr>
<tr><td>3</td><td>制定并执行了水资源计量管理制度</td><td></td><td></td><td></td></tr>
<tr><td>4</td><td>各用水点水耗统计记录完善</td><td></td><td></td><td></td></tr>
<tr><td>5</td><td>定期对水耗数据进行分析和考核</td><td></td><td></td><td></td></tr>
<tr><td>6</td><td>水耗处于行业先进水平</td><td></td><td></td><td></td></tr>
<tr><td>7</td><td>蒸汽冷凝水已回收利用</td><td></td><td></td><td></td></tr>
<tr><td>8</td><td>设备冷却水已循环利用</td><td></td><td></td><td></td></tr>
<tr><td>9</td><td>生产中没有其他可重复利用水</td><td></td><td></td><td></td></tr>
<tr><td>10</td><td>水重复利用设施正常运行</td><td></td><td></td><td></td></tr>
<tr><td>11</td><td>已设定生活用水限额</td><td></td><td></td><td></td></tr>
<tr><td>12</td><td>生活用水符合限额标准</td><td></td><td></td><td></td></tr>
<tr><td>13</td><td>使用了节水型器具</td><td></td><td></td><td></td></tr>
<tr><td>14</td><td>建立了定期检查管道泄漏制度</td><td></td><td></td><td></td></tr>
<tr><td>15</td><td>定期进行水平衡测试</td><td></td><td></td><td></td></tr>
<tr><td>16</td><td>定期实施可行的节水项目和措施</td><td></td><td></td><td></td></tr>
<tr><td>17</td><td>落实开展节水措施</td><td></td><td></td><td></td></tr>
</table>

(7) 污染防治和废弃物综合利用

<table>
<tr><th rowspan="2">序号</th><th rowspan="2">调查项目</th><th colspan="3">企业现状</th></tr>
<tr><th>有/是</th><th>无/不是</th><th>不适合</th></tr>
<tr><td>1</td><td>危险废物已委托有资质的单位处理处置</td><td></td><td></td><td></td></tr>
<tr><td>2</td><td>危险废物贮存场所达到规范要求</td><td></td><td></td><td></td></tr>
<tr><td>3</td><td>固体废物已分类贮存</td><td></td><td></td><td></td></tr>
</table>

序号	调查项目	企业现状		
		有/是	无/不是	不适合
4	一般固体废物有进行厂内回收利用			
5	中水有重复利用			
6	废弃物（固废、废水）综合利用设施正常运行			
7	各主要环节或车间废水产生量有计量和统计			
8	按照法规要求设置了污染物排放口			
9	污染物排放口按照法规要求配备在线监测和计量设备			
10	配置了污染物处理设施并运行良好			
11	污染物处理设施运行达到优化状态			
12	污染物排放浓度与总量达标			
13	厂区实现雨污分流			
14	制定了有效的突发环境事件应急预案			
15	周围居民对企业没有环境投诉			

（8）人员和管理

序号	调查项目	企业现状		
		有/是	无/不是	不适合
1	生产过程有详细记录，具有可回溯性			
2	采用了先进的网络化资源和生产管理程序或平台			
3	定期对班组长以上员工进行业务及节能环保培训			
4	对一线的员工进行过业务及节能环保培训			
5	定期对全体员工节能环保培训			
6	每个员工上岗都有业务及节能环保培训			
7	对各个岗位均有绩效考核制度			
8	大部分车间有管理看板			
9	车间地面设置明确的分区划线			
10	员工的工资是以计件工资为主			
11	对员工提出的改进意见，采纳后给予奖励			
12	制定了员工晋升的路线和机制			
13	制定了确保员工稳定性的政策与措施			
14	员工均了解环保状况			
15	员工均了解安全生产要求			

公开方式：主动公开

广东省经济和信息化委员会办公室　　2017 年 5 月 27 日印发